# Das 1-Wire-Praxisbuch

**Miroslav Cina**

1. Auflage 2020



Umschlaggestaltung: Elektor, Aachen

Satz und Aufmachung: D-Vision, Julian van den Berg | Oss (NL)
Druck: WILCO, Amersfoort, Niederlande
Printed in the Netherlands

**ISBN 978-3-89576-350-2**

Elektor-Verlag GmbH, Aachen
www.elektor.de

# Kapitel 1 • Die OneWire-Welt

Was ist OneWire? Und wozu ist es gut? Warum braucht man zwei Leitungen für ein One-Wire-System?

So viele Fragen. Also - um was es geht eigentlich? OneWire ist ein Master-Multi-Slave-Kommunikationsprotokoll, das von der Firma Dallas Semiconductor entworfen worden ist. Dallas Semiconductor ist später (2001) von Maxim Integrated übernommen worden. Das interessanteste an dem Protokoll ist, dass für die Einspeisung von Slave-Devices auf dem Bus keine eigene Leitung notwendig ist. Damit der Master mit einem Slave kommunizieren kann, ist lediglich eine (Daten-) Leitung notwendig. Na ja, eine Leitung - eigentlich zwei, denn GND (Ground) braucht man immer. Das ganze Eindraht-System kann also mithilfe von zwei physischen Leitungen kommunizieren.

Die Grundmerkmale (außer der Anzahl der Leitungen) ist auch die serielle Kommunikation, die lange Distanzen ermöglicht, anderseits aber eine sehr langsame Datenübertragung.

Weil es nur „einen Draht für alles" gibt, wird die Übertragung selber logischerweise nicht synchronisiert - also ist eine exakte Taktung gefragt. Weil die Daten in beide Richtungen übertragen werden, ist auch sehr exakt definiert, wann der Master die Daten übermittelt und wann der Slave. Die Datenübertragung wird immer vom Master initiiert und gegebenenfalls beendet. An einem Bus können mehrere Slaves angeschlossen werden, weswegen auch eine Adressierung eingesetzt wird.

Spezifisch für die OneWire-Adressierung ist, dass jeder einzelne OneWire-Slave-Chip eine eindeutige, 64 Bit lange ID enthält. Wichtig ist zu verstehen, dass wirklich jeder individuelle Chip seine eigene ID besitzt, nicht etwa der Chip-Typ oder die Chip-Familie. Wenn also ein Chip im Gerät ausgetauscht wird, ändert sich auch die zugehörige OneWire-Adresse.

Die bekanntesten beiden Einsatzgebiete des OneWire-Chips sind die Temperaturmessung und die Zutrittskontrolle.

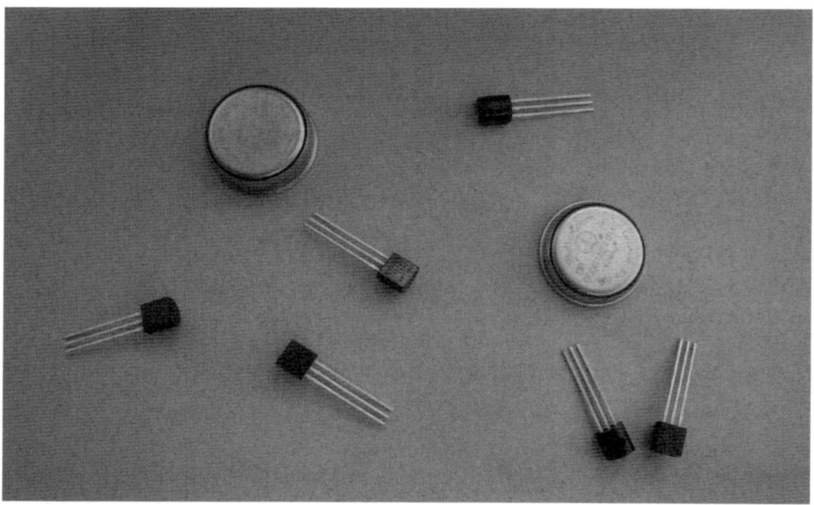

Für die Temperaturmessung werden heutzutage häufig verschiedene abgeleitete Versionen des legendären DS1820-Sensors verwendet.

Für die Zutrittskontrolle (am Hauseingang oder einer Kasse) werden verschiedene „ROM-ID-Chips" á la DS2401/DS1900 eingesetzt.

Die Slave-Chips werden - Stand heute - ausschließlich von Maxim Integrated hergestellt. Der Hersteller garantiert die weltweit eindeutige ROM-ID, die wirklich einzigartig für jeden Chip ist. Als Master werden entweder verschiedene Brücken-Chips mit „OneWire zu einem anderen seriellen Protokoll" oder direkt Mikrokontrollers verwendet.

Das Buch zeigt vor allem, wie man verschiedene verfügbare OneWire-Chips in eigene mikrocontroller-gesteuerte Anwendungen integrieren kann, und zwar inklusive Assembler-Software-Implementierungen für PIC-Mikrokontroller und auch Arduino.

Wichtig ist noch zu sagen, dass das Übertragungsprotokoll an verschiedenen Stellen / Zeitpunkten einen CRC (Cyclic Redundancy Check) verwendet. Was es ist und wie es zu berechnen ist, zeigen wir später. Der Zweck des CRC ist, mögliche Übertragungsfehler zu erkennen und die laufende Kommunikation rechtzeitig abzubrechen und gegebenenfalls zu wiederholen.

Das Protokoll soll eigentlich eine einfache und kostengünstige Kommunikation zwischen Mikrocontroller und Peripherie-Chips ermöglichen - und zwar drahtgebunden. Der Schwerpunkt liegt dabei nicht auf der Geschwindigkeit der Datenübertragung, sondern in der Einfachheit. Genauso wichtig ist es, die peripheren Bauteile so weit wie möglich von dem Mikrocontroller entfernt zu halten - damit man zum Beispiel eine Temperaturmessung an einem fernen Ort durchführen kann. Der „ferne Ort" kann entweder ein Netzteil eines Rechners sein, der von der Hautplatine vielleicht 30 cm entfernt ist, oder aber auch eine Ecke im Garten, die vom Master (Mikrocontroller) ein paar hundert Meter entfernt ist.

Genauso wichtig war es - wie schon kurz erwähnt - mehrere Peripheriebauteile an einen Bus anschließen zu können.

Aus diesen Merkmalen ist auch die Gruppe von verfügbaren OneWire Chips entstanden. Wir finden zum Beispiel keine A/D-Wandler, die sehr schnelle Datenübertragung verlangen, anderseits Temperatursensoren - wo es ausreichend ist, die Temperaturmessung „gelegentlich" durchzuführen, wobei „gelegentlich" ein paar Mal pro Stunde oder jede Sekunde oder alle 200 Millisekunden sein kann. Wir finden Identifikations-Chips, deren Aufgabe es sein kann, eine Tür zu öffnen, oder sogar Uhrenbausteine - wo aber auch die Kommunikation höchstens paar Mal pro Sekunde durchgeführt werden kann. Und es gibt neben den erwähnten noch ein paar andere Arten, die wir alle in den nächsten Kapiteln entdecken.

Im Buch wird meistens der Begriff OneWire verwendet. Im Deutschen ist eher der Begriff 1-Wire üblich. Der besseren Auffindbarkeit bei der Online-Suche wegen wurde 1-Wire im Buchtitel verwendet, während im Buch vorwiegend OneWire verwendet wird. Beide Begriffe sind synonym.

Viel Spaß dabei!

# Kapitel 2 • OneWire Theorie

Eigentlich können wir gleich loslegen. Am Anfang schadet es nicht, sich mit ein wenig Theorie auseinanderzusetzen. Wir werden uns mit der Topologie des Netzwerks beschäftigen, wir erwähnen kurz die typischen Einsatzgebiete, danach machen wir uns mit den Protokollkonventionen vertraut und zeigen auch ein Beispiel, wie man einen CRC-Prüfwert berechnen kann.

Unter „Protokollkonventionen" verstehen wir die Grundlagen der Kommunikation. Dabei klären wir, welche Kommunikationsschritte für die Verbindung zwischen dem Master und den Slaves notwendig sind und wie die einzelnen Bits währen der Kommunikation übertragen werden.

## 2.1. OneWire Netzwerktopologie

Bei einem OneWire-Netzwerk können entweder ein oder mehrere Slave-Chips an den Bus angeschlossen werden. Deswegen gibt es auf dem Bus eine Adressierung. Jeder Slave-Chip besitzt eine weltweit eindeutige ID, die schon bei der Herstellung als 64-Bit-ID vergeben und im ROM des Chips gespeichert wurde. Das bedeutet, dass jeder OneWire-Slave-Chip ein internes ROM für die ID enthält.

Es kommuniziert immer ein Master mit einem Slave, wobei sich auf dem Bus gleichzeitig mehrere Slaves befinden können. Zu der Datenübertragung wird nur eine Leitung verwendet, wobei keine Synchronisation erfolgt. Das interessanteste ist, dass die Datenleitung auch der Stromversorgung des Slaves dient. Deswegen benötigt man für die Verbindung zwischen Master und Slave(s) wirklich nur GND und eine Leitung.

### 2.1.1. Lineare Topologie

Die typische OneWire-Topologie ist linear und sieht aus wie folgt:

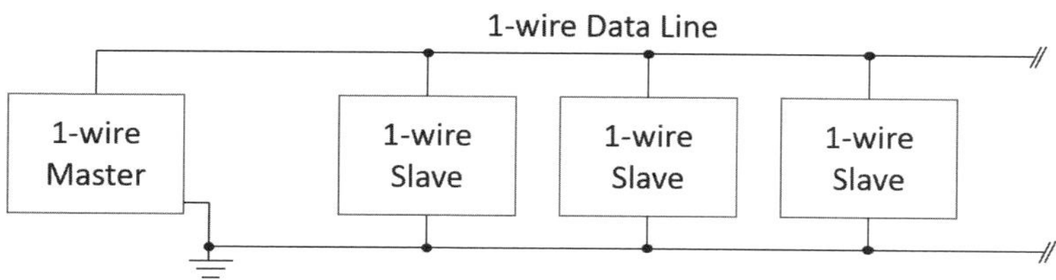


In anderen Worten: Der 1-Wire- oder auch Eindraht-Bus stellt das System einer seriellen Kommunikation zwischen einem Master und einem oder mehreren Salve-Chips dar, die mit nur zwei Leitungen verbunden sind. Die erste ist die Datenleitung, die oft als „DQ" bezeichnet wird, manchmal aber auch „Data" oder „OWIO" (engl. OneWire Input Output) und die zweite ist GND, für die manchmal auch das Kürzel OWRTN (engl. OneWire ReTurN) verwendet wird. Egal, wie die Benennung auch sein mag – DQ sorgt für den beidseitigen Datenaustausch und stellt außerdem die sogenannte parasitäre Stromversorgung für die Slaves zur Verfügung. GND ist „einfach GND". Die DQ-Leitung ist immer ein Open-Collector-Ausgang. Das heißt, wenn die Leitung „still" ist, liegt sie wegen des externen Pull-up Widerstandes auf einer logischen 1.

Um die Stromversorgung des Slaves kümmert sich prinzipiell das System der parasitären Stromversorgung, das fester Bestandteil jedes Slaves ist. Wenn die DQ Leitung auf „1" liegt, ist dieses System dafür zuständig, genug Energie aus der Leitung „zu klauen", um den Slave für eine Weile lauf- und kommunikationsfähig zu halten.

Manche Chips aber benötigen für aufwändigere Operationen mehr Energie, als die parasitäre Stromversorgung liefern kann, zum Beispiel die Temperaturmessung bei Temperatursensoren oder beim EEPROM-Speicher das Schreiben von Daten vom EEPROM-Puffer ins EEPROM. Bei solchen Operationen muss der Master die Kommunikation auf dem Bus für eine gewisse Zeit unterbrechen und die Leitung „künstlich" auf „1" halten, damit der Bus zur Stromversorgung des Slaves genutzt wird und dieser die Operation erfolgreich beenden kann.

Weil die Datenübertragung nicht mit einem Taktsignal synchronisiert werden kann, ist es äußerst wichtig, die vorgeschriebenen Formate und Zeitspannen bei der Datenübertragung einzuhalten.

Typische oder besser die am meisten verbreiteten OneWire-Chips sind Temperatursensoren, dann folgen ROM- und EEPROM-Speicher und Echtzeituhren (RTC).

Der größte Vorteil von OneWire-Temperatursensoren gegenüber $I^2C$-Temperatursensoren ist zweifellos der Anzahl der notwendigen Leitungen. Vor allem, wenn man die Temperatur an verschiedenen, weit voneinander entfernten Stellen messen möchte, ist es ein erheblicher Unterschied, ob man für die Verbindung zu und zwischen den Sensoren vier oder nur zwei Drähte benötigt.

### 2.1.2. Variationen der Linearen Topologie

Eigentlich könnte man sich verschiedene Variationen der linearen Topologie überlegen - wir werden sogleich zwei davon vorstellen.

Die erste davon ist sogenannte „Stubbed Topology". Prinzipiell geht es darum, dass wir eine Hauptleitung zwischen dem Master und dem am weitest entfernten Slaven haben. Zusätzlich sind weitere Slave-Chips über Stichleitungen (Stubs) von drei oder mehr Metern am Hauptbus angeschlossen.

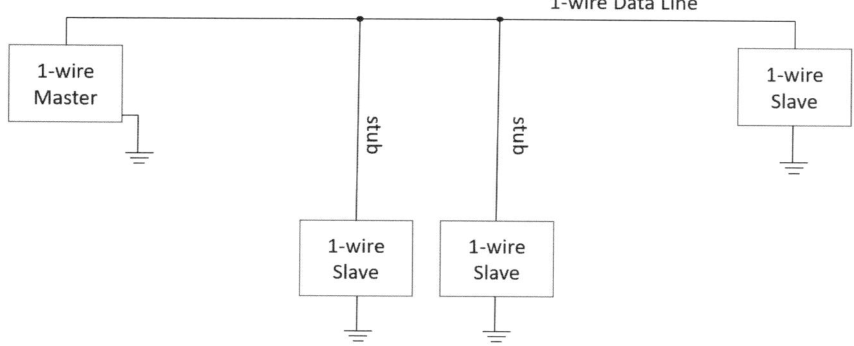


Die andere Variation ist die „Star Topology" - also Sterntopologie, bei der von einen zentralen Punkt mehrere Leitungen zu den Slave-Chips führen. Diese Topologie könnte man so darstellen:

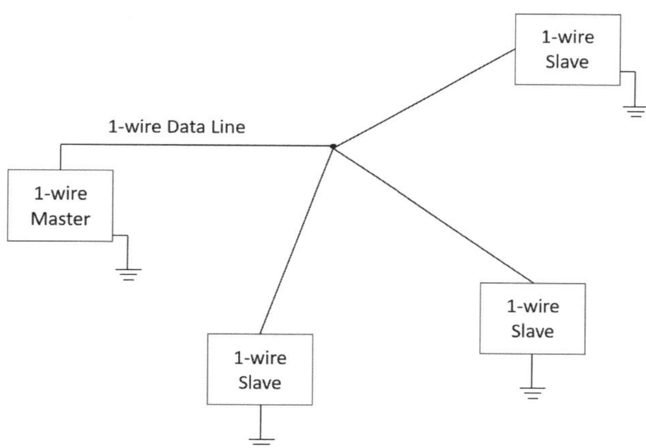


Laut Hersteller ist die Stern-Topologie die am meisten fehleranfällige und wird deswegen nicht wirklich empfohlen. Genauso nicht empfehlenswert ist es, verschiedene Topologien zu mischen. Mit einer Ausnahme!

### 2.1.3. Geschaltete Netzwerke

Um die mögliche Reichweite des Netzwerkes zu verlängern, könnte man eine Mischung von Stern- und Linearer Topologie nutzen, jedoch unter der Vorrausetzung, dass immer nur ein „Strahl" innerhalb des Sternes aktiv ist.

Es handelt sich also eigentlich um eine Lineare Topologie, jedoch können die „Linien" während Laufzeit aus- und eingeschaltet werden. Dies lässt sich beispielsweise mit einfachen Analogschaltern erreichen.

Genauso gut kann man für diesen Zweck eine typische I²C-to-OneWire-Bridge einsetzen. In diesem Fall erhalten wir eine Mischung aus zwei Netzwerktypen. Der Master im Zentrum des Sterns wird an der Bridge über den I²C-Bus angeschlossen, die Zweige der OneWire-Slaves dann über voneinander getrennte OneWire-Busse.

So eine Topologie können wir dann so darstellen:

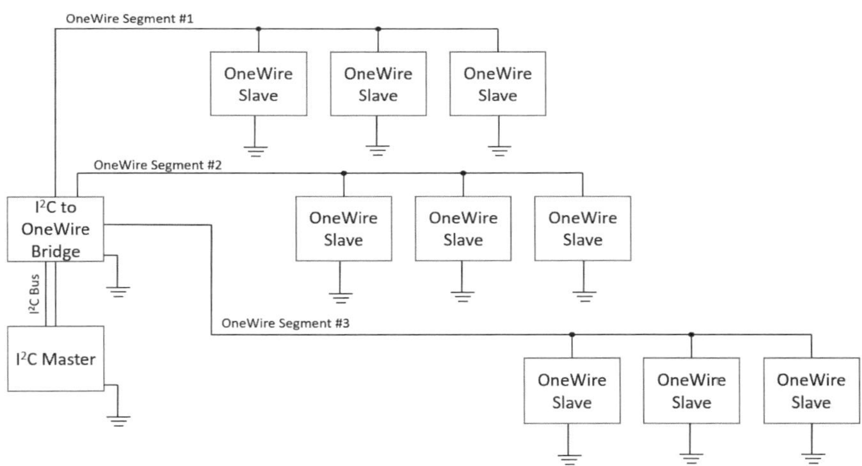


Der Bridge-Chip dient als Umschalter zwischen den OneWire-Zweigen.

Eine spezielle Abart dieser Topologie wäre, dass an jedem Segment des OneWire-Netzwerkes jeweils nur ein OneWire-Chip angeschlossen ist.

Dies kann man auch so erreichen, dass der Master selber mehrere OneWire Netze direkt (ohne Bridge-Chip) zur Verfügung stellt.

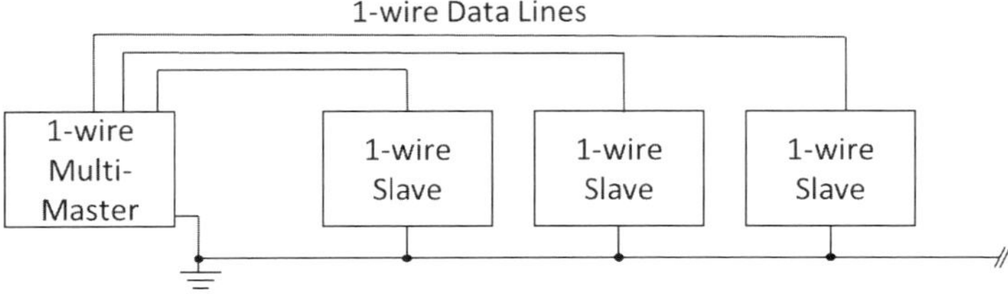


Der Sinn dieser „Single-Salve"-Anordnung ist eine deutliche Vereinfachung der Adressierung. Dazu kommen wir aber später.

## 2.2. Protokoll-Konventionen

Mit dem Kommunikationsprotokoll werden wir uns detailliert im Kapitel 5 beschäftigen - hier werden wir in aller Kürze nur die Grundlagen behandeln.

Wir schildern, welche Kommunikationsbausteine aus Sicht der technischen Kommunikation wichtig sind und wie der logische Aufbau der Kommunikation aussieht.

Beginnen wir mit einer wichtigen Funktionalität der OneWire-Welt, dem ROM-Code.

### 2.2.1. ROM-Code

Wie wir schon wissen, enthält jeder OneWire-Chip eine eigene eindeutige Seriennummer, vergleichbar vielleicht mit den MAC-Adressen in der Welt der Ethernets. Diese Serial Number heißt ROM-Code und ist 64 Bit lang. Der ROM-Code ist dreigeteilt:

- Der Family Code ist ein Byte lang und ist im LSB des ROM-Codes gespeichert. Der Familiencode sagt etwas über die grundsätzliche Funktion des Chips aus (etwa Temperatur messen)

- Die Serial Number ist 6 Bytes lang und liegt „in der Mitte" des ROM-Codes - dies ist die einzigartige ID des Chips

- Der CRC Code (Cyclic Redundance Check) ist ein Byte lang und am MSB des ROM-Codes gespeichert. Der Prüfwert wird aus den ersten 7 Bytes (oder 56 Bits) berechnet und kann zu der Prüfung der Kommunikation dienen.

| 8-BIT CRC | | 48-BIT SERIAL NUMBER | | 8-BIT FAMILY CODE | |
|---|---|---|---|---|---|
| MSB | LSB | MSB | LSB | MSB | LSB |

Der ROM-Code ist deswegen so interessant, als dass es OneWire-Chips gibt, die nur den ROM-Code enthalten und sonst nichts tun. Ein Beispiel dafür ist die „Silicon Serial Number" DS2401. Einen solchen Chip kann man als Schlüssel für verschiedenste Anwendungen einsetzen.

Interessant ist sicherlich zu wissen, dass bei der Datenübertragung von mehreren Bytes immer zuerst das LSB übertragen wird und das MSB als letztes. Bei der ROM-Code-Übertragung erscheint also der Family Code als erstes Byte auf dem Bus, gefolgt von den 6 Bytes der Seriennummer und abschließend der CRC-Prüfwert als MSB.

### 2.2.2. Technische Ebene

Die ganze Kommunikation auf technische Ebene in der OneWire-Welt lässt sich in vier Teile zerlegen, die jetzt kurz beschrieben werden. Aus Sicht des Masters geht es um die folgenden vier Elemente: Reset, eine Null senden, eine Eins senden und ein Bit lesen.

Für die Bitübertragung werden in der OneWire-Welt sogenannte „Slots" mit festem Zeitrahmen und Konventionen verwendet.

#### Element 1 - OneWire Reset

Im Bild können wir sehen, dass der Master am Anfang der Initialisierung den Bus auf null setzt, und zwar 480 µs lang. Danach wird der Bus von Master losgelassen, was dazu führt, dass der Pull-Up Widerstand den Bus (wieder) auf den Pegel 1 zieht. Dies ist das Zeichen für den Slave, dass er sich melden soll, was bedeutet, dass er den Bus auf null setzt, und zwar innerhalb der nächsten 70 µs. Zu diesem Zeitpunkt (550 µs ab Beginn der Reset-Prozedur) wird der Master überprüfen, ob der Bus auf null oder eins ist. Eine Null bedeutet, dass sich ein Slave gemeldet hat, eine Eins dagegen, dass der Master den Bus ganz alleine für sich hat...

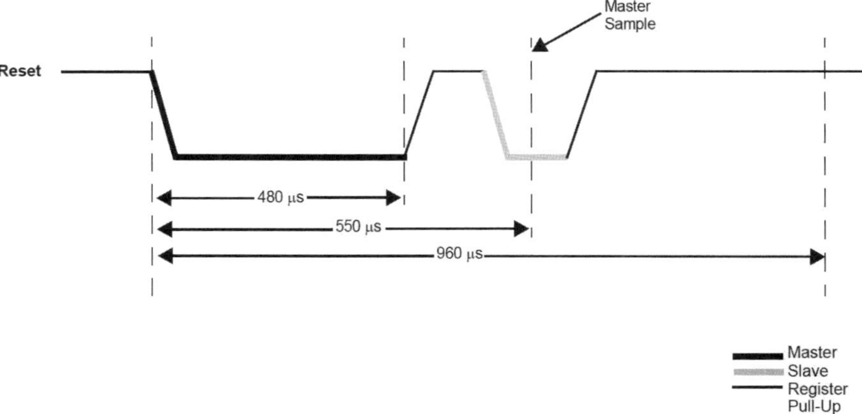


#### Element 2 - OneWire Write Null

Das zweite Element ist, eine Null auf dem Bus zu schreiben - sprich, der Master schickt eine Null an den oder die Slaves. Wie auf dem Bild 5.2.2.-02 ganz oben zu sehen, schaltet der Master den Bus-Pegel für die Zeitspanne von 60 µs auf null. Danach wird der Bus vom Master freigegeben. 10 µs muss der Bus nun ruhen, dann kann das nächste Bit übertragen werden.

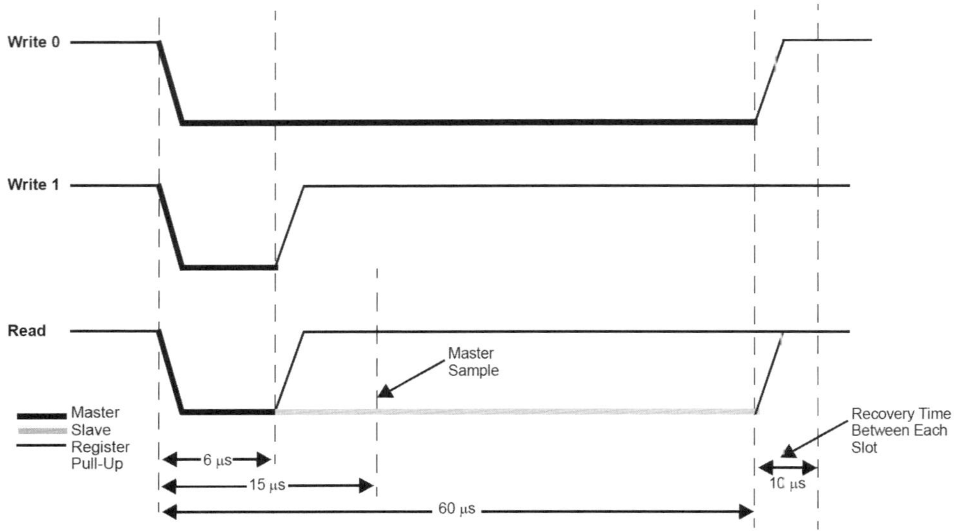


**Element 3 - OneWire Write One**

Das dritte Element der Datenübertragung auf dem OneWire-Bus ist es, eine Eins zu versenden. Wenn der Master eine Eins schicken möchte, zieht er den Bus ebenfalls auf null, aber nur für 6 µs, und lässt ihn danach wieder los. Die restlichen 54 µs bleibt der Bus auf eins; plus der vorgeschriebenen Recovery-Zeit von 10 µs zwischen einzelnen Bits.

**Element 4 - OneWire Read**

Das letzte Element wird benötigt, damit der Master die Daten der Slaves lesen kann. Daten heißt in diesem Kontext - ein Bit. Wie auf dem Bild gezeigt, wird die Kommunikation wieder vom Master initialisiert, und zwar so, dass er den Bus auf Pegel null legt, genau wie beim dritten Element für 6 µs. Danach wird der Bus von Master freigegeben, jetzt kann aber der Slave eine Eins oder eine Null schicken.

Falls der Slave eine Eins senden will, passiert eigentlich gar nichts mehr. Der Bus bleibt auf der Eins und zwar bis Ende dieses Lese-Slots. Wie aus dem Bild 5.2.2.-02 ersichtlich ist, prüft der Master den Buspegel 9 µs nach der Busfreigebe (15 µs von Anfang des Slots gerechnet).

In dem Fall, dass der Slave eine Null sendet, zieht er den Bus für den Rest des Slots auf null.

### 2.2.3. Kommunikationsschritte

Im OneWire-Land ist es streng vorgeschrieben, wie kommuniziert werden soll. In jeder Kommunikation zwischen Master und Slave gibt es stets drei verpflichtende Schritte:

Schritt 1 - Initialisierung
Schritt 2 - ROM-Befehl
Schritt 3 - Funktionsbefehl

Die ersten beiden Schritte sind immer unabhängig von der Funktion des Slaves. Ob der Master also mit einem Meteorologen (Temperatursensor), einem Archivar (Serial Nummer Chip) oder einem Uhrmacher (RTC) reden möchte, sämtliche Unterhaltung beginnt mit der Initialisierung, gefolgt vom ROM-Befehl. Was danach passiert, hängt aber schon von der Spezialisierung ab.

**Schritt 1 - Initialisierung**
Die Initialisierung ist ein sehr einfacher (aber auch wichtiger) Schritt, weil sie den Zeitpunkt definiert, an dem ein Dialog beginnen soll. Technisch gesehen heißt es auch „OneWire-Reset". OneWire-Reset heißt wiederum nur, dass der Master die Leitung auf die Null zieht und in diesem Zustand sehr lange hält. Sehr lange in der OneWire-Welt bedeutet 480 µs.

**Schritt 2 - ROM-Befehl**
Nach der Initialisierung erwarten die Busteilnehmer einen ROM-Befehl (engl. „ROM Function Command"). Dies entspricht der Adressierung. An dieser Stelle gibt der Master Bescheid, mit wem er reden will. Es gibt verschieden Möglichkeiten, diesen Schritt zu realisieren. Wir werden die Möglichkeiten, die verschiedene ROM-Befehle später beleuchten. Jetzt brauchen wir nur zu wissen, dass es einen „Skip ROM"-Befehl gibt. Die Bedeutung dieses Befehls ist, dass wir mit jedem reden wollen, der sich auf dem Bus befindet...

**Schritt 3 - Funktionsbefehl**
Wenn der ROM-Befehl verarbeitet ist, folgt ein Funktionsbefehl (engl. „Function Command"), der sehr stark vom Chip selber abhängt. Es ist auch nachvollziehbar, dass, will man mit einem Temperatursensor „diskutieren", andere Befehle benötigt werden als in der Kommunikation beispielsweise mit einem GPIO-Chip.

Als Beispiel kann man auf diese Stelle den Befehl „Convert T" (44h) für den Temperatursensor DS18S20 nennen, der eine Temperaturmessung initialisiert. Mehr dazu später.

### 2.2.4. Nicht zu vergessen - CRC

Wie wir schon wissen, ist das sogenannte „CRC Byte" ein fester Bestandteil des ROM-Codes. Anhand des CRC-Prüfwerts kann der Master prüfen, ob der Datentransfer von Salve zum Master fehlerfrei verlaufen ist. Der CRC-Prüfwert ist im ROM-Code das achte Byte und lässt sich aus den vorherigen 7 Bytes berechnen. Die Idee dabei ist, dass der Master während des Datenempfangs Bit per Bit einen CRC berechnet und diesen am Ende des ROM Code-Transfers mit dem empfangenen CRC Code vergleicht. Falls der berechnete und der empfangene CRC-Code identisch sind, ist die Datenübertragung fehlerfrei verlaufen.

Bei der CRC-Berechnung kann man zwei verschiedene Wege gehen:

- CRC mit einem definierten Algorithmus berechnen
- CRC als „Look-up-Tabelle" implementieren

Die beiden Methoden zeigen wir uns jetzt in kürze.

Noch zu erwähnen ist, dass der CRC nicht nur bei der Übertragung des ROM-Codes stattfindet, sondern oft auch bei einer Datenübertragung (zum Beispiel eines Temperaturwerts). Dabei handelt es sich typischerweise um „Scratchpad"-Operationen. Scratchpad ist eine Art Puffer, den eigentlich fast jeder 1-Wire Chip verwendet - dazu kommen wir aber später. Wie lang dieser Scratchpad-CRC ist, hängt dann von der Größe des Puffers ab.

Der CRC wird in jedem Chip berechnet und als letztes Byte des ROM-Codes ausgesendet. Um die Berechnung kümmert sich der 1-Wire-CRC-Generator, der aus Schieberegistern und XOR-Gates besteht, wie man hier sehen kann:

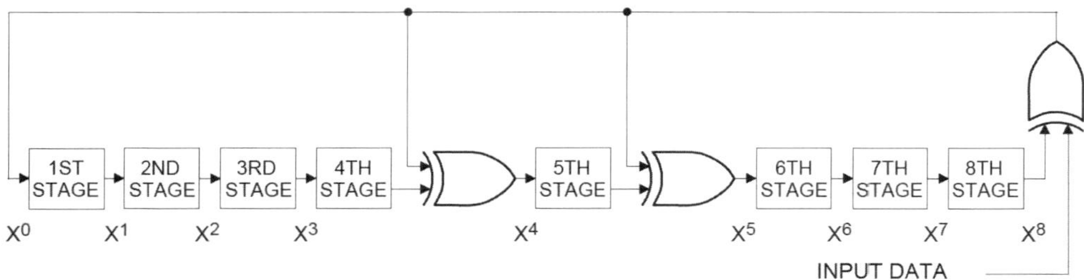


Eine arithmetische Darstellung der CRC-Berechnung sieht dann so aus:

$$\text{Polynomial} = X^8 + X^5 + X^4 + 1$$

hier bitte **CRC-Polynom** in der Formel schreiben!

Diese Vorgehensweise, um den CRC-Wert zu berechnen und später mit dem empfangenen CRC zu vergleichen, kann man sicherlich auch selber in der Firmware implementieren, aber ich gebe gleich zu, dass es mir relativ kompliziert vorkommt, so was zu implementieren, ganz abgesehen davon, dass ich gar nicht verstehe, was „Polynom" heißt...

Es gibt aber einen Ausweg - eine Möglichkeit, wie man den CRC berechnen kann und sich nicht mit Polynomdarstellungen auseinandersetzen muss, ist die Verwendung von einer „Konstantentabelle" - die sogenannte *CRC Look-up Table*.

Für Faulpelze, wie ich einer bin, ist die Verwendung einer CRC-Look-Up- oder -Umsetzungstabelle die allerbeste Lösung. Sie ist deutlich einfacher zu verstehen - eigentlich muss man nicht wirklich was verstehen, nur sehr einfach eine Tabelle mit 256 Bytes definieren. Der Algorithmus ist in diesem Fall wirklich sehr einfach. Man braucht nur eine sehr einfache Operation mit dem gerade empfangenen Byte zu machen und das Ergebnis dann als Index in der Umsetzungstabelle einsetzen, also: Sehr_Einfache_Operation (empfangene_Byte) rein - als Index in die Tabelle; Wert auslesen, und da ist schon mein Ergebnis. Dazu muss man seinen Gehirnschmalz nicht strapazieren, nur 256 Words Programmspeicher opfern.

Die Implementierung - oder besser gesagt die Definition der Tabelle (für 8-Bit CRC-Werte wie beim ROM-Code-CRC) kann in Assembler so aussehen:

```
;-----------------------------------------------------------------------
;1-wire CRC look-up table
;-----------------------------------------------------------------------
ow_crc_lt    da  D'000', D'094', D'188', D'226', D'097', D'063', D'221',
D'131'
           da  D'194', D'156', D'126', D'032', D'163', D'253', D'031', D'065'
           da  D'157', D'195', D'033', D'127', D'252', D'162', D'064', D'030'
           da  D'095', D'001', D'227', D'189', D'062', D'096', D'130', D'220'
           da  D'035', D'125', D'159', D'193', D'066', D'028', D'254', D'160'
           da  D'225', D'191', D'093', D'003', D'128', D'222', D'060', D'098'
           da  D'190', D'224', D'002', D'092', D'223', D'129', D'099', D'061'
           da  D'124', D'034', D'192', D'158', D'029', D'067', D'161', D'255'
           da  D'070', D'024', D'250', D'164', D'039', D'121', D'155', D'197'
           da  D'132', D'218', D'056', D'102', D'229', D'187', D'089', D'007'
           da  D'219', D'133', D'103', D'057', D'186', D'228', D'006', D'088'
           da  D'025', D'071', D'165', D'251', D'120', D'038', D'196', D'154'
           da  D'101', D'059', D'217', D'135', D'004', D'090', D'184', D'230'
           da  D'167', D'249', D'027', D'069', D'198', D'152', D'122', D'036'
           da  D'248', D'166', D'068', D'026', D'153', D'199', D'037', D'123'
           da  D'058', D'100', D'134', D'216', D'091', D'005', D'231', D'185'
           da  D'140', D'210', D'048', D'110', D'237', D'179', D'081', D'015'
           da  D'078', D'016', D'242', D'172', D'047', D'113', D'147', D'205'
           da  D'017', D'079', D'173', D'243', D'112', D'046', D'204', D'146'
           da  D'211', D'141', D'111', D'049', D'178', D'236', D'014', D'080'
           da  D'175', D'241', D'019', D'077', D'206', D'144', D'114', D'044'
           da  D'109', D'051', D'209', D'143', D'012', D'082', D'176', D'238'
           da  D'050', D'108', D'142', D'208', D'083', D'013', D'239', D'177'
           da  D'240', D'174', D'076', D'018', D'145', D'207', D'045', D'115'
           da  D'202', D'148', D'118', D'040', D'171', D'245', D'023', D'073'
           da  D'008', D'086', D'180', D'234', D'105', D'055', D'213', D'139'
           da  D'087', D'009', D'235', D'181', D'054', D'104', D'138', D'212'
           da  D'149', D'203', D'041', D'119', D'244', D'170', D'072', D'022'
           da  D'233', D'183', D'085', D'011', D'136', D'214', D'052', D'106'
           da  D'043', D'117', D'151', D'201', D'074', D'020', D'246', D'168'
           da  D'116', D'042', D'200', D'150', D'021', D'075', D'169', D'247'
           da  D'182', D'232', D'010', D'084', D'215', D'137', D'107', D'053'
;-----------------------------------------------------------------------
```

Man muss noch wissen, dass die „Sehr_Einfache_Operation" eine Entweder-Oder-Funktion („Exclusive Or", XOR) ist, und dass man mit einem Startwert von null für den CRC anfangen soll.

Wie gesagt, das Programm muss dann nur noch machen, was im folgenden Bild dargestellt ist:

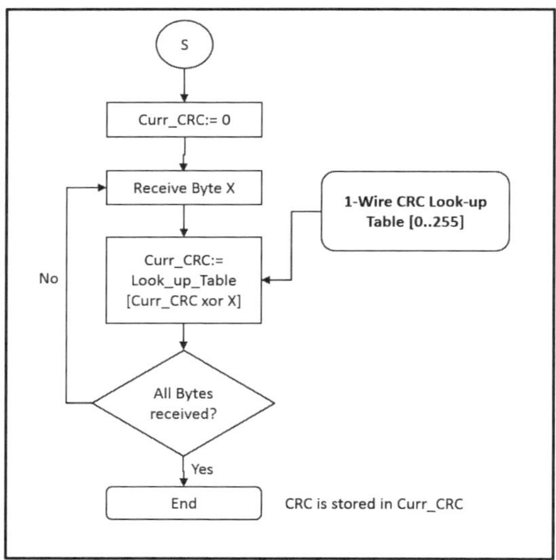


Ich muss noch zugeben (ich bin nicht ganz sicher ob ich es darf - mache es aber dennoch) - dass ich in meinen Endanwendungen die CRC-Funktionalität nie verwendet habe. Ich habe auch nie Probleme damit gehabt, und manche Anwendungen laufen bei mir seit ein paar Jahren -24/7!

### 2.2.5. ROM-Befehle

Typischerweise werden immer folgende vier ROM-Befehle von allen OneWire-Chips unterstützt:

| Befehl | Name | Beschreibung |
|---|---|---|
| F0h | Search ROM | ROM-Suche - alle OneWire-Chips auf dem Bus werden durchgesucht mit dem Ziel, alle individuellen ROM-IDs der Chips zu erfahren |
| 33h | Read ROM | Auslesen des ROM-IDs aus einem OneWire-Chip. Dieser Befehl ist nur bei einem OneWire-Chip auf dem Bus sinnvoll einsetzbar. |
| 55h | Match ROM | Ein konkreter OneWire-Chip wird mit dem Befehl angesprochen. |
| CCh | Skip ROM | Alle Chips auf dem Bus werden angesprochen. |

#### 2.2.5.1. Read ROM [33h]

Der Befehl Read ROM ist eine Aufforderung an einen Slave, seine eigene ID zu übermitteln. Der Befehl kann sinnvoll nur dann eingesetzt werden, wenn sich auf dem OneWire-Bus genau ein Chip befindet. Falls sich mehrere Chips auf dem Bus befinden, werden alle auf einmal ihre IDs abschicken, sodass es zu einer Datenkollision kommt und das Ergebnis ist damit nicht nutzbar.

#### 2.2.5.2. Match ROM [55h]

Nachdem der Master einen Match-ROM-Befehl schickt, folgen noch 64 Bits der ROM-ID. Im weiteren Verlauf wird der Master nur mit dem Slave-Chip kommunizieren, dessen ROM-ID exakt zur ROM-ID passt, die gerade der Master gesendet hat. So kann man auf einem Bus, an den mehrere OneWire-Chips angeschlossen sind, ganz gezielt mit einem individuellen Chip kommunizieren. Um das zu bewerkstelligen, muss der Master die ROM-Codes (ROM-IDs) der Chips kennen. Sie müssen entweder schon bei der Herstellung bekannt sein oder aber zum einen geeigneten Zeitpunkt ermittelt werden. Um diese „Ermittlung" durchzuführen, kann der Befehl Search ROM [F0h] implementiert werden.

#### 2.2.5.3. Search ROM [F0h]

Falls es bei der Anwendung sinnvoll ist, sollte der Master eine „Kennenlernrunde" nach einem wichtigen Ereignis durchführen. Dies dient dazu, dass der Master die OneWire-IDs von allen angeschlossenen OneWire-Chips erfahren kann. Mit diesem Befehl werden wir uns aber nur am Rande beschäftigen, weil wir vermeiden wollen, dass mehrere Chips auf einem Bus angeschlossen sind; und wenn doch - wie man mit der Situation ohne Search-ROM umgehen kann.

#### 2.2.5.4. Skip ROM [CCh]

Der Befehl Skip ROM definiert, dass der Master alle auf dem Bus angeschlossenen Chips anspricht. Eigentlich hat der Befehl nur dann Sinn, wenn entweder auf dem Bus nur ein Chip angeschlossen ist, oder aber, wenn der Master nur einen Funktionsbefehl sendet, der für alle Slaves von Interesse ist, der Master aber keine Antwort erwartet. Ein typisches Beispiel dafür ist die Temperaturmessung. Falls an einem OneWire-Bus mehrere Temperatursensoren angeschlossen sind und wir möchten, dass all diese die Temperatur messen sollen, können wir erst einmal den ROM-Befehl Skip ROM senden und danach den Funktionsbefehl „Convert Temperature" [44h]. Das bedeutet, dass alle Sensoren ab diesen Zeitpunkt die Temperatur messen. Danach können wir die Messergebnisse mit einem anderen Funktionsbefehl individuell abfragen. Dabei müssen wir aber die Sensoren einen nach dem anderem mit dem ROM-Befehl Match ROM ansprechen.

### 2.3. Typische Einsatzgebiete

Wahrscheinlich die bekannteste Verwendung von OneWire-ROM-Chips (auch „registration number" genannt) ist die Einlasskontrolle in Bürogebäuden oder Mehrfamilienhäusern. Dabei sind die Chips mechanisch direkt als Schlüssel angelegt oder so gestaltet, dass man sie mit anderen Schlüsseln aufbewahren kann, ohne dass erhöhte Zerstörgefahr besteht. Diese Schlüssel nennt man „iButtons".

EEPROM- oder EPROM-Chips finden zum Beispiel oft in Tonerkartuschen für Laserdrucker Verwendung - als Kopien-Zähler. Wichtig ist auch hier wieder, dass sie mechanisch einfach appliziert werden können.

# Kapitel 3 • Die Brücke

Es ist nicht selten der Fall, dass ein Gerät schon mit einem seriellen Bus ausgerüstet ist und diesen für die interne Kommunikation zwischen verschiedenen Komponenten verwendet. Meist handelt es sich nicht um einen OneWire-Bus, sondern RS-232, SPI oder beispielsweise I²C. Deswegen gibt es von Maxim Integrated auch mehrere „Brücken-Chips", die es ermöglichen, die OneWire-Slave-Chips über andere serielle Schnittstellen zu steuern.

| Chip | Schnitt-stelle | Gehäuse | Anzahl der OneWire-Busse | Kommentar / Highlights |
|---|---|---|---|---|
| DS2480B | RS232 | SOIC-8 | 1 | Konverter von RS232 zu OneWire. Ermöglicht die Programmierung von OneWire-EPROMs mit einer externen 12-V-Quelle. |
| DS2482-100 | I²C | SOIC-8 | 1 | Einfachste Brücke I²C zu OneWire. Bei Bedarf kann ein interner Pull-up-Widerstand aktiviert werden. |
| DS2482-101 | I²C | WLP-9 | 1 | Erweiterte Version des DS2482-100 mit Sleep-Mode-Unterstützung |
| DS2482-800 | I²C | SOIC-16 | 8 | Wie DS2482-100, jedoch mit acht unabhängigen OneWire-Bussen. |
| DS2483 | I²C | TDFN-8<br>SOT23-6 | 1 | Vereinfacht gesagt eine flexiblere Version des DS2482-100. Man kann verschiedene Einstellungen für den OneWire-Bus vornehmen |
| DS2484 | I²C | TDFN-8<br>SOT23-6 | 1 | Erweiterte Version des DS2484 - u.a wird ein OneWire Bus mit 1,8 V unterstützt (beim DS2483 sind es 3,3 V) |

Der große Vorteil solcher „Brücken" ist, dass wir uns gar nicht um das Timing des OneWire-Busses kümmern müssen. Es ist ganz egal, auf welcher Frequenz unser Mikrocontroller tickt und welche Art von I/O-Pins er zu bieten hat. Wir brauchen nur die I²C-Schnittstelle (oder RS232 beim DS2480B, was wir aber nicht weiter verfolgen), die von sehr vielen PIC-Mikrocontrollern (und auch Mikrocontroller anderer Hersteller) hardwaremäßig unterstützt wird. Deswegen ist es auch ein Kinderspiel, die den OneWire betreffenden Firmware-Abschnitte auf andere Mikrocontroller zu portieren. Normalerweise ist es nur eine Sache von „copy & paste"...

Wir können eine Brücke auch als eine Art „Dolmetscher" bezeichnen - weil wir eigentlich in einer „anderen Sprache" wie I²C kommunizieren und die Brücke sich um „die Übersetzung" kümmert.

Mit einem solchen Dolmetscher lassen sich die Kommunikationsprinzipien sehr einfach auch auf andere Plattformen wie andere Mikrocontroller oder gar den Raspberry PI (mit Linux oder auch Windows betrieben) oder den Arduino übertragen.

Der Dolmetscher baut auf Basis eines I²C-Busses ganz eigenständig einen neuen 1-Wire-Bus. Gegenüber dem Mikrocontroller stellt er sich als ganz normaler I²C-Slave dar, auf der anderen Seite stellt er die „die Autorität" für seine eigenen 1-Wire Slaves dar.

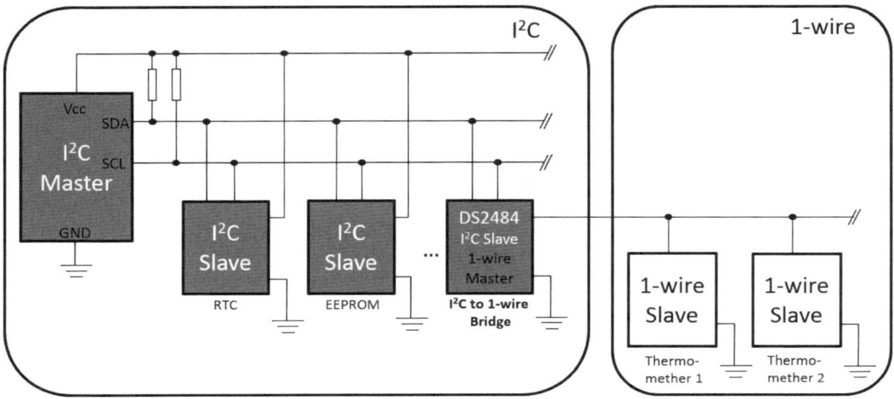


Wir werden uns kurz mit drei verschiedenen OneWire-Brücken-Chips für I²C beschäftigen.

### 3.1. DS2482-100

Hier handelt sich um das „kleinste" Mitglied der Dolmetscher-Familie. Klein nicht im Sinne von Gehäuse, sondern von seiner Funktionalität (und auch vom Preis). Dieser Chip ist auch im großzügig bemessenen SMD-Gehäuse SOIC-8 erhältlich, das prinzipiell im Labor einfacher handzuhaben ist als der DS2484.

Das SOIC-8 Gehäuse sieht so aus:

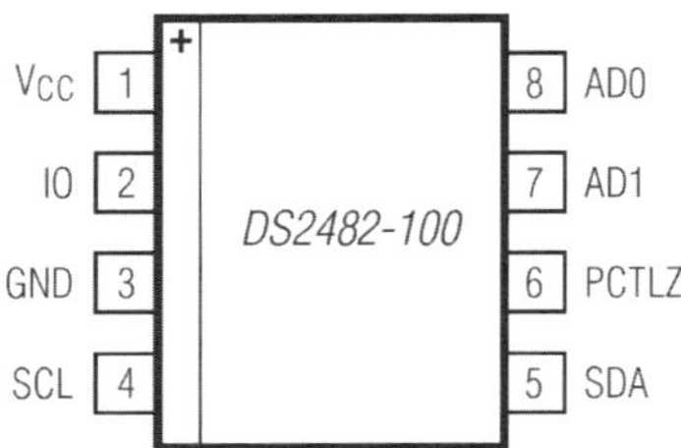

Die Applikationsschaltung des DS2482-100 ist ebenfalls sehr überschaubar:



Mit dem Ausgang PCT kann man einen externen MOSFET-Transistor ansteuern und damit die Leistungskraft des 1-Wire Buses stärken.

Anderseits kennt der DS2482-100 die Parametrisierung des 1-Wire Busses, unter anderem des Port Configuration Registers nicht. Für die Experimente mit dem DemoBoard2015 kann man die Chips DS2484, DS2482-100 und den als nächstes beschriebenen DS2482-800 ohne Firmware-Anpassung verwenden. Kurz gesagt, kann man für eigene Anwendungen, falls man keine speziellen Anforderungen hat, den Dolmetscher beliebig wechseln.

Allerdings kann man - anders als beim DS2484 - die I$^2$C-Adresse des Chips mit den Eingängen AD0 und AD1 beeinflussen. Die Aussage, dass man die Chips ohne Firmware-Anpassung wechseln kann, gilt damit nur unter der Bedingung, dass man AD0 und AD1 an GND anschließt und damit die I$^2$C-Adresse auf 0011 000 festlegt. Die letzten zwei Bits dieser Adresse werden von AD1 und AD0 festgelegt: 0011 0 AD1 AD0. Theoretisch könnte man also vier verschiedene DS2482-100-Chips auf einem I$^2$C Bus betreiben.

### 3.2. DS2482-800

Der letzte Dolmetscher, den ich kurz erwähnen möchte, ist der größere Bruder des DS2482-100. Der wesentliche Unterschied (außer der Preis) ist, dass der DS2482-800 eigentlich acht unabhängige 1-Wire Busse zur Verfügung stellt. Dieser Dolmetscher ist unter anderen in einem SOIC-16-Gehäuse verfügbar. Die Belegung der einzelnen Pins ist im folgenden Bild zu sehen.

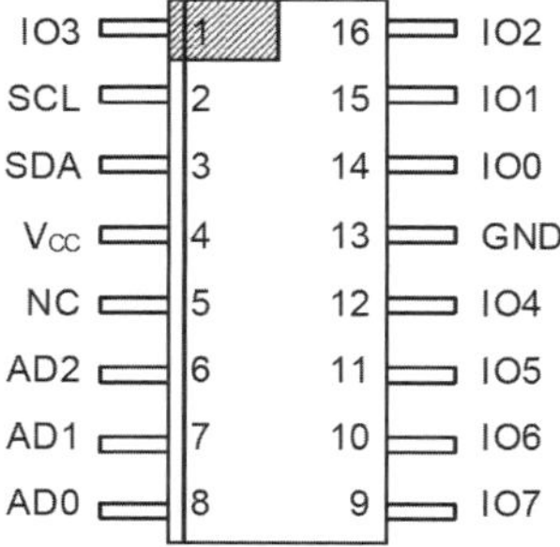

DS2482-800 stellt drei Adresspins zur Verfügung. Die I²C-Adresse lässt sich so im Bereich von 0011 000 bis 0011 111 festlegen. Damit ist es möglich, bis zu acht dieser Bausteine auf einem I²C-Bus zu unterscheiden. Man kann theoretisch also bis zu 64 OneWire-Busse erstellen. Dies ist für „normale" Anwendungen natürlich eher überdimensioniert, aber die Tatsache, dass man acht unabhängige OneWire-Busse mit nur einem Dolmetscher definieren kann, ist schon nutzbar.

Falls wir diesen Dolmetscher an Stelle zum Beispiel eines DS2484 verwenden möchten, müssen wir AD0, AD1 und AD2 auf GND anschließen, damit die I²C-Adresse 0011 000 ist. Außerdem sollten wir den OneWire-Bus IO0 (manchmal auch als 1W_0 gekennzeichnet) verwenden, da dieser Bus standardmäßig angesprochen wird.

Die Applikationsschaltung ist auch bei diesem Chip sehr einfach:

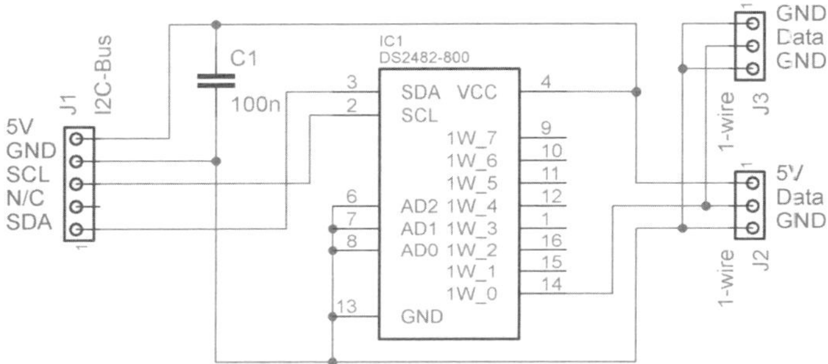


Genauso wie der DS2482-100 besitzt auch dieser Dolmetscher kein Port Configuration Register. Stattdessen stellt der DS2482-800 ein zusätzliches Register namens Channel Selection zur Verfügung. Der Inhalt des Channel Selection Registers legt fest, mit welchem OneWire-Bus kommuniziert wird. Zum einem bestimmten Zeitpunkt kann daher immer nur ein Bus aktiv sein. Die Adresse des Channel Registers ist D2h. So lassen sich die Register des DS2482-800 zusammenfassen:

| **DS2482-800-Register** | | |
|---|---|---|
| **Name** | **Adresse** | **kurze Beschreibung** |
| Device Configuration Register | C3h | DS2484 Konfiguration |
| Status Register | F0h | Hier findet man den Chip-Status und den Status der letzten OneWire-Operation |
| Channel Selection Register | D2h | Selektiert ein einen OneWire-Bus als aktiv |
| Data Register | E1h | Datenregister, das entweder die Daten enthält, die aus dem OneWire-Bus ausgelesen worden sind, oder Daten, die zum OneWire-Bus geschickt werden sollen |

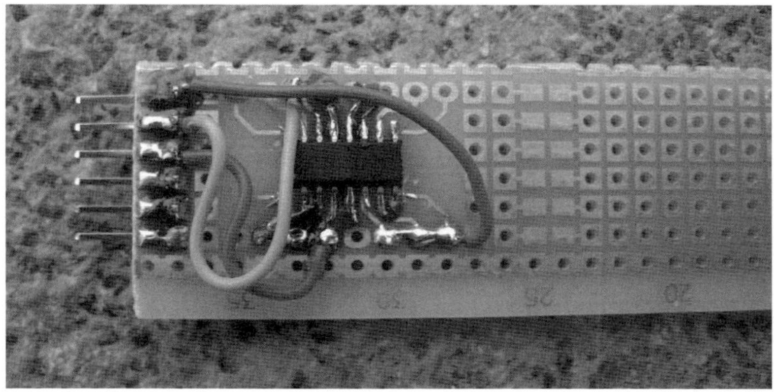

Wie beschrieben, besitzen diese beiden Chips kein PC-Register. Die Null, die wir in dem Ergebnis sehen können, hängt von der Arbeitsweise der Firmware ab. Die Software liest nämlich zuerst das DC- und anschließend das PC-Register. Die Firmware versucht, von der Adresse des Dolmetschers auf die Adresse von PC-Register zu wechseln, dieser Wechsel wird aber vom Dolmetscher ignoriert, weil das zu adressierende Register nicht existiert. Deswegen wird nochmals der Inhalt des DC-Registers gelesen und dargestellt.

## 3.3. DS2484

Jetzt ist es an der Zeit, sich mit einem dieser Dolmetscher besser vertraut zu machen. Denn es ist offensichtlich, dass, wenn wir uns mit dem Dolmetscher nicht verständigen können, wir im „Ausland" der Bussysteme verloren sind. Der DS2484 ist einer von wenigen verfügbaren I²C-zu-OneWire-Brückenchips.

Der Chip enthält vier 8 Bit breite Register, die von Seiten des I²C-Busses zum Lesen und Schreiben zur Verfügung stehen. Mit diesen Registern lassen sich verschiedene Parameter des OneWire-Busses beeinflussen und auch die Daten zwischen dem OneWire-Master und einem OneWire-Slave hin und her schieben. Die Register sind in folgender Tabelle aufgelistet:

| **DS2484-Register** | | |
|---|---|---|
| **Name** | **Adresse** | **kurze Beschreibung** |
| Device Configuration Register | C3h | DS2484 Konfiguration |
| Status Register | F0h | Hier findet man den Chip-Status und den Status der letzten OneWire-Operation |
| Port Configuration Register | B4h | Einstellung der OneWire-Eigenschaften |
| Data Register | E1h | Datenregister, das entweder die Daten enthält, die aus dem OneWire-Bus ausgelesen worden sind, oder Daten, die zum OneWire-Bus geschickt werden sollen |

Für die meisten OneWire-Operationen und Endanwendungen muss man sich nicht unbedingt um die Konfiguration der OneWire-Busparameter kümmern - die Standardwerte beim Einschalten sind „gut genug".

Die I²C-Adresse der Brücke ist festgelegt auf 0011 000 und nicht änderbar. Die Bridge als Master sendet immer erst einen Befehl, gefolgt von den notwendigen Daten.

Der Chip DS2484 ist zwar ziemlich klein, aber noch immer auf dem Labortisch verwendbar. Er steckt unter anderem in einem 6SOT23-Gehäuse mit sechs Beinchen.

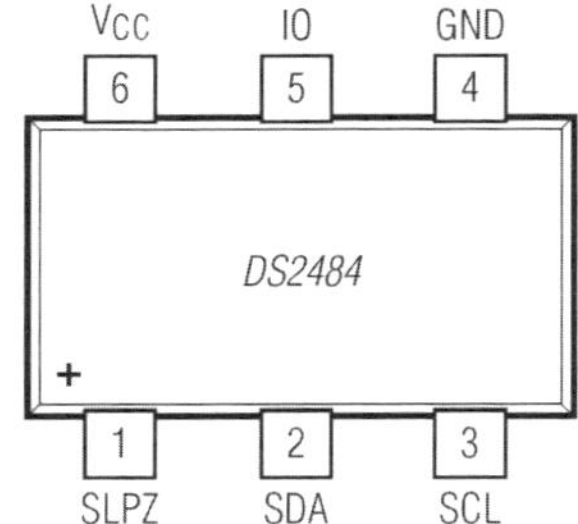


Die Anbindung des ICs an den I²C-Bus ist wirklich sehr einfach.

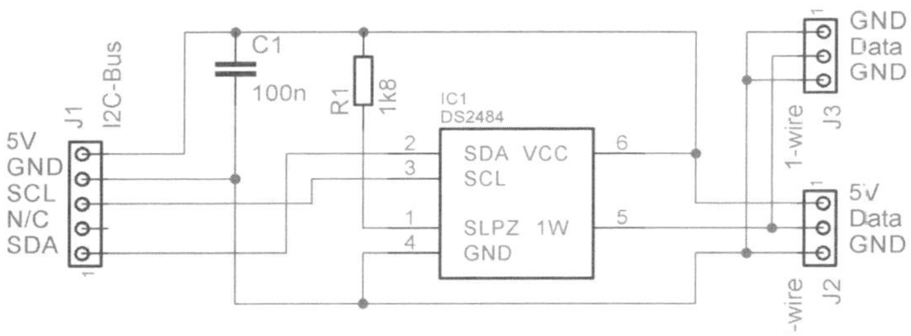


Ein paar Worte noch zur Stromversorgung: Man kann sagen, dass die Stromversorgung des DS2484 zweigeteilt ist. Über den Eingang SPLZ wird die I²C-Logik versorgt, über Vcc die OneWire-Schaltung. Dies ermöglicht es nicht nur, die Bridge in den einen Energiesparmodus zu versetzen, was besonders für Batteriebetrieb von Interesse ist, sondern auch, I²C und OneWire mit verschiedenen Spannungen zu betreiben, also ganz ohne Aufwand die Logikpegel zu wechseln. So könnte die I²C-Seite mit 1,8 V oder 3,3 V oder 5,0 V betrieben werden und die OneWire-Seite völlig unabhängig davon mit irgendeiner Spannung ebenfalls von 1,8...5,0 V. Bei unseren Experimenten nutzen wir diese Möglichkeit allerdings nicht und schließen den Eingang über R1 fest an Vcc an.

Rein mechanisch gesehen kann man eine OneWire-Bridge sehr schnell und einfach aufbauen. Als Verbinder verwenden wir 3-polige Buchsenleisten, in die man die transistorartigen OneWire-Chips (in TO92-Gehäusen) direkt einstecken kann. Idealerweise nimmt man Buchsenleisten mit Präzisionskontakten.

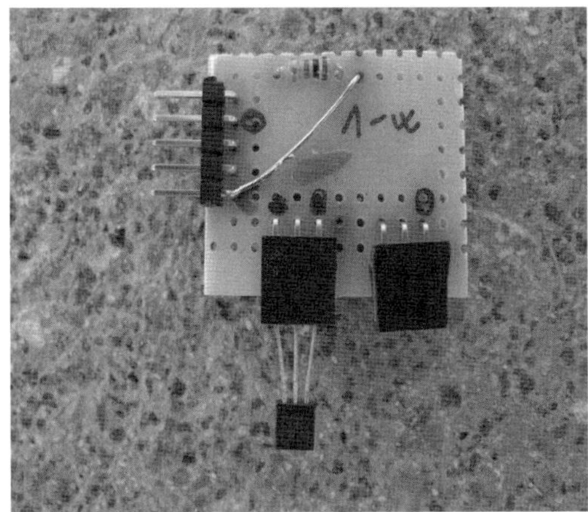

Für Experimente ist es praktisch, wie im Schaltplan zu sehen, zwei verschiedene dieser OneWire-Verbinder zur Verfügung zu stellen - einer mit Spannungsversorgung und der andere ohne.

Für die ersten Tests, wo wir uns nur auf die I²C-Seite konzentrieren wollen, brauchen wir noch keine OneWire-Slaves. Es geht nur darum, die einzelnen Register des Dolmetschers auszulesen. Dafür brauchen wir auch nur einen Befehl des DS2484 kennenzulernen, und zwar: „Set Read Pointer". Mit diesem Befehl können wir die Adresse des Registers festlegen, das wir lesen möchten.

# Kapitel 4 • OneWire Praxis

In diesem Kapitel werden die einzelne (ausgewählte) OneWire-Chipfamilien beschrieben – ihre Funktionalität und familienspezifische Befehle für die Kommunikation und Bedienung. Das Ziel ist, zu zeigen, wie man die wichtigsten Funktionen der einzelnen Chipfamilien am besten nutzen kann, nicht jedoch, alle Möglichkeiten und Funktionen zu beschreiben.

Die Beispielkommunikationsroutinen in Assembler für PIC-Mikrokontroller für die einzelnen Chipfamilien werden wir uns dann in Kapitel 5 - OneWire DemoBoard2020 - ansehen.
Die Familien der OneWire-Chips kann man wie folgt darstellen:

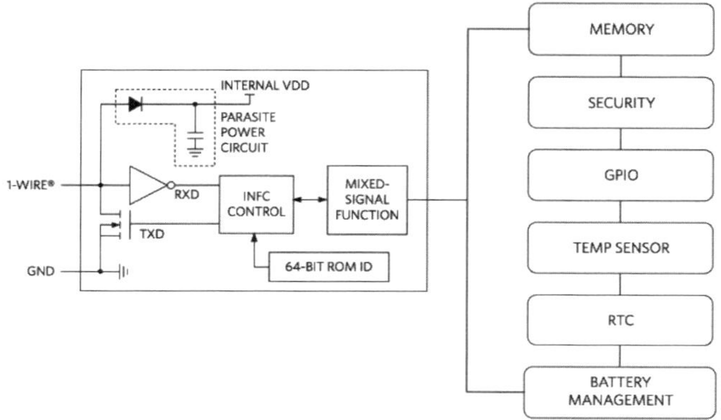


Jede Chipfamilie enthält einen OneWire-Teil (links), der sich um die Parasiteneinspeisung kümmert, die ROM-ID Funktionalitäten beinhaltet und die OneWire Schnittstelle bedient. Rechts sind dann die verschiedenen Familien, die heute auf dem Markt sind, mit ihren familienspezifischen Funktionalitäten zu sehen.

**Memory:**
Es gibt EPROM- und EEPROM-Speicherbausteine in mehreren Familien. Die EPROM-Bausteine sind nur einmal beschreibbar und korrekterweise müssten sie PROM heißen, da man sie später weder elektrisch noch mit UV-Licht löschen kann. Etwas ältere Leser kennen sicherlich noch EPROM-Bausteine wie 27C16, die man elektrisch genau einmal beschreiben kann, dann muss man sie mit UV-Licht löschen, um sie wieder beschreiben zu können.
Die EEPROM-Bausteine kann man wiederholt beschreiben.

**Security:**
Maxim Integrated stellt eine Reihe von SHA-Chips her (SHA = Secure Hash Algorithm). Es handelt sich unter anderem um Chips wie DS28E50, DS28E16 oder sogar iButtons wie den DS1964S. Maxim geht sehr sparsam mit Informationen über die Funktionalität dieser Chips um, in öffentlich verfügbaren Datenblättern findet man nicht einmal Hinweise über die Chip-Funktionen. Es gibt zwar „Evaluation Kits" - zum Beispiel das DS28E50-Evaluation-Kit, das aber als Verwendungsbeispiel designiert ist und nur die Kommunikationsschritte mit dem DS28E50 für ein Use Case zeigt. Wenn man mehr Infos zu diesen Chips von Maxim Integrated haben will, muss man explizit nachfragen, in manchen Fällen sogar ein

NDA unterschreiben (NDA = Non Disclosure Agreement). Security-Chips sind also nicht für Amateure gedacht, die „nur ein wenig spielen" wollen.

Ich kann an dieser Stelle nur verraten, dass zum Beispiel der Chip DS28E50 einen SHA-3-Algorithmus nutzt (Secure Hash Algorithm, Version 3, freigegeben am 05.08.2015) und außerdem noch von der Firma Maxim patentierte ChipDNA und PUF-Technologien (physically unclonable function) enthält.

**GPIO (General Purpose Input/Output):**
Mit GPIO-Bausteinen kann man verschiedene Ein- und Ausgangoperationen verwirklichen. Als einfachste Beispiele seien das Ansteuern einer LED oder das Lesen eines Taster/Schalter-Zustands genannt. Alle Ausgänge der GPIO-OneWire-Familien sind mit Transistoren mit Open Collector (offener Kollektor) ausgestattet.

Es gibt GPIO-Bausteine mit einem, zwei oder acht Ports (I/O Kanälen).

**Temperatursensoren:**
Die Temperatursensoren sind wahrscheinlich die bekanntesten Chips des gesamten OneWire-Familienclans. Alle OneWire-Temperatursensoren erfassen Temperaturen im Bereich von -55...+125°C. Die heute (2019) verfügbaren Sensoren sind verbesserte Versionen des legendären Chips DS1820 (der übrigens nicht mehr hergestellt wird). Der direkte Nachfolger DS18S20 besitzt denselben Familien-Code wie der DS1820, nämlich 10h.

**RTC (Real Time Clock):**
Die Echtzeituhr-Bausteine in OneWire Ausführung sind eigentlich keine „richtigen" RTC-Chips, die Monate, Stunden, Minuten und so weiter zählen. Es handelt sich lediglich um 32-Bit-Zähler, die einmal pro Sekunde hochzählen (inkrementieren). Man kann dann Software-mäßig die 32-Bit-Zahl in Kalenderinformation umrechnen.

**Battery Management:**
Zu dieser Kategorie können wir den Chip DS2438 zuordnen. Es handelt sich um einen sogenannten „Smart Battery Monitor", ein Chip, der Spannung, Strom und Verbrauch messen und die gemessenen Daten als digitale Werte über die OneWire-Schnittstelle an den Master übertragen kann. Ein solcher Chip könnte sehr gut ein Bestandteil eines Battery-Packs werden - er integriert nämlich noch einen Temperatursensor und selbstverständlich die eindeutige ROM-ID. Diese könnte zu der eindeutigen Identifizierung von Batteriepacks herangezogen werden. Außerdem enthält der Chip auch einen „Elapsed Time Counter", der für verschiedene Berechnungen verwendet werden kann, um beispielsweise die Selbstentladung der Batterie zu beobachten.

Wir werden uns in dieses Kapitel mit folgenden Chips beschäftigen:

| **Auflistung der OneWire Familien** | | | |
|---|---|---|---|
| **Funktionalität** | **Familienkode** | **Chip** | **Kurzbeschreibung** |
| ROM-ID | 01h | DS2401 | Silicon Serial Number - Seriennummer. Dieser Chip besitzt keine Funktionalität, man kann nur die ROM-ID auslesen und z.B. zur Identifikation verwenden. Dieser Chip kann nur in Parasiten-Einspeisemodus verwendet werden - es gibt keine Vcc-Anschlüsse. |
| | 01h | DS2411 | wie DS2401, jedoch besitzt dieser Chip auch einen Vcc Eingang. |
| | 01h | DS1990A | wie DS2401 - aber als iButton-Ausführung |
| | 01h | DS1990R | wie DS1990A - die R-Version generiert bei Kontakt immer einen Präsenz-Impuls. |
| Thermometer | 10h | DS1820 | Die älteste Variante der OneWire-Thermometer-Chips. Inzwischen wird diese Chipfamilie nicht mehr hergestellt. |
| | 10h | DS18S20<br>DS18S20-PAR | Thermometer-Chip mit 9-Bit Auflösung als direkter Nachfolger des DS1820. Die "PAR" Version besitzt keinen Vcc Eingang, kann also nur parasitär betrieben werden. |
| | 22h | DS1822<br>DS1822-PAR | Thermometer Chip mit 9 bis 12-Bit Auflösung. Verbesserte Version des DS1820. |
| | 28h | DS18B20<br>DS18B20-PAR | Thermometer Chip mit 9 bis 12-Bit Auflösung; Nachfolger von DS18S20, jedoch nicht 1:1 kompatible. Z.B. die Temperaturkodierung ist abweichend von DS18S20. |
| | 28h | MAX31820<br>MAX31820-PAR | Thermometer-Chip mit 9...12-Bit-Auflösung. Es handelt sich um eine preisgünstigere Version des DS18B20. |
| GPIO | 12h | DS2406 | GPIO-Chip mit 1 oder 2 I/O-Kanälen und EPROM |
| | 29h | DS2408 | GPIO-Chip mit 8 I/O-Kanälen |
| | 3Ah | DS2413 | GPIO-Chip mit 2 IO-Kanälen |
| RTC/Timer | 27h | DS2417 | 32-Bit-Zähler, den man als RTC einsetzen kann |
| | 24h | DS1904 | 32-Bit-Zähler, den man als RTC einsetzen kann (iButton) |

| EEPROM | 23h | DS24B33<br>DS1974 | 4 kBit (512 Byte) EEPROM-Speicher (DS1974 ist die iButton Version) |
|---|---|---|---|
| | 2Dh | DS28E07<br>DS2431 | 1024 Bit (128 Byte), 1-Wire-EEPROM mit dem gleichen Familienkode wie der ältere DS2431 |
| EPROM | 09h | DS2502 | 1 kBit (128 Byte) Add-Only-Memory (EPROM). Diese Chipfamilie ist in zwei weiteren Ausführungen verfügbar: DS2502-E48 und DS2502-E64. Beide Versionen haben den Familienkode 89h. Die „Klons" bieten 768 Bit EPROM, zusätzlich aber eine eindeutige ID, die für MAC-48/EUI-48 Ethernet Adresse (DS2502-E48) oder als Knoten-Identifizierung nach IEEE Standard 1394-1995 (FireWire). verwendbar ist. |
| | 0Bh | DS2505 | 16 kBit (2 kByte) Add-OnlyEEPROM-Speicher |
| | 12h | DS2406 | GPIO Chip mit 1 oder 2 I/O-Kanälen und EPROM (der Chip ist auch unten bei GPIO aufgelistet) |

### 4.1. ROM-ID Chips

Die ROM-ID-Chips werden in allgemeinem zur Identifikation verwendet. Das kann eine Identifikation von verschiedenen elektronischen Komponenten sein (um zu vermeiden, dass „unautorisierte" Bauteile eingesetzt werden) oder eine Identifikation von Personen - die verbreiterte Anwendung wäre der Einsatz als elektronischer Schlüssel.

Die Chips enthalten selber keine Funktionalität, man kann nur von der eindeutigen 64-Bit-ROM-ID Gebrauch machen.

Die ROM-ID-Chips sind typischerweise in den Gehäusebauformen TO-92, TSOC-6, SOT-23, SOT-223 oder als iButton verfügbar.

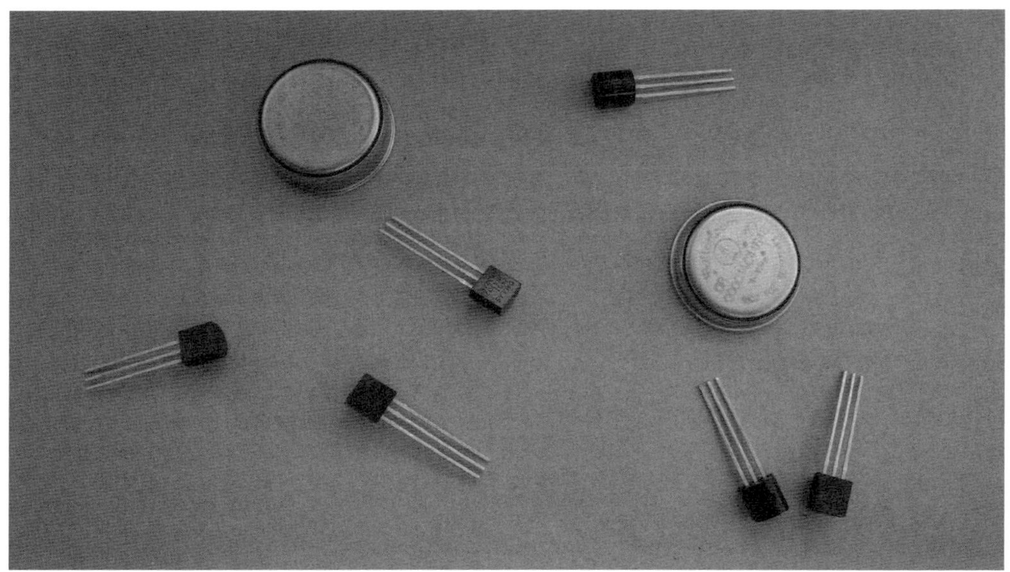

### 4.1.1. Überblick

In der Kategorie „ROM-ID" finden wir eigentlich nur drei Chips: DS2401, DS2411 und iButton DS1990A. Der ursprüngliche ROM-ID-Chip DS2400 wird seit 1993 nicht mehr hergestellt.

Die ROM-ID-Chips verwenden folgenden ROM-Befehlsatz:

| Befehl | ROM | FNC | Name | Beschreibung |
|---|---|---|---|---|
| F0h | X | - | Search ROM | keine Abweichung von Standard |
| 33h | X | - | Read ROM | keine Abweichung von Standard |
| 0Fh | X | - | Read ROM | Nur DS2401 und DS1990R: identisch mit dem Befehl 33h - aus Kompatibilitätsgründen mit dem DS2400; der Chip DS2400 kennt der Befehl 33h nicht |
| 3Ch | X | - | Overdrive Skip ROM | Nur DS2411: für den DS2411 kann man den Befehl 3Ch nutzen, um die Search-ROM-Funktion zu beschleunigen |

**Hinweis:** Eigentlich gehören zum Basissatz von Befehlen immer die ROM-Befehle Match-ROM (55h) und Skip-ROM (CCh). Weil aber die ROM-ID-Chips keine Funktionsbefehle unterstützen (sie bieten ja keine Funktionalität an), werden diese zwei ROM-Befehle von ROM-ID-Chips ignoriert.

### 4.1.2. DS2401 (Familienkode: 01h)

Der DS2401-Chip ist in vier verschiedenen Gehäusen verfügbar. Drei davon sind „bastlerfreundlich": TO-92, TSOC6 und SOT223. Die Pin-Belegung dieser drei Gehäuse sieht so aus:

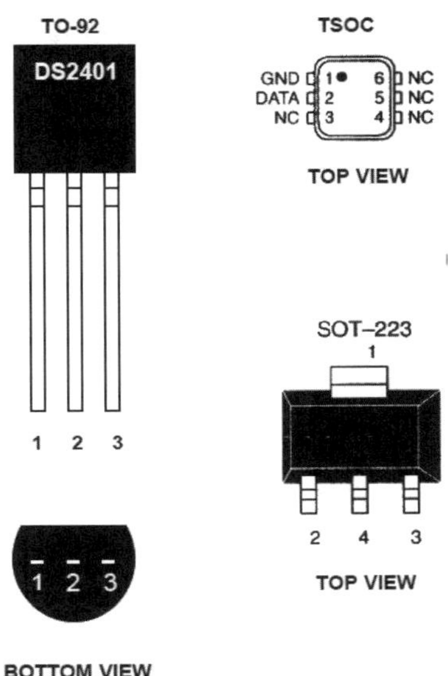


| Pin/Gehäuse | TO-92 | TSOC | SOT-223 |
|---|---|---|---|
| 1 | GND | GND | GND |
| 2 | DQ | DQ | DQ |
| 3 | n.c. | n.c. | n.c. |
| 4 | -- | n.c. | GND |
| 5 | -- | n.c. | -- |
| 6 | -- | n.c. | -- |

Wie man sehen kann, werden diese ROM-ID-Chips nur parasitär versorgt, es gibt keine Vdd-Pins. Unabhängig vom Gehäuse kommen immer nur zwei Pins zum Einsatz. Die Spannung kann zwischen 2,8 V und 6,0 V liegen.

Wie man aus der Befehlsliste auch sehen kann, werden in der Realtät nur die beiden Befehle Search ROM (F0h) und Read ROM (33h) unterstützt.

Für Anwendungen wie „Zugangskontrolle", als einem Türöffner, kann man davon ausgehen, dass immer höchstens ein Chip auf dem OneWire-Bus angeschlossen ist, und weil das so ist, kann man mit dem Befehl Read ROM auskommen.

Bei einem Türöffner könnte man die erlaubten ROM-IDs erst registrieren. Die Tür wird geöffnet, wenn ein Chip mit registrierter ROM-ID angeschlossen wird.

Für eine solche Anwendung könnte man eigentlich jeden beliebigen OneWire-Chip verwenden, weil alle den Befehl 33h (Read ROM) unterstützen. Wenn etwa ein Temperatursensor als „Türöffner" eingesetzt wird, wird seine eigentliche Funktionalität nicht genutzt, nur die ID-Funktion. Nach dem ROM-Befehl wird kein Funktionsbefehl geschickt, sondern ein OneWire-Reset durchgeführt und die Kommunikation unterbrochen beziehungsweise neu gestartet.

### 4.1.2. DS2411 (Familienkode: 01h)

Der DS2411-Chip verfügt im Gegensatz zum DS2401 über einen Vcc-Anschluss. Beim DS2411 kann die Betriebsspannung im Bereich von 1,5...5,25 V liegen.

Die Pin-Belegung bei SOT-223 und TSOC Gehäusen sieht so aus:

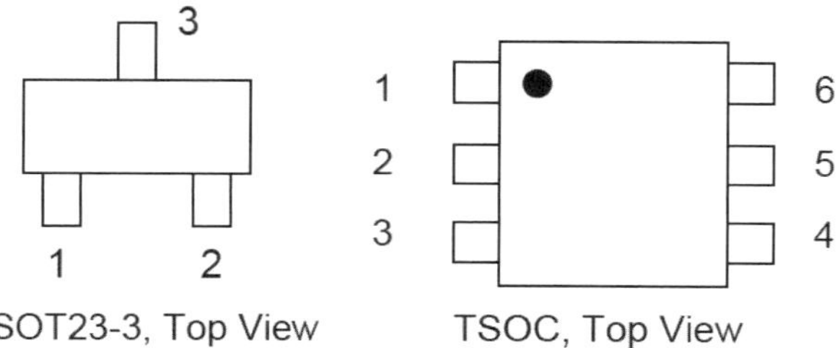


| Pin/Gehäuse | TSOC | SOT-223 |
|---|---|---|
| 1 | GND | DQ |
| 2 | DQ | Vcc |
| 3 | n.c. | GND |
| 4 | n.c. | -- |
| 5 | n.c. | -- |
| 6 | Vcc | -- |

Es gibt sonst keinen wesentlichen Unterschied zum DS2401.

### 4.1.3. DS1990A (Familienkode: 01h)

DS1990A ist eine iButton-Variante des ROM-ID-Chips. Es gibt's zwei Ausführungen, die sich nur in der Dicke des Buttons unterscheiden: DS1990A-F5+ ist 5,89 mm stark, der DS1990A-F3+ 3,10 mm. Ansonsten sind diese beiden Versionen identisch.

Die Betriebsspannung des DS1990A kann 2,8...6,0 V betragen - genauso wie beim DS2401.

Die Pin-Belegung (obwohl das Gehäuse ja eigentlich keine Pins besitzt) ist:

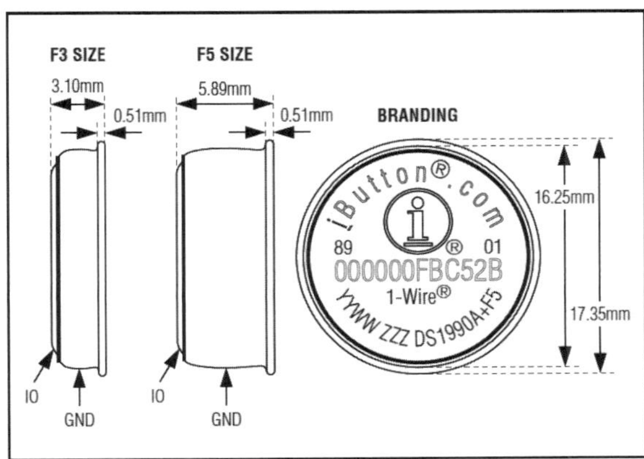


Die Funktionalität ist identisch mit dem DS2401 - nur ist das Gehäuse für die speziellen Anwendungen wie Türöffner oder Kassenzugangsberechtigung besser geeignet.

## 4.2. Thermometer Chips

Es gibt nicht so viele verschiedene OneWire-Temperatursensoren auf dem Markt. Wenn man sich entscheiden soll, ob DS18S20 oder DS18B20 oder doch besser einen anderen, kann man die Augen schließen und blind auswählen. Es ist aber manchmal doch besser, seine Entscheidung auf Basis von Tatsachen zu treffen.

Ein wichtiges Entscheidungskriterium ist eine „bastlerfreundliche" Gehäusebauform, also soll es hier um Sensoren gehen, die nicht „ganz klein" sind und die man idealerweise im TO-92-Gehäuse beschaffen kann.

Es sei noch erwähnt, dass es auch andere Temperaturchip-Familien gibt, mit denen wir uns aber hier nicht beschäftigen wollen. Es gibt zum Beispiel den DS1825 (Familienkode: 3Bh) mit vier Adresseingängen, den man an verschiedenen Stellen eines zu überwachenden Volumens anbringen und individuell auslesen kann. Ein anderes Beispiel ist der Temperatur-Chip DS28EA00 mit dem Familienkode 42h. Dieser Chip ermöglicht die physische Platzierung durch eine Ketten-Funktionalität. Dazu braucht man eine Zusatzleitung, immer zwischen zwei hintereinander platzierten Sensoren. Die Familie MAX31826 ist eine Art Erweiterung des DS1825 mit ebenfalls vier Adresspins und zusätzlich dazu noch einen EERPOM-Speicher von 1.026 Bits (256 Bytes). Sogar der Familienkode 3Bh ist mit dem DS1825 identisch.

### 4.2.1. Überblick

Die Geschichte der 1-Wire-Temperatursensoren begann vor vielen Jahren in Dallas. Entschuldigung, natürlich nicht **in** Dallas, sondern bei Dallas oder noch besser bei Dallas in Dallas. Wenn wir schon dabei sind, Dallas Semiconductor wurde am 01.02.1984 in Dallas, Texas in den USA geründet und 2001 von Maxim Integrated übernommen. Aber zurück zu den Sensoren. Der DS1820 ist die Ikone der OneWire-Temperatursensoren. Der Chip wird zwar nicht mehr hergestellt, hat aber die Grundlagen vieler neuerer und fortgeschrittener Sensoren festgelegt. Es gibt zurzeit ein „Drop-in-Replacement" - also einen in Soft- und Hardware kompatiblen Nachfolger, den DS18S20.

Die Sensoren, die ich hier kurz vorstellen möchte, sind: DS1820, DS1822, DS18S20, DS18B20, MAX31820. Alle diese Sensoren haben, dazu später ein paar Worte, auch noch „PAR-Geschwister".

In Detail werden wir uns dann später mit zwei der am meisten verbreiteten Chips beschäftigen, dem DS18S20 und dem DS18B20.

Beginnen wir mit der Liste der unterstützen ROM- und Funktionsbefehlen! Alle hier beschriebene Temperatursensoren verwenden folgenden ROM- und Funktionsbefehlssatz:

| Befehl | ROM | FNC | Name | Beschreibung |
|---|---|---|---|---|
| F0h | X | - | Search ROM | keine Abweichung von Standard |
| 33h | X | - | Read ROM | keine Abweichung von Standard |
| 55h | X | - | Match ROM | keine Abweichung von Standard |
| CCh | X | - | Skip ROM | keine Abweichung von Standard |
| ECh | X | - | Alarm Search | Temperatur-Chip-spezifischer ROM-Befehl, identisch mit dem Search ROM-Befehl; nur antworten auf den Befehl nur die Chips, bei denen ein Temperatur-Alarm festgestellt worden war |
| 44h* | - | X | Convert T | Temperatur messen und konvertieren |
| 4Eh | - | X | Wirte Scratchpad | Scratchpad beschreiben; es werden nur die Bytes beschrieben, die beschreibbar sind (Alarmgrenzen und gegebenenfalls Konfiguration) |
| BEh | - | X | Read Scratchpad | das gesamte Scratchpad lesen (inklusive CRC-Byte) |
| 48h* | - | X | Copy Scratchpad | Alarmgrenzen und gegebenenfalls die Konfiguration aus der Scratchpad ins EEPROM schreiben |
| B8h | - | X | Recall E2 | Den Inhalt des EEPROMs ins Scratchpad übertragen. Das passiert automatisch auch beim Einschalten. |
| B4h | - | X | Read Power Supply | Der Sensorchip schickt die Information, ob die externe Versorgung angeschlossen (FFh) oder Parasit-Versorgung (00h) gewählt ist. |

*Die Funktionsbefehle 44h (Convert T) und 48h (Copy Scratchpad) benötigen im Falle parasitärer Versorgung den Strong Pull-Up für den Bus. Dieser muss spätestens 10 µs nach Erteilung des Befehls und für die Dauer der Operation verfügbar sein. Für Copy Scratchpad ist dies typischerweise 10 ms, für die Messung (Convert T) bis zu 750 ms.

Da gibt es erstmal keine Unterschiede in der Funktionalität. Werfen wir aber einen Blick auf die wichtigsten Merkmale der einzelnen Sensoren in folgender Tabelle:

| **Merkmal / Typ** | **DS1820** | **DS1822** | **DS18S20** | **DS18B20** | **MAX31820** |
|---|---|---|---|---|---|
| Familiencode | 10h | 22h | 10h | 28h | 28h |
| Spannung [V] | 2,8V - 5,5V | 3,0V - 5,5V | 3,0V - 5,5V | 3,0V - 5,5V | 3,0V - 3,7V |
| Temperatur-Messbereich* [°C] | -55°C bis +125°C | -55°C bis +125°C | -55°C bis +125°C | -55°C bis +125°C | -55°C bis +125°C |
| Fehler | | ± 2,0°C im Bereich von -10°C bis +85°C | ± 0,5°C im Bereich von -10°C bis +85°C | ± 0,5°C im Bereich von -10°C bis +85°C | ± 0,5°C im Bereich von -10°C bis +45°C |
| Auflösung [Bit] | 9 Bit | 9 - 12 Bit | 9 Bit | 9 - 12 Bit | 9 - 12 Bit |
| Wandlungszeit [ms] | 500ms | 93,75 - 750ms | 750ms | 93,75 - 750ms | 93,75 - 750ms |
| Scratchpad (verwendet) [Byte] | 9 (7) Byte | 9 (6) Byte | 9 (7) Byte | 9 (6) Byte | 9 (6) Byte |
| EEPROM [Byte] | 2 Byte | 3 Byte | 2 Byte | 3 Byte | 3 Byte |
| Preis [Euro] | n/a | 1,48 | 1,87 | 1,68 | 1,00 |
| Kommentar | wird nicht mehr hergestellt | verbesserte Version des DS1820 | Nachfolger des DS1820 - SW- und HW-kompatibel | verbesserte Version des DS18S20 | preiswerte Version des DS18B20 |

*Die Obergrenze des Temperaturbereichs für PAR-Versionen beträgt 100°C.

Wie man sieht, stammen alle aufgeführten Sensoren gewisse Art und Weise vom DS1820 ab.

Man kann auch sagen, dass die Evolution des Chips folgendermaßen aussieht:

DS1820 -> DS18S20
DS1822 -> DS18B20 (-> MAX31820 = "DS18B20 light")

Die Schlussfolgerung wäre, für alle neue Anwendungen den DS18B20 zu empfehlen oder als preisgünstigere Alternative den MAX31820. Diese Variante kann sinnvoll sein, wenn die Spannung bis 3,7 V sein soll und nicht über 45 ° C gemessen werden soll.

Blockdiagramm von DS1820, DS18S20 und auch DS1822, DS18B20, MAX31820:

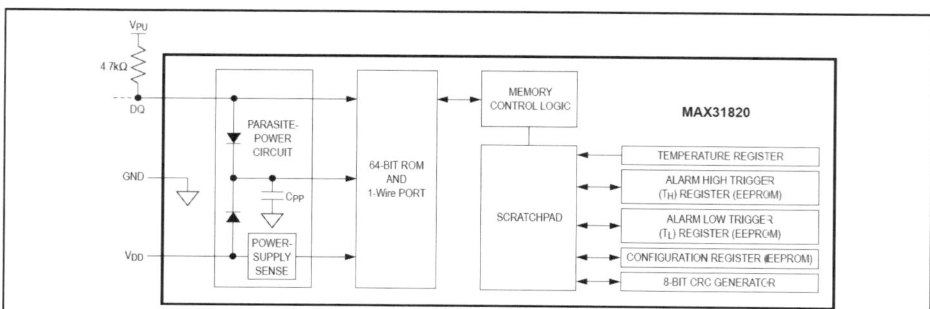


Das Konfigurationsregister ist bei den Sensoren DS1820 und DS18S20 nicht vorhanden.

Wenn die Temperatursensoren mit parasitärer Versorgung eingesetzt werden, muss der Vdd Pin auf GND angeschlossen sein, da ansonsten die Funktionalität nicht gewährleistet ist.

Plant man von vornherein, die Sensoren nur im Parasit-Einspeisemodus zu verwenden, kann man gleich auf die „PAR"-Versionen zurückgreifen. Die Chips sehen identisch aus, jedoch ist der Vdd-Pin schon intern auf GND angeschlossen. Die Anschlussbeinchen dürfen in der Schaltung also unbeschaltet bleiben, was manchmal beim Platinenentwurf von Vorteil sein kann.

Und es gibt noch einen kleinen Unterschied zwischen PAR und Nicht-PAR: Die PAR Versionen messen die Temperatur bis +100°C, Nicht-PAR schaffen mit +125°C ein wenig mehr.

### 4.2.2. Temperaturkodierung und der 2-er-Komplement

Typischerweise wird die gemessene Temperatur in einem so genannten Temperaturregister gespeichert, das entweder 8 Bit oder 16 Bit (ein oder zwei Bytes) breit ist.

Das gespeicherte Datum ist sehr einfach zu verstehen ist, es ist immer wie folgt kodiert:

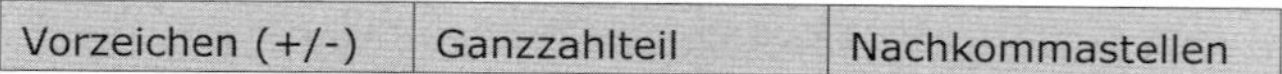

| Vorzeichen (+/-) | Ganzzahlteil | Nachkommastellen |
|---|---|---|

Es gibt ein Vorzeichenbit, das null ist, wenn der restliche Wert eine positive Temperatur darstellt und eins, wenn es sich um eine Temperatur unter dem Nullpunkt handelt.

Der zweite Teil ist der Ganzzahlteil der Temperatur (typischerweise 7 Bit), der Rest stellt die Nachkommastellen dar (typischerweise 1...4 Bit).

Es ist jedoch wichtig zu wissen, dass bei der Darstellung von negativen Temperaturen das 2-er-Komplement der binären Zahl verwendet wird. Wenn man also die negative Temperatur in „menschlicher" Form wissen will, muss man ein wenig rechnen. Man könnte so vorgehen:

1. Es wird eine binäre Negation von dem Wert berechnet
2. Eine Eins wird zu der Negation addiert

Zum Beispiel, wenn der Wert 0110 0000 ist, gehen wir so vor:

1. Negation: NOT (0110 0000) = 1001 1111
2. Addition von 1: 1001 1111 + 0000 0001 = 1100 0000

Noch ein Beispiel? Der Wert wäre 0010 0101:

1. Negation: NOT (0010 0101) = 1101 1010
2. Addition von 1: 1101 1010 + 0000 0001 = 1101 1011

Wenn wir also annehmen, dass ein Bit für das Vorzeichen verwendet wird, dann 7 Bit für die Darstellung der Ganzzahl des Temperaturwertes und ein Bit für die Nachkommastellen, dann sieht unser Temperaturregister so aus:

| **Bit** | 8 | 7 | 6 | 5 | 4 | 3 | 2 | 1 | 0 |
|---|---|---|---|---|---|---|---|---|---|
| **Bedeutung** | VZ | 26 | 25 | 24 | 23 | 22 | 21 | 20 | 2-1 |

Bit 8 MSB stellt Vorzeichen dar: 0 = Plustemperatur, 1 = Minustemperatur
Bits 7 - 1 Ganzzahl der Temperatur
Bit 0 Nachkommastellen der Temperatur (wenn es nur ein Bit ist, bedeutet es, dass der Nachkommastellenwert entweder 0,0 oder 0,5 ist (2-1 = 0,5).

**Beispiel 1:** Welche Temperatur entspricht dem Wert 0 0010 1001 dargestellt (9-Bit-Darstellung mit einem Nachkommastellen-Bit)?

Der Inhalt des Registers sieht also so aus:

| **Bit** | 8 | 7 | 6 | 5 | 4 | 3 | 2 | 1 | 0 |
|---|---|---|---|---|---|---|---|---|---|
| **Bedeutung** | 0 | 0 | 0 | 1 | 0 | 1 | 0 | 0 | 1 |

Bit 8 = 0 Es handelt sich um eine Plustemperatur.
Bits 7 - 1 = 001 0100 Wir haben 7 Bit, die den Ganzzahlteil der Temperatur darstellen. Wir können noch eine Null vorschieben (in Klammern), damit wir eine 8-Bit-Zahl haben: (0)001 0100b. 8-Bit Zahlen sind üblicher als 7-Bit-Zahlen. Den Wert können wir jetzt hexadezimal darstellen: 14h. Das entsp-icht der dezimalen Zahl 20d.
Bit 0 = 1 Nachkommastelle ist 0,5

Die dargestellte Temperatur ist also 20 + 0,5 = +20,5 °C.

**Beispiel 2:** Welche Temperatur entspricht dem Wert 1 1110 1100 (wie gehen wieder von einem 9-Bit Register mit einer Nachkommastelle aus)?

Der Inhalt des Registers sieht folgendermaßen aus:

| **Bit** | 8 | 7 | 6 | 5 | 4 | 3 | 2 | 1 | 0 |
|---|---|---|---|---|---|---|---|---|---|
| **Bedeutung** | 1 | 1 | 1 | 1 | 0 | 1 | 1 | 0 | 0 |

| | | |
|---|---|---|
| Bit 8 | = 1 | Es handelt sich um eine Minustemperatur. |
| Bits 7 - 1 | = 111 0110 | Wir haben 7 Bit als Ganzzahlteil der Temperatur. Weil es sich aber um eine Minustemperaturhandelt, müssen wir jetzt das 2-er-Komplement des Wertes (inklusive Nachkommastellen) berechnen:<br>1. Negation: NOT (1110 110,0) = 0001 001,1<br>2. Addition: 0001 001,1 + 0000 000,1 = 0001 010,0<br>Von dieser Zahl repräsentieren die ersten 7 Bit die Ganzzahl der Temperatur: (0)000 1010b = 0Ah = 10d. |
| Letzte Stelle | = 0 | Nachkommastelle ist 0,0 |

Die dargestellte Temperatur ist also 10 + 0,0; und es handelt sich um eine negative Temperatur, also: -10,0 °C.

### 4.2.3. DS18S20 (Familienkode: 10h)

Wie schon früher erwähnt, ist der DS18S20 ein „Drop-in-" Ersatz für den legendären DS1820.

#### 4.2.3.1. Funktionalität

Der Thermometer-Chip besitzt zwei Hauptfunktionalitäten: **Messung der Temperatur** und **Alarmsignalisierung**, wenn die gemessene Temperatur außerhalb einer vordefinierten Grenze liegt.

Selbstverständlich kann man den Chip mit seiner ROM-ID auch für Identifizierungszwecke verwenden, genau wie die oben beschriebenen ROM-ID-Chips.

Die Pin-Belegung des Chips im TO-92- und SOIC-8 Gehäuse sieht so aus:

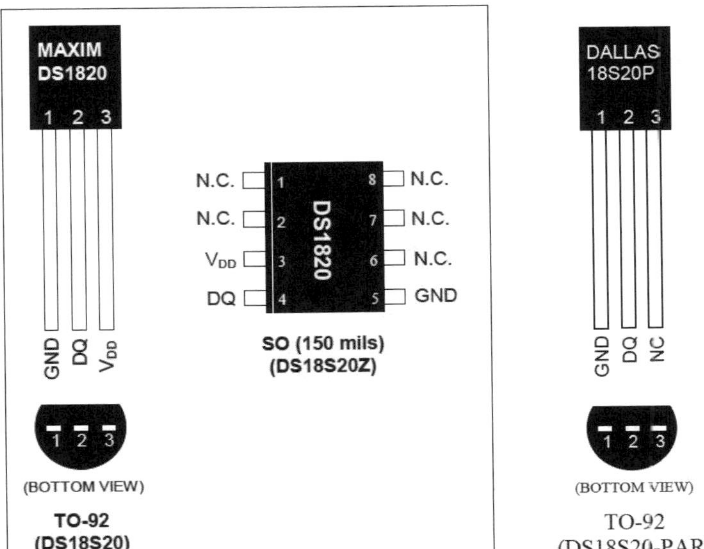


Links kann man die Standard-Variante sehen, rechts dann die PAR-Variante. Der einzige Unterschied liegt darin, dass der Vdd-Anschluss bei der PAR-Version nicht belegt ist.

Mit DQ ist die Datenleitung des OneWire-Busses gemeint.

Für die Kommunikation mit der Außenwelt wird das Scratchpad benutzt. Bei dem DS18S20 enthält das Scratchpad 8 Byte plus CRC-Byte. Das Scratchpad selbst ist eigentlich ein SRAM.

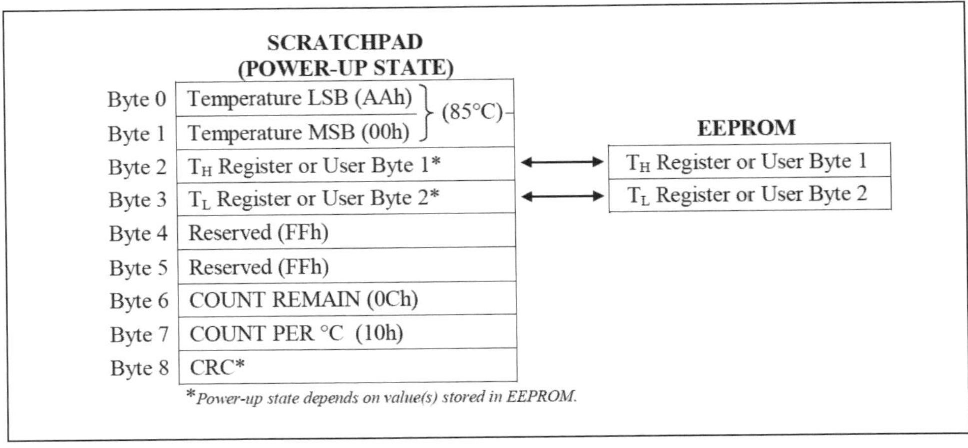

Das Scratchpad kann mit dem Funktionsbefehl **BEh** (**Read Scratchpad**) sequenziell ausgelesen werden. Die Datenübertragung fängt mit dem LSB von Byte 0 an und endet mit dem MSB des CRC-Bytes. Der Lesevorgang kann jederzeit mit einem Reset-Impuls beendet werden. Wenn wir zum Beispiel nur die gemessene Temperatur brauchen und auf das CRC-Byte verzichten wollen, reicht es aus, die ersten zwei Bytes (das Temperaturregister) zu lesen, LSB von Byte 0 bis zum MSB von Byte 1 des Scratchpads. Der Default-Wert des Temperaturregisters nach dem Einschalten ist 00-AAh, was einer Temperatur von 85°C entspricht.

Byte 2 und Byte 3 legen das Alarmfenster des Temperaturbereichs fest.

Byte 4 und Byte 5 werden nicht verwendet und sind immer FFh.

Mit Hilfe von Byte 6 (Count Remain) und Byte 7 (Count per °C) kann man höhere Auflösung als 9 Bit erreichen. Dabei ist Byte 7 (Count per °C) immer konstant 10h (16d), hardkodiert. Der Wert ändert sich also nie.

Das Scratchpad kann mit dem Funktions-Befehl **4Eh** (**Write Scratchpad**) beschrieben werden. Beim Schreiben werden aber lediglich zwei Bytes erwartet: Byte 2 (TH-Register) und Byte 3 (TL-Register) des Scratchpads. Die Übertragung beginnt mit dem LSB von Byte 2 und endet mit dem MSB von Byte 3.

Der Inhalt von Byte 2 (TH-Register) und Byte 3 (TL-Register) kann mit dem Funktionsbefehl **48h** (**Copy Scratchpad**) ins EEPROM geschrieben werden. Der Copy-Scratchpad-Befehl dauert ungefähr 10 ms. Falls der Chip parasitär versorgt wird, muss nach dem 48h-Befehl die DQ-Leitung für mindestens 10 ms mit Strong-Pull-Up unterstützt werden.

Byte 2 und Byte 3 werden immer nach Herstellung der Einspeisung aus dem EERPOM in den Scratchpad-Bereich geladen. Außerdem kann man sie während der Laufzeit mit dem Funktionsbefehl **B8h** (**Recall E2**) wiederherstellen.

Für die Messung der Temperatur muss man erst der Befehl 44h (Convert T) erteilen, dann 750 ms warten, und danach mit dem Befehl BEh (Read Scratchpad) die gemessene Temperatur lesen. Während der Wartezeit muss die Datenleitung mit dem Strong-Pull-Up unterstützt sein.

Mit dem Befehl **B4h** (**Read Power Supply**) kann man festlegen, ob der Chip direkt oder parasitär versorgt wird. Falls in der Anwendung beides denkbar ist, muss der Master wissen, ob der Strong Pull-Up bei der Messung und dem Schreiben des EEPROMs verwendet werden muss oder nicht. Bei Parasit-Versorgung setzt der Chip die Datenleitung nach dem Befehl in folgendem Read-Time-Slot auf null, ansonsten verbleibt die Datenleitung auf eins.

#### 4.2.3.2. Temperaturkodierung und Umrechnung

Das Temperaturregister besteht aus den beiden Bytes TMSB und TLSB. Für die Temperaturmessung werden also 16 Bit verwendet, obwohl wirklich wirksam nur 1+7+1 Bits sind. Ein Bit stellt das Vorzeichen dar (positive oder negative Temperatur), sieben Bit die

Ganzzahltemperatur und ein Bit die Nachkommastelle.

Die Bedeutung des einzelnen Bits des Temperaturregisters kann man so zusammenfassen:

| **Byte** | TMSB | | | | | | | | TLSB | | | | | | | |
|---|---|---|---|---|---|---|---|---|---|---|---|---|---|---|---|---|
| **Bit** | 7 | 6 | 5 | 4 | 3 | 2 | 1 | 0 | 7 | 6 | 5 | 4 | 3 | 2 | 1 | 0 |
| **Bedeutung** | S | S | S | S | S | S | S | S | 26 | 25 | 24 | 23 | 22 | 21 | 20 | 2-1 |

Alle Bits des TMSB sind immer identisch und geben das Vorzeichen an (TMSB = 00h = positiv und TMSB = FFh = negativ).

Ein paar Beispiele der Temperaturkodierung kann man folgender Tabelle entnehmen:

| Temperatur | TMSB [bin] | TLSB [bin] | TMSB-TLSB [HEX] | TLSB [2-er Komple-ment] | Temperatur - Ganzzahl | Temperatur - Nachkomma |
|---|---|---|---|---|---|---|
| +85,0 °C | 0000 0000 | 1010 1010 | 00-AAh | nicht von Bedeutung | (0)101 0101 = 55h = 085d | 0 -> 0,0 |
| +55,0 °C | 0000 0000 | 0110 1110 | 00-6Eh | nicht von Bedeutung | (0)011 0111 = 37h = 055d | 0 -> 0,0 |
| +25,0 °C | 0000 0000 | 0011 0010 | 00-32h | nicht von Bedeutung | (0)001 1001 = 19h = 025d | 0 -> 0,0 |
| +17,5 °C | 0000 0000 | 0010 0011 | 00-23h | nicht von Bedeutung | (0)001 0001 = 11h = 017d | 1 -> 0,5 |
| +0,5 °C | 0000 0000 | 0000 0001 | 00-01h | nicht von Bedeutung | (0)000 0000 = 00h = 000d | 1 -> 0,5 |
| 0,0 °C | 0000 0000 | 0000 0000 | 00-00h | nicht von Bedeutung | (0)000 0000 = 00h = 000d | 0 -> 0,0 |
| -0,5 °C | 1111 1111 | 1111 1111 | FF-FFh | 0000 0001 | (0)000 0000 = 00h = 000d | 1 -> 0,5 |
| -17,5 °C | 1111 1111 | 1101 1101 | FF-DDh | 0010 0011 | (0)001 0001 = 11h = 017d | 1 -> 0,5 |
| -25,0 °C | 1111 1111 | 1100 1110 | FF-CEh | 0011 0010 | (0)001 1001 = 19h = 025d | 0 -> 0,0 |
| -55,0 °C | 1111 1111 | 1001 0010 | FF-92h | 0110 1110 | (0)011 0111 = 37h = 055d | 0 -> 0,0 |

Ob die gemessene Temperatur positiv oder negativ ist, kann man sehr einfach anhand von TMSB erkennen: TMSB = 00h bedeutet eine positive, TMSB = FFh eine negative Temperatur.

Die Nachkommastelle kann bei diesem Sensor nur entweder .0 oder .5 sein. Dies ist sehr einfach am niedrigsten Bit von TLSB zu erkennen: Wenn TLSB-0 gleich null ist, ist die Nachkommastelle 0 (0,0°C), ansonsten ist die Nachkommastelle 5 (0,5°C).

Die restlichen sieben Bit des TLSB (Bits 7 - 1) stellen den Ganzzahlteil der gemessenen (positiven) Temperaturen dar. Ist die Temperatur negativ, dann repräsentieren die Bits die Temperatur als 2-er-Komplement.

**Beispiel 1 - Positive Temperatur:**
Wenn wir aus dem Sensor den Wert 00-23h auslesen würden, können wir bei der Umrechnung so vorgehen:

TMSB = 00h (0000 0000b) - eine Plus-Temperatur
TLSB = 23h (0010 0011b) - der niedrigsten Bit ist gleich Eins, also ist die Nachkommastelle 5.

Die restlichen Bits - also Bit 7 bis Bit 1 des TLSB = 001 0001. Wenn wir die Zahl hexadezimal darstellen, erhalten wir: (0)001 0001 = 11h oder dezimal 17d. Weil die Nachkommastelle 5 ist, beträgt die gemessene Temperatur +17,5°C.

Graphisch könnte man die Umrechnung des Inhalts der Register so darstellen:

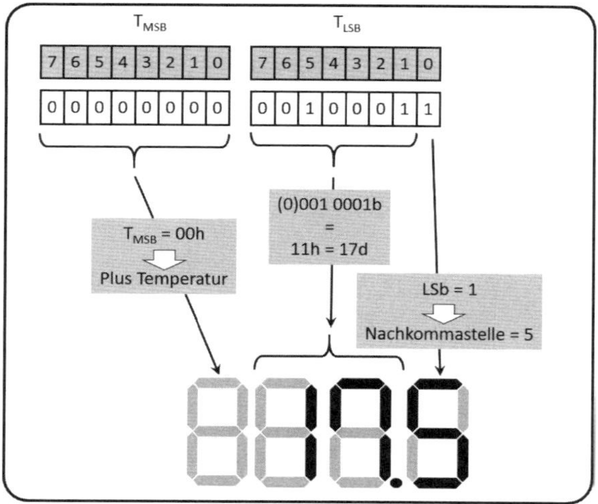


**Beispiel 2 - Negative Temperatur:**
Wenn im Datenregister der Wert FF-DBh gespeichert ist, kann man dies so umrechnen:

TMSB = FFh (1111 1111b) - eine negative Temperatur
TLSB = DDh (1101 1101b) - an dieser Stelle brauchen wir das Komplement:

Kompl. = 0010 0010b + 1b = 0010 0011b.

wobei das niedrigste Bit gleich eins ist, also die Nachkommastelle 5 beträgt.

Bit 7 bis Bit 1 des Komplements von TLSB = 0010 001. Dies entsprich der Zahl (0)001 0001b = 11h = 17d. Die gemessene Temperatur ist somit -17,5°C.

Graphisch könnte man die Umrechnung des Inhalts der Register so darstellen:

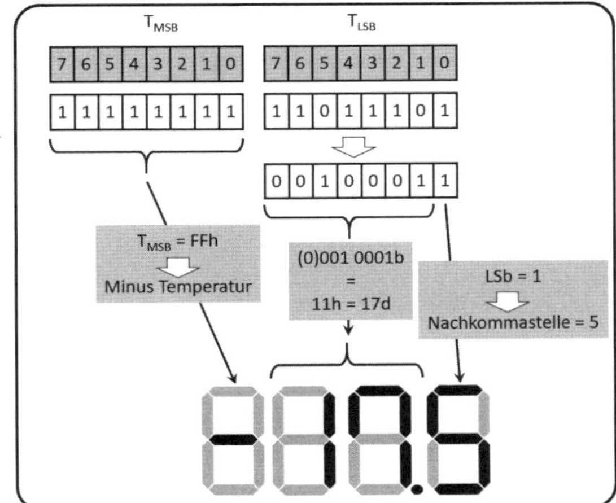


### 4.2.3.3. Konfiguration

Ich glaube, das ist mein Lieblingskapitel... - bei dem DS18S20 gibt es nämlich keine Konfiguration, genau wie damals beim DS1820.

### 4.2.3.4. Temperatur messen

Die Temperatur wird immer in zwei Schritten gemessen:

**1. Messen und Konvertierungsvorgang anstoßen**

Der Mess- und Konvertierungsvorgang wird mit dem Funktionsbefehl 44h (Convert T) angestoßen. Während des Vorgangs braucht man entweder direkte Versorgung oder der Busmaster muss sich bei Parasit-versorgung um den Strong Pull-Up kümmern. Der Vorgang dauert beim DS18S20 bis zu 750 ms (0,75 s). Der Strong-Pull-Up ist sehr wichtig, weil der Stromverbrauch bis zu 1,5 mA betragen kann, was weder für den Pull-Up-Widerstand des 1-Wire Busses noch für den internen Kondensator des OneWire-Chips (als Spannungsquelle bei parasitärer Versorgung) zumutbar ist.

**2. Gemessene Temperatur lesen**

Nachdem die Temperatur gemessen und innerhalb des Chips konvertiert wurde, kann man den Wert mit dem Funktionsbefehls BEh (Read Scratchpad) aus dem Chip lesen. Falls man auf die CRC-Kontrolle verzichtet, reicht es aus, die ersten zwei Bytes des Scratchpads zu lesen, dort sitzt nämlich das Temperaturregister.

Dabei wird zunächst das untere Byte (also die niedrigsten acht Bit) des Temperaturregisters gelesen, angefangen mit dem niedrigsten Bit LSB. Dann folgt das obere Byte.

Den Lesevorgang kann man selbstverständlich auch ohne vorherige Temperaturmessvorgang durchführen, nur wird dann die letztmalig gemessene Temperatur ausgelesen oder direkt nach dem Einschalten der Default-Wert 00-AAh, was einer Temperatur von 85°C entspricht.

#### 4.2.3.5. Alarmfunktion

Der DS18S20-Chip ermöglicht es, zu beobachten, ob sich die gemessene Temperatur in vordefinierten Grenzen bewegt oder nicht.

Die untere und obere Grenze werden in den acht Bit breiten Registern TL und TH gespeichert. Diese Werte können auch im internen EEPROM des Sensors abgelegt werden und bleiben so auch bei einem Stromausfall erhalten.

Das Format der beiden acht Bit breiten Alarmregister TH und TL ist wie folgt definiert:

| **Bit** | 7 | 6 | 5 | 4 | 3 | 2 | 1 | 0 |
|---|---|---|---|---|---|---|---|---|
| **Bedeutung** | S | 26 | 25 | 24 | 23 | 22 | 21 | 20 |

Aus der Definition der Registers kann man entnehmen, dass die Grenzen immer die Ganzzahl der Temperatur darstellen - es werden keine Nachkommastellen berücksichtigt. Das MSB wird als Vorzeichen verwendet: S = 0 bedeutet eine positive Temperatur, bei S = 1 stellen die restlichen Bits eine Minustemperatur dar.

Nach jeder Messung wird ausgewertet, ob sich die gemessene Temperatur innerhalb der TL- und TH-Grenzen befindet. Falls die Temperatur außerhalb der Grenzen liegt, wird intern ein Alarm-Kennzeichen (Flag) aktiviert. Dieses Kennzeichen wird jedoch wieder deaktiviert, wenn bei einer Folgemessung die Temperatur wieder innerhalb des vordefinierten Bereichs liegt - unabhängig davon, ob das Alarm-Flag vom Master schon nachgefragt wurde oder nicht.

Ob die Alarm-Bedingung eingetreten ist, kann man nur mit dem ROM-Befehl ECh (Alarm Search) feststellen. Es gibt leider weder ein Alarm-Ausgang, den man direkt abtasten könnte, noch ist das Alarm-Flag über das Scratchpad verfügbar. Man muss also wirklich über den ECh-Befehl vorgehen. Dieser Befehl funktioniert genauso wie der ROM-Search-Befehl, allerdings antworten auf Alarm Search nur Temperatursensoren und auch nur die, deren Alarm-Flag gesetzt ist.

Falls man die Alarm-Funktion nicht verwenden will, kann man die beiden Registerbytes (TH und TL) als benutzerdefinierte nichtflüchtige Speicher verwenden, um zum Beispiel die physische Platzierung des Sensors zu definieren.

## 4.2.4. DS18B20 (Familienkode: 28h)

### 4.2.4.1. Funktionalität

Die Funktionen des DS18B20-Thermometers sind weitgehend identisch mit dem eben beschriebenen DS18S20. Ein wichtiger Unterschied liegt in der Mess- und Konvertierungszeit, die beim DS18B20 mit einer 9-Bit Auflösung nur 93,75 ms beträgt, deutlich weniger als beim DS18S20 mit 750 ms.

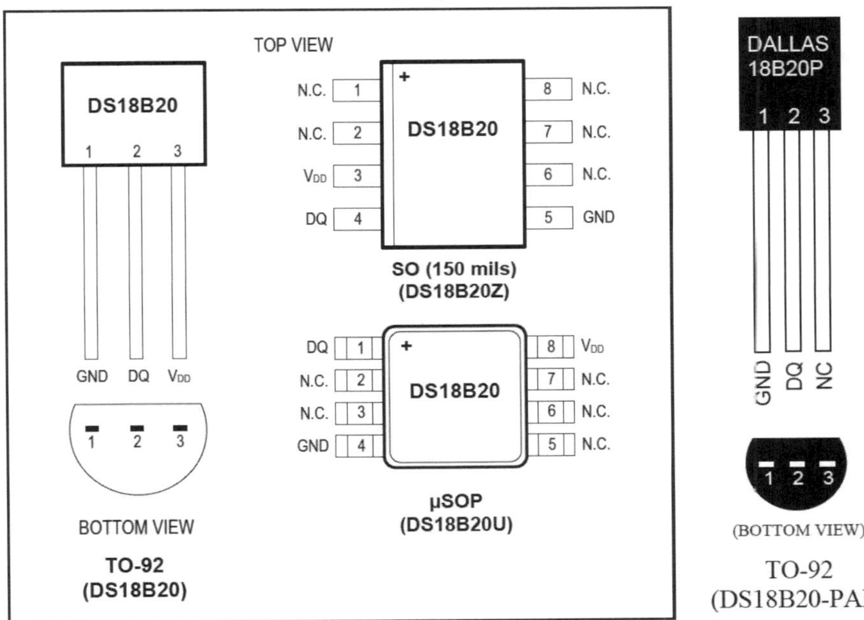


Außerdem gibt es bei diesem Chip ein Konfigurationsregister als viertes Byte des Scratchpads. Der Konfigurationsregister wird später beschrieben, ich kann aber schon einmal verraten, dass hier nur die Auflösung der Temperaturmessung (9...12 Bit) festgelegt wird. Der Scratchpad des DS18B20-Chips sieht so aus:

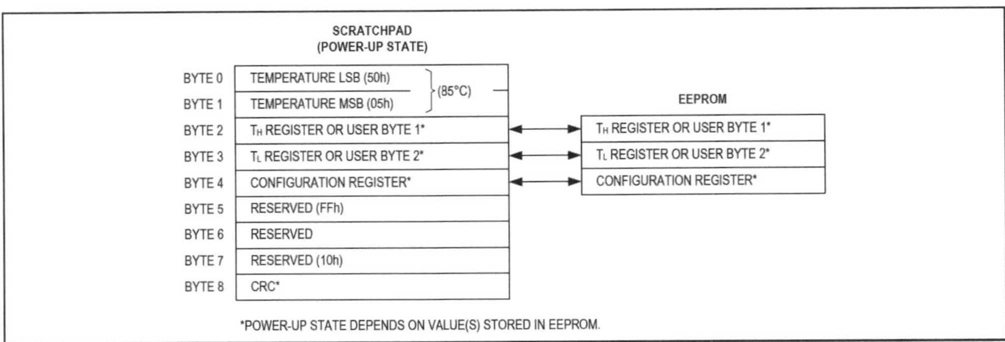

Wir können sehen, dass hier keine „Count"-Register wie beim DS18S20 vorhanden sind. Stattdessen gibt es das gerade erwähnte Konfigurationsregister. Dieses Register kann auch ins EEPROM kopiert werden, das deswegen ein Byte größer ist als beim DS18S20.

#### 4.2.4.2. Temperaturkodierung und Umrechnung

Genauso wie bei dem DS18S20 werden auch bei DS18B20 16 Bit für die Darstellung der Temperatur verwendet. Die Kodierung sieht aber ein wenig anders aus.

Weil die Auflösung höher ist, werden auch mehr Bits des 16 Bit breiten Temperaturregisters verwendet.

Für den DS18B20 fungieren die höchsten 5 Bit, also Bit 7 bis Bit 3 des TMSB-Bytes als Vorzeichen. Für die Darstellung der Nachkommastellen werden die vier niedrigsten Bits des TLSB-Bytes „geopfert". Somit können 16 verschiedene Werte in den Nachkommastellen dargestellt werden - von 0,000 bis 0,9375 in Schritten von 0,0625°C.

| TLSB [Bits 3 - 0] | Temperatur - Nachkommastellen | Abgerundet auf eine Dezimalstelle |
|---|---|---|
| 0000 | 0,0000 | 0,0000 + 0,05 = 0,0500 -> 0,0 |
| 0001 | 0,0625 | 0,0625 + 0,05 = 0,1125 -> 0,1 |
| 0010 | 0,1250 | 0,1250 + 0,05 = 0,1750 -> 0,1 |
| 0011 | 0,1875 | 0,1875 + 0,05 = 0,2375 -> 0,2 |
| 0100 | 0,2500 | 0,2500 + 0,05 = 0,3000 -> 0,3 |
| 0101 | 0,3125 | 0,3125 + 0,05 = 0,3625 -> 0,3 |
| 0110 | 0,3750 | 0,3750 + 0,05 = 0,4250 -> 0,4 |
| 0111 | 0,4375 | 0,4375 + 0,05 = 0,4875 -> 0,4 |
| 1000 | 0,5000 | 0,5000 + 0,05 = 0,5500 -> 0,5 |
| 1001 | 0,5625 | 0,5625 + 0,05 = 0,6125 -> 0,6 |
| 1010 | 0,6250 | 0,6250 + 0,05 = 0,6750 -> 0,6 |
| 1011 | 0,6875 | 0,6875 + 0,05 = 0,7375 -> 0,7 |
| 1100 | 0,7500 | 0,7500 + 0,05 = 0,8000 -> 0,8 |
| 1101 | 0,8125 | 0,8125 + 0,05 = 0,8625 -> 0,8 |
| 1110 | 0,8750 | 0,8750 + 0,05 = 0,9250 -> 0,9 |
| 1111 | 0,9375 | 0,9375 + 0,05 = 0,9875 -> 0,9 |

Normalerweise ist es sinnlos, die Temperatur mit vier Dezimalstellen anzuzeigen oder weiter zu bearbeiten. In den meisten und auch meinen Anwendungen wird maximal eine Dezimalstelle verwenden und der Messwert entsprechend gerundet.

Die Bedeutung der einzelnen Bits des Temperaturregisters kann man so darstellen:

| **Byte** | TMSB | | | | | | | | TLSB | | | | | | | |
|---|---|---|---|---|---|---|---|---|---|---|---|---|---|---|---|---|
| **Bit** | 7 | 6 | 5 | 4 | 3 | 2 | 1 | 0 | 7 | 6 | 5 | 4 | 3 | 2 | 1 | 0 |
| **Bedeutung** | S | S | S | S | S | 26 | 25 | 24 | 23 | 22 | 21 | 20 | 2-1 | 2-2 | 2-3 | 2-4 |

Ein paar Beispiele der Temperaturkodierung kann man folgender Tabelle entnehmen:

| **Temperatur** | **TMSB [bin]** | **TLSB [bin]** | **TMSB-TLSB [HEX]** | **T [2-er Komple-ment]** | **Temp - Ganzzahl** | **Temp - Nachkomma** |
|---|---|---|---|---|---|---|
| +125,0000 °C | 0000 0111 | 1101 0000 | 07-D0h | nicht von Bedeutung | (0)111 1101 = 7Dh = 125d | 0000 -> 0,0000 |
| +85,0000 °C | 0000 0101 | 0101 0000 | 05-50h | nicht von Bedeutung | (0)101 0101 = 55h = 085d | 0000 -> 0,0000 |
| +55,0000 °C | 0000 0011 | 0111 0000 | 03-70h | nicht von Bedeutung | (0)011 0111 = 37h = 055d | 0000 -> 0,0000 |
| +25,0625 °C | 0000 0001 | 1001 0001 | 01-91h | nicht von Bedeutung | (0)001 1001 = 19h = 025d | 0001 -> 0,0625 |
| +17,5000 °C | 0000 0001 | 0001 1000 | 01-18h | nicht von Bedeutung | (0)001 0001 = 11h = 017d | 1000 -> 0,5000 |
| +10,1250 °C | 0000 0000 | 1010 0010 | 00-A2h | nicht von Bedeutung | (0)000 1010 = 0Ah = 010d | 0010 -> 0,1250 |
| +0,5000 °C | 0000 0000 | 0000 1000 | 00-08h | nicht von Bedeutung | (0)000 0000 = 00h = 000d | 1000 -> 0,5000 |
| 0,0000 °C | 0000 0000 | 0000 0000 | 00-00h | nicht von Bedeutung | (0)000 0000 = 00h = 000d | 0000 -> 0,0000 |
| -0,5000 °C | 1111 1111 | 1111 1000 | FF-F8h | 000 0000 1000 | (0)000 0000 = 00h = 000d | 1000 -> 0,5000 |
| -10,1250 °C | 1111 1111 | 0101 1110 | FF-5Eh | 000 1010 0010 | (0)000 1010 = 0Ah = 010d | 0010 -> 0,1250 |
| -17,5000 °C | 1111 1110 | 1110 1000 | FE-E8h | 001 0001 1000 | (0)001 0001 = 11h = 017d | 1000 -> 0,5000 |
| -25,0625 °C | 1111 1110 | 0110 1111 | FE-6Fh | 001 1001 0001 | (0)001 1001 = 19h = 025d | 0001 -> 0,0625 |
| -55,0000 °C | 1111 1100 | 1001 0000 | FC-90h | 011 0111 0000 | (0)011 0111 = 37h = 055d | 0000 -> 0,0000 |

Die Umrechnung verläuft prinzipiell genauso wie beim Chip DS18S20.

**Beispiel 1 - Plus-Temperatur:**
Wenn wir aus dem Sensor den Wert 01-18h auslesen würden, könnten wir bei der Umrechnung so vorgehen:

Die höchsten fünf Bit des TMSB sind gleich 0, was bedeutet, dass die Temperatur positiv ist.

Die drei LSB von TMSB und die vier MSB von TLSB stellen zusammen die binäre Zahl (0)001 0001 = 11h = 017d dar. Der Ganzzahl der Temperatur ist also 17.

Die restlichen Bits des TLSB sind 1000. Nach dem Komma steht also ,5000.

Die gemessene Temperatur ist also insgesamt: +17,5000 °C.

Graphisch könnte man die gemessene Werte und die Umrechnung so darstellen:

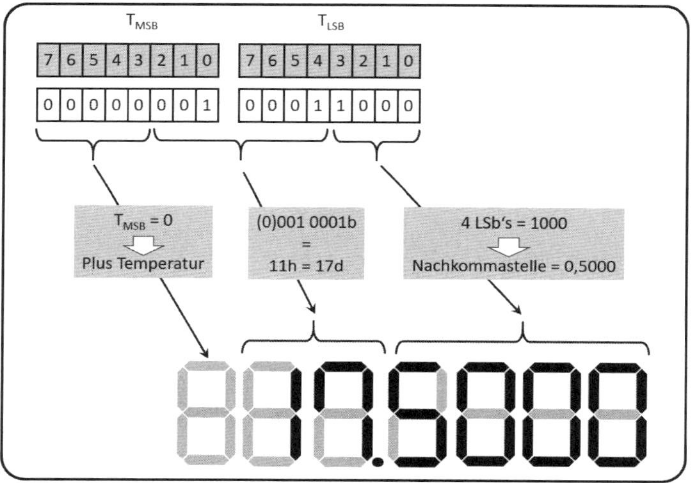


Wie wir sehen können, geht man bei der Umrechnung der Temperatur beim DS18B20 genauso vor wie beim DS18S20, lediglich ist die Temperatur anders kodiert. Eine Temperatur von +17,5 °C hätte beim DS18S20 einen Registerinhalt von 00-23h zur Folge, beim DS18B20 den Wert 01-18h.

**Beispiel 2 - Minus-Temperatur:**
Wir bleiben bei der Beispieltemperatur von -17,5 °C. Wenn wir aus dem Sensor den Wert FE-E8h auslesen, können wir bei der Umrechnung so vorgehen:

Die höchsten fünf Bit des TMSB sind gleich 1, es handelt sich also um eine Minus-Temperatur.

Die drei LSB des TMSB und die vier MSB des TLSB stellen zusammen die binäre Zahl (0)110 1110 dar. Weil es sich um eine negative Temperatur handelt, brauchen wir jetzt das 2-er-

Komplement - aber inklusive Dezimalstellen: Die komplette binäre Zahl, die wir brauchen, ist also: 110 1110 1000.

1. Negation: NOT (110 1110 1000) = 001 0001 0111
2. Addition: 001 0001 0111 + 1 = 001 0001 1000.

(0)001 0001b = 11h = 017d; die Ganzzahl der Temperatur ist also 17d.

Die restlichen Bits des 2-er Komplements sind 1000. Der Nachkommastelle der Temperatur ist somit 0,5000.

Die gemessene Temperatur ist -17,5000 °C.

Graphisch könnte man die gemessene Werte und die Umrechnung so darstellen:

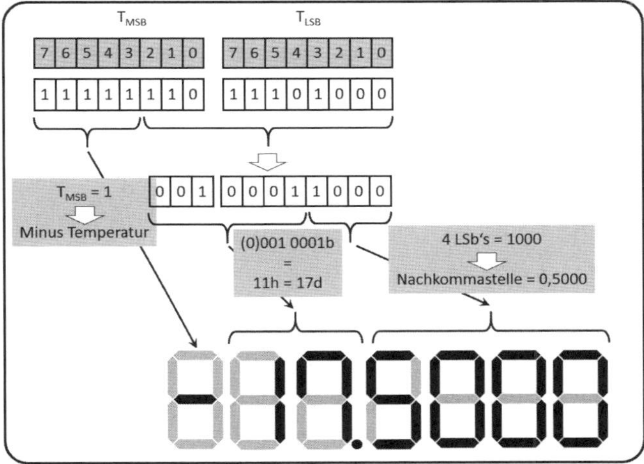


### 4.2.4.3. Konfiguration

Es gibt zwar ein 8-Bit-Konfigurationsregister, es werden aber lediglich zwei Bit verwendet. Mit Bit 6 und Bit 5 kann man die gewünschte Auflösung (9, 10, 11 oder 12 Bit) festlegen. Der voreingestellte Wert für die Auflösung ist 11b, es ist ohne weiteres Zutun eine Auflösung von 12 Bit gewählt.

Die gewählte Auflösung hat einen Einfluss auf die Wandlungsdauer. Bei einer Auflösung von 12 Bit dauert sie 750 ms, bei der niedrigsten Auflösung von 9 Bit nur etwa 100 ms.

| **Byte** | Konfigurationsregister (Configuration Register) | | | | | | | |
|---|---|---|---|---|---|---|---|---|
| **Bit** | 7 | 6 | 5 | 4 | 3 | 2 | 1 | 0 |
| **Bedeutung** | 0 | R1 | R0 | 1 | 1 | 1 | 1 | 1 |

Auflösung für die möglichen Kombinationen von R1- und R0-Werte:

| R1 | R0 | Auflösung (Bits) | Schrittgröße | Maximale Konvertierungszeit | Maximale Konvertierungszeit |
|---|---|---|---|---|---|
| 0 | 0 | 9 | 0,5000 °C | 93,75 ms | tCONV / 8 |
| 0 | 1 | 10 | 0,2500 °C | 187,50 ms | tCONV / 4 |
| 1 | 0 | 11 | 0,1250 °C | 375,00 ms | tCONV / 2 |
| 1 | 1 | 12* | 0,0625 °C | 750,00 ms | tCONV |

*Default Wert.

Die Konfigurationsregister (und damit die Konfigurationsmöglichkeiten) sind bei DS1822 und MAX32820 identisch.

#### 4.2.4.4. Temperatur messen

Das Vorgehen bei der Temperaturmessung ist mit dem beim DS18S20 identisch - siehe Kapitel 5.2.3.4. Der einzige Unterschied ist, dass die Konvertierungszeit in Abhängigkeit der Auflösung verkürzt werden kann.

#### 4.2.4.5. Alarmfunktion

Bei der Alarmfunktion verhalten sich DS18B20 und DS18S20 identisch.

### 4.3. GPIO

Die „General Purpose Input Output-" Bausteine kann man für verschiedene Zwecke einsetzen. Wie schon am Anfang dieses Kapitel erwähnt, sind die einfachste Einsatzbeispiele LED-Ansteuerung und Abtastung von Tastern/Schaltern, aber es sind unendlich viele Einsatzmöglichkeiten denkbar. Es ist sogar möglich, mit dem DS2406 direkt ein kleines Relais zu schalten, da dessen Ausgang PIO-A einen Strom bis zu 50 mA liefern kann. Oder man könnte mit einem anderen (entfernten) Mikrocontroller-System kommunizieren.

### 4.3.1. Überblick

Wir werden uns mit den drei Chips DS2406, DS2408 und DS2413 beschäftigen. Bei dem DS2406 ist die Gehäusebauform wichtig, denn ein TO-92 mit drei Beinchen stellt nur einen einzigen I/O-Port (PIO-A) zur Verfügung, beim TSOC-6-Gehäuse mit sechs Beinchen sind es zwei (PIO-A und PIO-B).

Hier noch eine kurze Darstellung der wichtigsten Merkmale:

| Merkmal / Typ | DS2406 (TO-92-Gehäuse) | DS2406 (TSOC-Gehäuse) | DS2413 | DS2408 |
|---|---|---|---|---|
| Familiencode | 12h | 12h | 3Ah | 29h |
| Spannung [V] | 2,8V - 6V | 2,8V - 6V | 2,8V - 5,25V | 2,8V - 5,25V |
| Anzahl I/O | 1 | 2 | 2 | 8 |
| Maximaler Ausgangsstrom pro I/O | 50mA | 50mA für PIO-A<br>8mA für PIO-B | 20mA | 20mA insgesamt (für alle I/O) |
| Maximale Spannung auf dem I/O | 13V für PIO-A | 13V für PIO-A<br>6V für PIO-B | 28V | 5,25V |

### 4.3.2. DS2406 (Familienkode: 12h)

Der DS2406 ist ein sehr interessanter Chip. Man kann viele einfache Aufgaben mit diesem GPIO erledigen, zum Beispiel einen Tasterstatus lesen, zwei LEDs ansteuern oder sogar beides gleichzeitig.

Ich will aber auch gleich am Anfang verraten, dass die Kommunikation mit dem Chip in Richtung Ausgang eher untypisch ist, und zwar deswegen, weil man für die GPIO-Ansteuerung „Bit-Kommunikation" und nicht (wie üblich) „Byte-Kommunikation" nutzt.

#### 4.3.2.1. Funktionalität

Wie schon in dem EPROM-Kapitel erwähnt, hat dieser Chip zwei Funktionen, EPROM und GPIO. Beschäftigen wir uns mit der GPIO-Funktionalität.

DS2406 verwendet folgenden ROM- und Funktionsbefehlssatz:

| Befehl | ROM | FNC | Name | Beschreibung |
|---|---|---|---|---|
| F0h | X | - | Search ROM | keine Abweichung von Standard |
| 33h | X | - | Read ROM | keine Abweichung von Standard |
| 55h | X | - | Match ROM | keine Abweichung von Standard |
| CCh | X | - | Skip ROM | keine Abweichung von Standard |
| ECh | X | - | | |
| F5h | - | X | Channel Access | Zugriff auf PIO-A und PIO-B |
| | - | X | Write Memory | EPROM Zugriff - nicht relevant für GPIO-Funktionalität |
| | - | X | Write Status | |
| | - | X | Read Memory | EPROM Zugriff - nicht relevant für GPIO-Funktionalität |
| AAh | - | X | Read Status | Statusinformationen auslesen |
| | - | X | Ext. Read Memory | EPROM Zugriff - nicht relevant für GPIO-Funktionalität |

Eigentlich bietet der DS2406 zwei GPIOs an: PIO-A und PIO-B. Beide sind als Open-Drain-Transistoren (Ausgang) ausgebildet, wobei PIO-A deutlich kräftiger als PIO-B ist: PIO-A kann man bis zum 13 V/50 mA belasten, den PIO-B-Anschluss nur bis 6,5 V/8 mA.

Der DS2406 ist, wie gesagt, in zwei verschiedenen Gehäusen verfügbar ist: TO-92 und TSOC. Weil ein TO-92-Gehäuse nur drei Anschlüsse besitzt, gibt es bei dieser Ausführung nur PIO-A. Beim sechspoligen TSOC-Gehäuse sind dagegen beide GPIOs verwendbar. Zudem besitzt die TSOC-Version auch einen Vcc-Pin und lässt sich parasitär oder direkt versorgen, während man den DS2406 im TO-92-Gehäuse nur mit parasitärer Versorgung betreiben kann.

Die Pin-Belegung für TO-92 und TSOC sieht so aus:

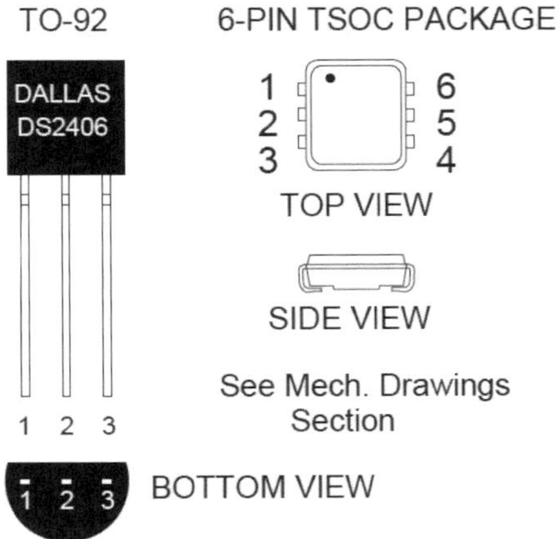


| Pin/Gehäuse | TO-92 | TSOC |
|---|---|---|
| 1 | GND | GND |
| 2 | DQ | DQ |
| 3 | PIO-A | PIO-A |
| 4 | -- | Vdd |
| 5 | -- | n.c. |
| 6 | -- | PIO-B |

Die Arbeitsspannung des Chips beträgt 2,8...6,0 V.

Weil es sich nicht nur um reine Ausgänge handelt, sondern um GPIO (General Purpose Input/Output), lassen sich die PIO-Pins auch nutzen, um die PIO-Werte zu lesen. Um die Pins PIO-A und PIO-B auszulesen und anzusteuern, wird das Befehl F5h (Channel Access) eingesetzt. Dafür muss man ein sogenanntes Channel Control Byte in den Chip geschrieben werden. Die aktuellen Werte werden durch das Channel Info Byte zurückgegeben.

Bei der Kommunikation mit PIO-A und PIO-B muss eine vordefinierte Reinfolge eingehalten werden. Dazu kommen wir gleich, erst einmal schauen wir, wie die zwei wichtigen Bytes (Channel Control Byte und Channel Info Byte) definiert sind.

Das Channel Control Byte (zum Schreiben) des DS2406 ist wie folgt definiert:

| **Byte** | Channel Control Byte | | | | | | | |
|---|---|---|---|---|---|---|---|---|
| **Bit** | 7 | 6 | 5 | 4 | 3 | 2 | 1 | 0 |
| **Bedeutung** | ALR | IM | TOG | IC | | | CRC1 | CRC0 |

Bit 7 (ALR) wenn ALR gleich eins ist, werden Activity Latches für beide Kanäle gelöscht, sonst bleiben sie bei ALR = 0 unverändert.

Bit 6 (IM) IM ist die Abkürzung von „Initial Mode" und gibt an, ob der erste Zugriff ein Lese- (IM = 1) oder Schreibzugriff (IM = 0) ist. Warum „der erster..." und nicht einfach „der Zugriff"? Das erfahren wir in der Beschreibung zu Bit 5 - TOG (Toggle).

Bit 5 (TOG) Mit dem TOG-Bit kann man nämlich festlegen, ob man abwechselnd lesen und schreiben oder einfach nur entweder Lese- oder Schreibzugriffe tätigen will. Beim Einzel-Zugriff (nur einmal lesen oder einmal schreiben) ist es eigentlich egal, aber wenn man mehrmals hintereinander lesen oder schreiben möchte, ist diese Einstellung wichtig.

Bit 4 (IC) Interleave Control (Verschachtelungssteuerung) - mit diesem Bit wird festgelegt, ob PIO-A und PIO-B gleichzeitig oder nacheinander angesteuert beziehungsweise abgetastet werden. Es gibt einen Synchronmodus (IC = 1) und einen Asynchronmodus (IC = 0). Im Asynchronmodus werden die Kanäle abwechselnd angesprochen und gelesen, im Synchronmodus beide gleichzeitig. Bei Anwendungen mit einem Kanal sollte dieses Bit immer null sein.

Beim Lesen in Asynchronmodus wird jeder Kanal immer am Anfang des Lesevorgangs separat getestet. Als erstes wird GPIO-A gelesen, danach GPIO-B.

Beim Schreiben ist es ähnlich. Im Asynchronmodus wird jeder GPIO-Wert gleich nach Beenden des Schreibzeitfensters erneuert. Das hat die Konsequenz, dass im Asynchronmodus nie beide Kanäle gleichzeitig geändert werden können, sondern nur im Synchronmodus.

Bits 3-2 (CHS) Auswahl der Kanäle

| CHS1 | CHS0 | Ausgewählter PIO |
|---|---|---|
| 0 | 0 | nicht erlaubt |
| 0 | 1 | PIO-A wird ausgewählt |
| 1 | 0 | PIO-B wird ausgewählt |
| 1 | 1 | beide Kanäle werden ausgewählt |

Bits 1-0 (CRC) CRC Verwendung erlaubt / teilweise erlaubt / nicht erlaubt

| CRC1 | CRC0 | Bedeutung |
|---|---|---|
| 0 | 0 | CRC nicht erlaubt |
| 0 | 1 | CRC wird nach jedem Byte verwendet |
| 1 | 0 | CRC wird nach 8 Bytes verwendet |
| 1 | 1 | CRC wird nach 32 Bytes verwendet |

Das Channel Info Byte (für Lesen) des DS2406 ist wie folgt definiert:

| **Byte** | Channel Info Byte | | | | | | | |
|---|---|---|---|---|---|---|---|---|
| **Bit** | 7 | 6 | 5 | 4 | 3 | 2 | 1 | 0 |
| **Bedeutung** | Supply | Channels | PIO-B Latch | PIO-A Latch | PIO-B Sense | PIO-A Sense | PIO-B Q | PIO-A Q |

(Datenblatt Seite 16)

Bit 7 Information, ob Vcc angeschlossen ist oder nicht. Falls Bit 7 = 0 ist, ist keine Versorgung angeschlossen.

Bit 6 Anzahl der verfügbaren Kanäle - falls Bit 6 = 0 ist, ist nur PIO-A verfügbar - also haben wir die TO-92 Version.

Bit 5 PIO-B Activity Latch - dieses Bit ist (auf eins) gesetzt, wenn sich der Pegel am PIO-B Eingang von 0 auf 1 oder von 1 auf 0 ändert

Bit 4 PIO-A Activity Latch - wie Bit 5, aber für PIO-A

Bit 3 PIO-B Sensed Level - aktueller Pegel am PIO-B-Eingang

Bit 2 PIO-A Sensed Level - aktueller Pegel am PIO-A-Eingang

Bit 1 PIO-B Flip-Flop Q - wenn Bit 1 = 1, sperrt der Ausgangstransistor und der Ausgang ist hochimpedant, wenn Bit 1 = 0, ist der Transistor durchgeschaltet und der Ausgang ist null (aktiv).

Bit 0 PIO-A Flip-Flop Q - genauso wie Bit 1, aber für PIO-A.

Jetzt ist es Zeit, zu zeigen, wie man Daten von PIO-A und PIO-B liest und neue Daten in die Ports schreibt.

#### 4.3.2.2. PIO Lesen

Um PIO-A / PIO-B abzutasten, wird der Funktionsbefehl Channel Access (F5h) benutzt. Nach dem Funktionsbefehl muss man zwei Channel Control Bytes abschicken, wobei das erste die früher beschriebene Datenstruktur hat und das zweite immer FFh ist. Nach dieser Sequenz ist das Channel Info Byte vorbereitet und kann aus dem DS2406 gelesen werden. Der Lesevorgang läuft also so ab:

1. OneWire Reset
2. ROM-Befehl - Skip ROM (CCh)
3. Funktionsbefehl Channel Access (F5h)
4. Channel Control Byte 1 (01000100b)
5. Channel Control Byte 2 (immer FFh)
6. Channel Info Byte auslesen
7. OneWire Reset

Wenn der Lesevorgang abgeschlossen ist, haben wir im sechsten Schritt das Info-Byte des Chips empfangen und können es auswerten.

#### 4.3.2.3. PIO Ansteuern

Man kann sagen, dass die Schreiboperation fast genauso abläuft wie die Leseoperation. Allerdings ist die Kommunikation - was die Steuerung von Ausgängen angeht - eher spezifisch als „typisch". Dies liegt daran, dass, wenn wir erst „die Formalitäten" (im folgenden Algorithmus die Punkte 1...6) erledigt haben, wir jedes weitere Bit direkt an den Ausgang beziehungsweise die Ausgänge weitergeleiten, und zwar tatsächlich bitweise und nicht als Byte. Direkt nach dem Empfang eines Bits werden der Ausgang PIO-A oder die Ausgänge PIO-A und PIO-B beeinflusst.

Aus Sicht der Software kann man für den Datentransfer in Richtung GPIO aus zwei verschiedenen Vorgehensweisen wählen:

1. Man arbeitet nur mit Bytes (immer werden 8 Bit abgeschickt oder empfangen)
2. Die zweite, im OneWire Protokoll eher seltene Möglichkeit, ist es, immer nur ein (oder mehrere) Bit zu kommunizieren. Es werden also ein oder zwei Bits geschickt und die Kommunikation findet bitweise und nicht byteweise statt.

Die Latches von PIO-A und PIO-B werden in folgende Reinfolge beschrieben:

1. OneWire Reset
2. ROM-Befehl - Skip ROM (CCh)
3. Funktionsbefehl Channel Access (F5h)
4. Channel Control Byte 1 (10000100b - hier wird Kanal A ausgewählt)
5. Channel Control Byte 2 (immer FFh)
6. Channel Info Byte auslesen
7. Neue Daten für den ausgewählten Kanal schreiben
8. OneWire Reset

In dieser Sequenz werden die neuen Daten für den in Schritt 4 ausgewählten Kanal im Schritt 7 geschrieben.

Es können Kanal A, Kanal B oder beide Kanäle ausgewählt werden. Wenn nur ein Kanal ausgewählt wurde, wird jedes empfangene Bit an diesen Kanal weitergeleitet. Falls beide Kanäle ausgewählt wurden, wird das erste empfangener Bit an PIO-A weitergeleitet, das zweite an PIO-B. Dann ist wieder PIO-A an der Reihe und so weiter.

### 4.3.3. DS2413 (Familienkode: 3Ah)

#### 4.3.3.1. Funktionalität

Der Chip DS2413 bietet ähnlich wie der DS2406 zwei I/O-Kanäle, jedoch mit anderen Eigenschaften und mit anderer Kommunikationsnomenklatur. Es besteht keine Möglichkeit, den DS2413 direkt zu versorgen; der Chip muss mit parasitärer Energieversorgung klarkommen. PIO-A und PIO-B haben identische Eigenschaften: An beide kann bis zu 28 V angeschlossen sein und beide können einen Strom von 20 mA liefern. Auch hier besitzen die GPIO Open-Drain-Ausgänge, deren On-Widerstand maximal 20 Ω beträgt. Die Betriebsspannung sollte zwischen 2,8 V und 5,25 V liegen.
Der Chip ist im TSOC- und im TDFN Gehäuse verfügbar. Da ich glaube, dass TDFN-Gehäuse nicht wirklich bastlerfreundlich sind, zeigen wir hier nur die Anschlussbelegung des TSOC-6-Gehäuses.

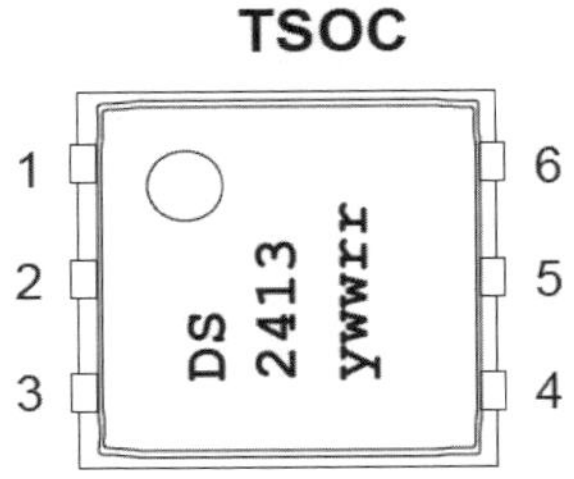


| Pin/Gehäuse | TSOC |
|---|---|
| 1 | GND |
| 2 | DQ |
| 3 | n.c. |
| 4 | PIO-B |
| 5 | GND |
| 6 | PIO-A |

Der DS2413 verwendet folgendem ROM- und Funktionsbefehlssatz:

| Befehl | ROM | FNC | Name | Beschreibung |
|---|---|---|---|---|
| F0h | X | - | Search ROM | keine Abweichung von Standard |
| 33h | X | - | Read ROM | keine Abweichung von Standard |
| 55h | X | - | Match ROM | keine Abweichung von Standard |
| CCh | X | - | Skip ROM | keine Abweichung von Standard |
| ECh | X | - | | |
| A5h | X | - | Resume | |
| F5h | - | X | PIO Access Read | PIO-A und PIO-B lesen |
| 5Ah | - | X | PIO Access Write | |

Wie man aus dieser Befehlsliste ersehen kann, ist die Bedienung wirklich sehr einfach, deutlich einfacher als beim DS2406.

Der Chip bietet eigentlich nur zwei Register. Bei einer Leseoperation wird das Register „PIO Status" gefüllt:

| **Byte** | PIO Status Register | | | | | | | |
|---|---|---|---|---|---|---|---|---|
| **Bit** | 7 | 6 | 5 | 4 | 3 | 2 | 1 | 0 |
| **Bedeutung** | Complement of Bits 3-0 | | | | PIO-B Latch | PIO-B Sense | PIO-A Latch | PIO-A Sense |

Bits 7-4 Komplement der Bits 3...0

Bit 3 PIO-B Ausgangspegel - Wenn Bit 3 = 1 ist, sperrt der Ausgangstransistor und der Ausgang ist hochimpedant, während bei Bit 1 = 0 der Transistor durchgeschaltet und der Pegel am Ausgang null (aktiv) ist.

Bit 2 aktueller Pegel am PIO-B Eingang

Bit 1 wie Bit 3, nur für PIO-A

Bit 0 aktueller Pegel am PIO-A Eingang

Zum Schreiben wird das PIO Output Data Register benutzt:

| **Byte** | PIO Output Data Register | | | | | | | |
|---|---|---|---|---|---|---|---|---|
| **Bit** | 7 | 6 | 5 | 4 | 3 | 2 | 1 | 0 |
| **Bedeutung** | 1 | 1 | 1 | 1 | 1 | 1 | PIO-B | PIO-A |

Von diesem Register werden nur die beiden LSBs verwendet. Sie definieren den Wert, der an PIO-A und PIO-B geschickt wird. Die Bits 2-7 sind unbenutzt und sollten immer als eins geschrieben werden.

#### 4.3.3.2. PIO Lesen

Die Leseoperation ist beim DS2413 wirklich sehr einfach. Nach dem ROM-Befehl muss man nur den Funktionsbefehl PIO Access Read (F5h) erteilen. Gleich danach kann man das PIO Status Register auslesen und somit die aktuellen Pegel der Eingängen und auch den Status der Ausgangstransistoren ermitteln.

Die Lesesequenz sieht so aus:

1. OneWire Reset
2. ROM-Befehl - Skip ROM (CCh)
3. Funktionsbefehl - PIO Access Read (F5h)
4. PIO Status Register auslesen
5. OneWire Reset

#### 4.3.3.3. PIO Ansteuern

Das Schreiben ist ein bisschen komplizierter, trotzdem noch immer sehr einfach. Wir können gleich mit der Vorgehensweise anfangen:

1. OneWire Reset
2. ROM-Befehl - Skip ROM (CCh)
3. Funktionsbefehl - PIO Access Write (5Ah)
4. Gewünschtes Wert in der PIO Output Data Register schreiben
5. Komplement von gen geschriebenen Wert schreiben
6. Bestätigung einholen - ein Byte auslesen; falls die Schreiboperation fehlerfrei, bekommt man AAh
7. PIO Status Register auslesen
8. OneWire Reset

Im Schritt 4 wird der neue Wert in die Kanäle PIO-A und PIO-B geschrieben. Wenn eine Null in Bit 0 (Bit 1) steht, wird der Ausgangstransistor des PIO-A (PIO-B) durchgeschaltet und der Ausgang logisch null (aktiv). Bei einer Eins sperrt der Transistor und der Ausgang „hängt in der Luft". Will man mit einem gesperrten Transistor eine sichere logische Eins erzeugen, sollte man einen Pull-Up Widerstand verwenden. Wie schon erwähnt, sollten die Bits 2-7 immer als eins beschrieben werden.

Um Fehler zu vermeiden, schickt man im Schritt 5 das Komplement der Daten aus dem Schritt 4 noch einmal. Falls man also im Schritt 4 die Information 1111 1101b geschickt hat (PIO-B auf null setzen, PIO-A auf hochimpedant), muss man im Schritt 5 das Byte 0000 0010b senden.

Wenn die Übertragung in Ordnung war, bestätigt der DS2413 im Schritt 6 die Übermittlung mit dem Wert AAh.

Danach kann man zur letzten Sicherheit im Schritt 7den Inhalt des PIO Status Registers lesen (und überprüfen).

Damit ist der Schreibevorgang beendet, so dass man die Kommunikation mit einem One-Wire Reset beenden kann.

### 4.3.4. DS2408 (Familienkode: 29h)

#### 4.3.4.1. Funktionalität

Der DS2408 kann als erweiterte Version des DS2406 bezeichnet werden. Erweitert, weil der DS2408 8 I/O-Pins anbietet. Die Ausgänge sind wie gewohnt mit Transistoren mit offenem Kollektor ausgestattet.

Die Arbeitsspannung sollte zwischen 2,8 V und 5,25 V liegen, die maximale Spannung auf den I/O Pins darf (im Gegensatz zum DS2406 und zum DS2413) nur 5,25 V betragen. Der maximale Strom der Chipausgänge liegt bei 20 mA - und zwar für alle I/O-Pins insgesamt. Man darf also nicht zum Beispiel acht LEDs (mit jeweils 20 mA) anschließen und diese allesamt ansteuern.

Der On-Widerstand beträgt maximal 100 Ω und der Off-Widerstand mindestens 10 MΩ. Der Chip ist in der SOIC-16 Gehäuse mit folgender Pinbelegung verfügbar:

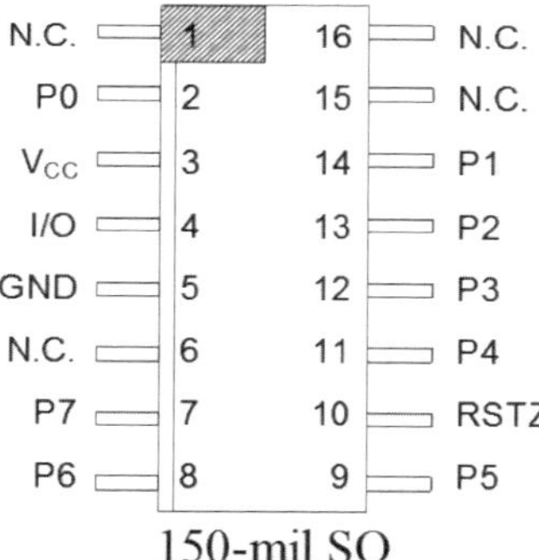


Der Reset-Pin RSTZ darf nicht „schweben", weil sonst der Chip unregelmäßig (aber sehr oft) neu starten würde. Pin 10 kann außer für ein RESET- auch als STROBE-Signal für die Kommunikation mit anderen Peripheriebausteinen dienen.

Pin 3 (Vcc) kann für die Versorgung des Chips verwendet werden, es ist aber auch eine Parasitärversorgung möglich. In diesem Fall muss Vcc auf GND angeschlossen werden. Der DS2408 verwendet folgenden ROM- und Funktionsbefehlsatz:

| Befehl | ROM | FNC | Name | Beschreibung |
|---|---|---|---|---|
| F0h | X | - | Search ROM | keine Abweichung von Standard |
| 33h | X | - | Read ROM | keine Abweichung von Standard |
| 55h | X | - | Match ROM | keine Abweichung von Standard |
| CCh | X | - | Skip ROM | keine Abweichung von Standard |
| ECh | X | - | Conditional Search ROM | |
| 3Ch | X | - | Overdrive Skip | |
| A5h | X | - | Resume | |
| F0h | - | X | Read PIO / Registers | |
| F5h | - | X | Channel Access Read | |
| 5Ah | - | X | Channel Access Write | |
| CCh | - | X | Write Conditional Search Register | |
| C3h | - | X | Reset Activity Latches | |

Jetzt noch ein paar Worte zu den Registern des Chips.

Der GPIO-Bereich besitzt mehrere Register, die für die Ansteuerung der Ausgänge und das Auslesen von Eingängen benutzt werden. Jedes Register hat seine eigene Adresse, über die es angesprochen werden kann. Die Register-"map" des DS2408 sieht folgendermaßen aus:

| Adresse | R/W | Beschreibung |
|---|---|---|
| 0000h - 0087h | R | Nicht definierte Daten |
| 0088h | R | PIO Logic State - aktuelle logische Pegel der PIO-Eingängen |
| 0089h | R | PIO Output Latch State Register |
| 008Ah | R | PIO Activity Latch State Register |
| 008Bh | R/W | Conditional Search Channel Selection Mask |
| 008Ch | R/W | Conditional Search Channel Polarity Selection |
| 008Dh | R/W | Control/Status Register |
| 008Eh - 008Fh | R | Immer FFh |

Das **PIO Logic State Register** (0088h) spiegelt die logischen Pegel der einzelnen Eingänge wider. Wenn man das Register ausliest, erhält man die aktuellen Eingangswerte.

Aus dem **PIO Output Latch State Register** (0089h) kann man die letzten Daten auslesen, die mit dem Befehl Channel-access Write an die GPIOs geschrieben wurden.

Das **PIO Activity Latch State Register** auf der Adresse 008Ah zeigt, welche Eingänge sich in der Zwischenzeit verändert haben. Falls sich der Pegel an einem Eingang geändert hat, erhält das zugehörige Bit dieses Registers den Wert eins, ist es unverändert, ist der Wert null. Das Register wird beim Einschalten, nach einem Reset oder nach der Erteilung des Befehls Reset Activity Latches" (C3h) zurückgesetzt.

Das Register **Conditional Search Channel Selection Mask** (008Bh) definiert, welche GPIOs bei der Conditional Search berücksichtigt werden. Der beim Einschalten voreingestellte Wert des Registers ist 00h. Wenn ein GPIO für die Conditional Search berücksichtigt werden soll, muss das zugehörige Bit auf eins gesetzt werden.

Falls ein Eingang für die Conditional Search qualifiziert worden ist (mit Einstellungen in Conditionsl Search Channel Selection Mask Register), wird im Register **Conditional Search Channel Polarity Selection** (008Ch) definiert, welcher Wert (null oder eins) für die Suche von Relevanz ist.

Das **Control/Status Register** ist das letzte vom DS2408 verwendete. Für die Grundfunktionalität braucht man sich eigentlich um dieses Register nicht kümmern. Hier (dennoch) die Bedeutung der einzelnen Bits des Registers:

| **Byte** | Control/Status Register | | | | | | | |
|---|---|---|---|---|---|---|---|---|
| **Bit** | 7 | 6 | 5 | 4 | 3 | 2 | 1 | 0 |
| **Bedeutung** | VCCP | 0 | 0 | 0 | PORL | ROS | CT | PLS |

Bit 7 — *Power-Status* - dieses Bit sagt aus, ob der Vcc-Pin auf GND eingeschlossen ist (VCCP = 0) oder ob das IC direkt versorgt wird (VCCP = 1)

Bit 6-4 — Nicht verwendet - immer gleich null

Bit 3 — *Power-On Reset Latch* - wird nach dem Einschalten auf eins gesetzt. Das Bit wird nie automatisch, sondern nur von der Software auf null gesetzt werden.

Bit 2 — *RSTZ Pin Mode Control* - definiert, ob der RSTZ- wie beim Einschalten als Reset-Pin konfiguriert ist (Bit 2 = 0) oder als STRB-Ausgang (Strobe) eingesetzt wird (Bit 2 = 1)

Bit 1 — *Conditional Search Logical Term* - setzt fest, ob zwischen den einzelnen Bits für die bedingte Suche der OR-Operator (CT = 0, default) oder der AND-Operator (CT = 1) eingesetzt wird

Bit 0 — *Pin or Activity Latch Select* - legt fest, ob für die bedingte Suche die Eingangswerte (PLS = 0, default) oder das Latch-Register (PLS = 1) zu betrachten sind

#### 4.3.4.2. Daten aus dem DS2408 Lesen

Funktionsbefehl „Read PIO Registers" (F0h)

Die Lesesequenz kann so aussehen:

1. OneWire Reset
2. ROM-Befehl - Skip ROM (CCh)
3. Funktionsbefehl - Read PIO Registers (F0h)
4. LSB der Register-Adresse schicken
5. MSB der Register-Adresse schicken (eigentlich immer 00h)
6. Registerwert auslesen
7. OneWire Reset

#### 4.3.4.3. Daten in der PIO schreiben

Mit dem Funktionsbefehls „Channel Access Write" (5Ah) ist es möglich, neue Werte an die PIOs zu schicken. Die Vorgehensweise sieht so aus:

1. OneWire Reset
2. ROM-Befehl - Skip ROM (CCh)
3. Funktionsbefehl - Channel Access Write (5Ah)
4. Sende die neuen Daten an PIO
5. Sende Komplement der neuen Daten an DS2408
7. Neugeschriebene Daten aus dem Chip auslesen - an diese Stelle kann man die Port Output Latches auslesen und prüfen, ob die in Schritt 4 geschriebenen Daten richtig angekommen sind.
8. Update Prüfen, damit man ein Byte aus dem DS2408 ausliest. Dieses Byte sollte immer AAh sein.
9. OneWire Reset

#### 4.3.4.4. Activity Latches zurücksetzen

Falls erforderlich, können alle Activity-Latches zurückgesetzt werden. Dies zu erreichen, ist wirklich sehr einfach:

1. OneWire Reset
2. ROM-Befehl - Skip ROM (CCh)
3. Funktionsbefehl - Reset Activity Latches (C3h)
4. OneWire Reset

### 4.4. RTC/Timer

Der Chip DS2417 ist aktuell der einzige, den man als Real Time Clock (RTC) im OneWire-Bereich einsetzen kann. Es handelt sich eigentlich um einen 32-Bit-Binär-Zähler. Man muss also auf typische RTC-Funktionen wie Berechnung von Datum, Berücksichtigung von Schaltjahren und so weiter verzichten. Es ist einfach nur ein Zähler, dessen Stand sich jede Sekunde um eins erhöht.

Der Vollständigkeit halber muss der DS1904 erwähnt werden, der zwar ein echter RTC-Chip mit integriertem Quarz und Batterie ist, aber in einem iButton-Gehäuse steckt.
Wir werden uns deshalb erst einmal mit dem DS2417 beschäftigen und gehen erst danach auf die Unterschiede zum DS1904 ein.

### 4.4.1. DS2417 (Familienkode: 27h)

Um korrekt zu „ticken", benötigt der Chip einen so genannten Uhrenquarz mit einer Frequenz von 32,768 kHz und eine Kapazität von 6 pF.

Der Chip ist unter anderem in einem TSOC-Gehäuse verfügbar, bei dem der Abstand zwischen Pins „bastlerfreundliche" 1,27 mm beträgt. Die einzelnen Anschlüsse haben folgende Funktion:

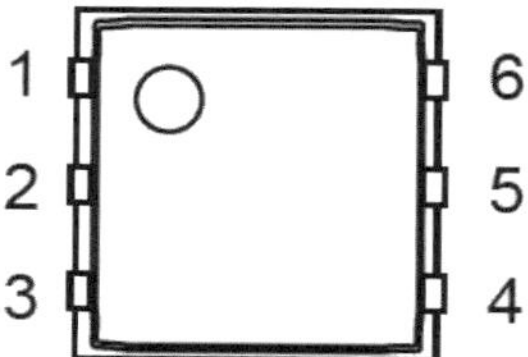


Pin 1 = GND
Pin 2 = 1-Wire
Pin 3 = /INT
Pin 4 = Vdd (Batterie)
Pin 5 = X1
Pin 6 = X2

Im Gegensatz zu typischen 1-Wire Chips ist beim DS2417 immer eine direkte Versorgung nötig; eine Parasit-Einspeisung ist nicht möglich. Wenn an Pin 4 (Vdd) keine Spannung anliegt, geht der Zählerstand verloren. Es gibt auch keinen besonderen „Batterie-Pin" zur Notstromversorgung. Falls der Chip als RTC mit Backup Batterie eingesetzt werden sollte, muss man diese Hauptversorgung mit der Backup-Einspeisung kombinieren.

Über Pin 2 wird mit dem OneWire Bus kommuniziert, aber wie eben erwähnt keine Energie bezogen.
Pin 3 wird im Datenblatt als „Interrupt" bezeichnet, es gibt jedoch keinen Alarmzeit oder eine ähnliche Funktion. Man kann lediglich einen aus acht vordefinierten Werten bestimmten periodischen Interrupt festlegen. Dazu kommen wir gleich.

An Pin 5 und Pin 6 wird der Uhrenquarz angeschlossen.

Es gibt ein paar, eigentlich nur zwei Einstellungen, die man vornehmen kann:

- Man kann den Oszillator ein- oder ausschalten
- Man kann die Interrupt-Pin-Steuerung aktivieren oder deaktivieren und das Intervall der Interrupt-Impulse festlegen.

Diese Einstellungen nimmt man am Kontrollregister (Device Control Byte) vor:

| Bit | 7 | 6 | 5 | 4 | 3 | 2 | 1 | 0 |
|---|---|---|---|---|---|---|---|---|
| Funktion | IE | IS2 | IS1 | IS0 | OSC | OSC | 0 | 0 |

**Bits 0 - 1**
keine Funktion und werden immer als null gelesen.

**Bits 2 - 3: OSC**
diese Bits definieren, ob der Oszillator ein- (**OSC** = OSC = 1, beide Bits eins) oder ausgeschaltet (**OSC** = OSC = 0, beide Bits null) ist oder wird. Möchte man den Oszillator ein- oder ausschalten wollte, beschreibt man beide Bits mit identischen Werten. Tut man das nicht, „gewinnt" die Einstellung von Bit 3.

**Bits 4 - 6: IS0, IS1, IS2**
hiermit wird die Periode der Interrupt-Impulse festgelegt. Der Impuls selber hat eine Dauer von 122 µs.

| IS2 | IS1 | IS0 | Interrupt Intervall |
|---|---|---|---|
| 0 | 0 | 0 | 1 Sekunde |
| 0 | 0 | 1 | 4 Sekunden |
| 0 | 1 | 0 | 32 Sekunden |
| 0 | 1 | 1 | 64 Sekunden |
| 1 | 0 | 0 | 2.048 Sekunden (~ 34,13 Minuten) |
| 1 | 0 | 1 | 4.096 Sekunden (~ 68,27 Minuten) |
| 1 | 1 | 0 | 65.536 Sekunden (~ 18,20 Stunden) |
| 1 | 1 | 1 | 131.072 Sekunden (~ 36,41 Stunden) |

**Bits 7: IE**
Aktivieren / Deaktivieren der Interrupt-Impulse. Wenn IE gleich eins ist, werden Interrupt-Impulse generiert.

Der Zähler Chip unterstützt folgende ROM- und Funktionsbefehle:

| Befehl | ROM | FNC | Name | Beschreibung |
|---|---|---|---|---|
| F0h | X | - | Search ROM | keine Abweichung von Standard |
| 33h | X | - | Read ROM | keine Abweichung von Standard |
| 55h | X | - | Match ROM | keine Abweichung von Standard |
| CCh | X | - | Skip ROM | keine Abweichung von Standard |
| 66h | - | X | Read Clock | RTC-Zähler und der Kontrollregister wird gelesen; die Reihenfolge ist folgende: Kontrollregister -> LSB Byte 0 [LSB] -> LSB Byte 1 -> LSB Byte 2 -> RTC Byte 3 [MSB] |
| 99h | - | X | Write Clock | RTC-Zähler und der Kontrollregister beschreiben; die Reihenfolge ist folgende: Kontrollregister -> LSB Byte 0 [LSB] -> LSB Byte 1 -> LSB Byte 2 -> RTC Byte 3 [MSB] |

Wie wir sehen, unterstützt der Zähler nur zwei Funktionsbefehle - Lesen (66h) und Schreiben (99h). Dabei besteht die Möglichkeit, immer alle Daten aus dem RTC auszulesen beziehungsweise zur RTC zu schreiben. Alle Daten, das bedeutet das Kontrollregisterbyte und vier Bytes des Zählers. Die Reihenfolge der Bytes ist in der Tabelle dargestellt.

Lediglich handelt sich es bei dem DS2417 - funktional gesehen - um einen 32-Bit-Binärzähler. Es ist also, binär dargestellt, eine Zahl von 0000 0000-0000 0000-0000 0000-0000 0000 bis 1111 1111-1111 1111-1111 1111-1111 1111 möglich. Dezimal gesehen entspricht dies einem Bereich von 0 bis 4.294.967.296. Zählt der Zähler im Sekundentakt, entspricht der Bereich einem Zeitraum von ungefähr 49.710 Tagen oder von ungefähr 136 Jahren.

Auch wenn wir mit diesem Chip nur eine einfache Uhr bauen möchten, die Stunden, Minuten und Sekunden darstellt (und nicht einmal ein Datum), müssen wir diese 32-Bit-Zahl in eine Zeitinformation umrechnen. Die Frage ist nur, wie? Diese spannende Frage holt uns bei der Assemblerprogrammierung wieder ein.

Eine Möglichkeit, wie man die Umrechnung vornehmen könnte, ist, den einzelnen Bits die Anzahl von Stunden, Minuten und Sekunden zuzuordnen und diese dann anhand des Zählerstands aufzusummieren.

Wir werden also eine Tabelle zusammenstellen, in der den einzelnen Bits des 32-Bit-Zählers die Anzahl von Tagen, Stunden, Minuten und Sekunden zugeordnet wird. Das ist relativ einfach: Wir betrachten die Bedeutung jedes einzelnen Bits separat. Dabei ist gut zu wissen, dass:

1 Minute = 60 Sekunden
1 Stunde = 60 Minuten = 3.600 Sekunden
1 Tag = 24 Stunden = 1.440 Minuten = 86.400 Sekunden

hat. Das heißt:

Bit 0 (von 31) - Dezimalwert 20 = 1 - entspricht: 0 Tage, 0 Stunden, 0 Minuten, 1 Sekunde
Bit 1 (von 31) - Dezimalwert 21 = 2 - entspricht: 0 Tage, 0 Stunden, 0 Minuten, 2 Sekunden
Bit 2 (von 31) - Dezimalwert 22 = 4 - entspricht: 0 Tage, 0 Stunden, 0 Minuten, 4 Sekunden
...

und so weiter...

Es fängt also ganz einfach an, aber dann ... machen wir zum Beispiel mit Bit 15 weiter:

Bit 15 (von 31) - Dezimalwert 215 = 32.768. Die Rechnungsaufgabe sieht dann folgendermaßen aus:

| **Tage**: | 32.768 ÷ 86.400 | = **0**; Rest = 32.768 |
|---|---|---|
| **Stunden**: | 32.768 ÷ 3.600 | = **9**; Rest = 368 |
| **Minuten**: | 368 ÷ 60 | = **6**; Rest = 8 |
| **Sekunden**: | 8 ÷ 1 | = **8**; Rest = 0 |

Das Ergebnis ist also:

Bit 15 (von 31) - Dezimalwert 215 = 32.768 - entspricht: 0 Tage, 9 Stunden, 6 Minuten, 8 Sekunden

usw...

Bit 24 (von 31) - Dezimalwert 224 = 16.777.216. Und die Rechnungsaufgabe wieder:

| **Tagen**: | 16.777.216 ÷ 86.400 | = **194**; | Rest = 15.616 |
|---|---|---|---|
| **Stunden:** | 15.616 ÷ 3.600 | = **4**; | Rest = 1.216 |
| **Minuten:** | 1.216 ÷ 60 | = **20**; | Rest = 16 |
| **Sekunden:** | 16 ÷ 1 | = **16**; | Rest = 0 |

Das Ergebnis ist also:

Bit 24 (von 31) - Dezimalwert 224 = 16.777.216 - entspricht: 194 Tage, 4 Stunden, 20 Minuten, 16 Sekunden
usw.

Die Ergebnisse dieser 32 Rechenaufgaben könnten in einer Zuordnungstabelle so aussehen:

| **Byte** | Byte 3 [MSB] | | | | | | | | Byte 2 | | | | | | | |
|---|---|---|---|---|---|---|---|---|---|---|---|---|---|---|---|---|
| **Bit** | 31 | 30 | 29 | 28 | 27 | 26 | 25 | 24 | 23 | 22 | 21 | 20 | 19 | 18 | 17 | 16 |
| **Sekunden** | 8 | 4 | 32 | 16 | 8 | 4 | 32 | 16 | 8 | 4 | 32 | 16 | 8 | 4 | 32 | 16 |
| **Minuten** | 14 | 37 | 48 | 24 | 42 | 21 | 40 | 20 | 10 | 5 | 32 | 16 | 38 | 49 | 24 | 12 |
| **Stunden** | 3 | 13 | 18 | 21 | 10 | 17 | 8 | 4 | 2 | 13 | 6 | 3 | 1 | 0 | 12 | 18 |
| **Tage** | 24,855 | 12,427 | 6,213 | 3,106 | 1,553 | 776 | 388 | 194 | 97 | 48 | 24 | 12 | 6 | 3 | 1 | 0 |

| **Byte** | Byte 1 | | | | | | | | Byte 0 [LSB] | | | | | | | |
|---|---|---|---|---|---|---|---|---|---|---|---|---|---|---|---|---|
| **Bit** | 15 | 14 | 13 | 12 | 11 | 10 | 9 | 8 | 7 | 6 | 5 | 4 | 3 | 2 | 1 | 0 |
| **Sekunden** | 8 | 4 | 32 | 16 | 8 | 4 | 32 | 16 | 8 | 4 | 32 | 16 | 8 | 4 | 2 | 1 |
| **Minuten** | 6 | 33 | 16 | 8 | 34 | 17 | 8 | 4 | 2 | 1 | 0 | 0 | 0 | 0 | 0 | 0 |
| **Stunden** | 9 | 4 | 2 | 1 | 0 | 0 | 0 | 0 | 0 | 0 | 0 | 0 | 0 | 0 | 0 | 0 |
| **Tage** | 0 | 0 | 0 | 0 | 0 | 0 | 0 | 0 | 0 | 0 | 0 | 0 | 0 | 0 | 0 | 0 |

Damit sind wir auch (fast) fertig. Wenn jetzt etwa der ausgelesener Zählerstand 0000 0100-0110 0000-0011 0100-0000 0100 wäre, könnten wir die Stunden, Minuten und Sekunden für unsere Uhr-Anwendung einfach aus der Tabelle ablesen:

| **Bit** | | **(Tage)** | **Stunden** | **Minuten** | **Sekunden** |
|---|---|---|---|---|---|
| 31 | 0 | 0 | 0 | 0 | 0 |
| 30 | 0 | 0 | 0 | 0 | 0 |
| 29 | 0 | 0 | 0 | 0 | 0 |
| 28 | 0 | 0 | 0 | 0 | 0 |
| 27 | 0 | 0 | 0 | 0 | 0 |
| 26 | 1 | 776 | 17 | 21 | 4 |
| 25 | 0 | 0 | 0 | 0 | 0 |
| 24 | 0 | 0 | 0 | 0 | 0 |
| 23 | 0 | 0 | 0 | 0 | 0 |
| 22 | 1 | 48 | 13 | 5 | 1 |
| 21 | 1 | 24 | 6 | 32 | 32 |
| 20 | 0 | 0 | 0 | 0 | 0 |
| 19 | 0 | 0 | 0 | 0 | 0 |
| 18 | 0 | 0 | 0 | 0 | 0 |
| 17 | 0 | 0 | 0 | 0 | 0 |

| 16 | 0 | 0 | 0 | 0 | 0 |
|---|---|---|---|---|---|
| 15 | 0 | 0 | 0 | 0 | 0 |
| 14 | 0 | 0 | 0 | 0 | 0 |
| 13 | 1 | 0 | 2 | 16 | 32 |
| 12 | 1 | 0 | 1 | 8 | 16 |
| 11 | 0 | 0 | 0 | 0 | 0 |
| 10 | 1 | 0 | 0 | 17 | 4 |
| 9 | 0 | 0 | 0 | 0 | 0 |
| 8 | 0 | 0 | 0 | 0 | 0 |
| 7 | 0 | 0 | 0 | 0 | 0 |
| 6 | 0 | 0 | 0 | 0 | 0 |
| 5 | 0 | 0 | 0 | 0 | 0 |
| 4 | 0 | 0 | 0 | 0 | 0 |
| 3 | 0 | 0 | 0 | 0 | 0 |
| 2 | 1 | 0 | 0 | 0 | 4 |
| 1 | 0 | 0 | 0 | 0 | 0 |
| 0 | 0 | 0 | 0 | 0 | 0 |
| | | | | | |
| Total: | n/a | 848 | 39 | 99 | 93 |

Damit haben wir das Ergebnis: 39 Stunden / 99 Minuten / 93 Sekunden. Gut, eine solche Zeitinformation auf einer Uhr wäre zwar originell, aber nicht besonders brauchbar. Wir brauchen also noch einen einfachen Algorithmus, der diese Zahl als Uhrzeit darstellt. Mit ein wenig Mathematik klappt es:

**Sekunden**: 93 ÷ 60 = 1; Rest = **33**

**Minuten**: 99 ÷ 60 = 1; Rest = 39 + 1 = **40**

**Stunden**: 39 ÷ 24 = 1; Rest = 15 + 1 = **16**

Die anzuzeigende Zeitinformation ist also: 16:40:33 (16 Stunden, 40 Minuten, 33 Sekunden). Die Tage interessieren uns an diese Stelle nicht.

Diese Lookup- oder Zuordnungstabelle und der eingesetzte Algorithmus sind auch in der Firmware des *OneWire DemoBoard2020* enthalten und werden später in dem Praxisbeispiel verwendet.

### 4.4.2. DS1904 (Familienkode: 24h)

Jetzt wollen wir uns den Unterschieden des DS1904-iButtons zum DS2417 widmen.
Die Betriebsspannung beträgt 2,8 V bis 6,0 V. Der iButton benötigt so wenig Energie, dass der Hersteller eine Batterie-Standzeit von zehn Jahren verspricht.

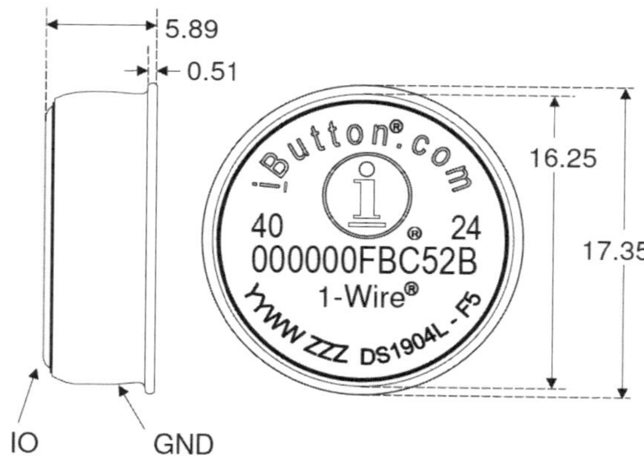


Weil der iButton immer nur über zwei Kontakte verfügt (GND und DQ), gibt es hier auch keinen Interrupt-, Alarm- oder sonstigen Ausgang (und auch keine direkte Stromversorgung). Deswegen sieht auch die Konfiguration anders aus als beim DS2417.

Diese Einstellungen sind auch mittels Kontrollregister (Device Control Byte) vorzunehmen. Das Kontrollregister sieht so aus:

| **Bit** | 7 | 6 | 5 | 4 | 3 | 2 | 1 | 0 |
|---|---|---|---|---|---|---|---|---|
| **Funktion** | U4 | U3 | U2 | U1 | OSC | OSC | 0 | 0 |

**Bits 0 - 1**
keine Funktion und werden immer als Null gelesen.

**Bits 2 - 3: OSC**
diese Bits definieren, ob der Oszillator ein- (**OSC** = OSC = 1, beide Bits eins) oder ausgeschaltet (**OSC** = OSC = 0, beide Bits null) ist oder wird. Möchte man den Oszillator ein- oder ausschalten wollte, beschreibt man beide Bits mit identischen Werten. Tut man das nicht, „gewinnt" die Einstellung von Bit 3.

**Bits 4 - 7: U1 - U4**
Der Chip selber verwendet diese vier Bits nicht; sie sind frei nutzbar. Die Anwendung kann diese vier Bits als 4-Bit-Nichtflüchtigen Speicher verwenden.

Ansonsten kommunizieren und funktionieren DS1904 und DS2417 identisch.

## 4.5. EEPROM

Es gibt relativ viele OneWire-Chips der Kategorie EEPROM. Wir werden uns mit zwei Familien beschäftigen:

- Familie 2Dh mit den Chips DS2431 und DS28E07 (Speichergröße 128 Bytes)
- Familie 23h, mit dem iButton DS1973 und dem DS24B33 (Speicherkapazität 512 Bytes)

Keiner von der EEPROM-Chips ermöglicht eine externe Einspeisung - alle OneWire-EEPROMs (die ich kenne) unterstützen ausschließlich parasitäre Versorgung.

Die Chips sind in verschiedenen Gehäusen verfügbar, zum Beispiel TO-92, TSOC-6 oder auch „1-Wire Contact Package" (früher SFN genannt). Die 1-Wire Contact Packages sind zum Beispiel für die Verwendung in Druckerpatronen gedacht, um die Anzahl der gedruckten Seiten zu zählen. Das Gehäuse sieht so aus:

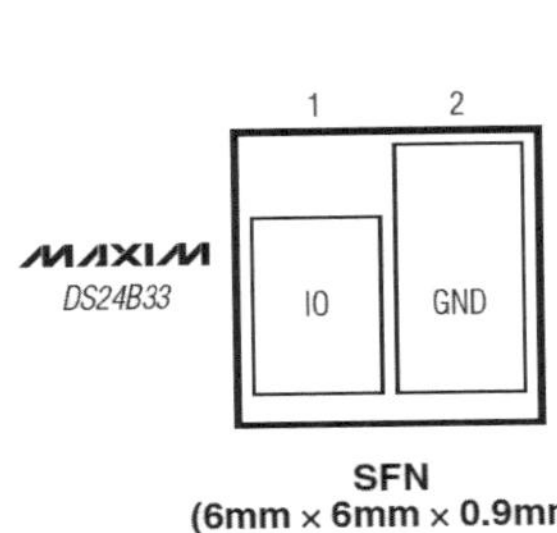

### 4.5.1. Überblick

Moderne OneWire-EEPROMs bieten einen Speicherplatz zwischen 112 Bytes (DS28E05) und 2.560 Bytes (DS28EC20).

Die EEPROM-Chips kann man mit der Betriebsspannung beschreiben, wenn der Master den Strong Pull-Up zur Verfügung stellen kann.

Die EEPROM-Chips verwenden folgenden ROM- und Funktionsbefehlssatz:

| Befehl | ROM | FNC | Name | Beschreibung |
|---|---|---|---|---|
| F0h | X | - | Search ROM | keine Abweichung von Standard |
| 33h | X | - | Read ROM | keine Abweichung von Standard |
| CCh | X | - | Skip ROM | keine Abweichung von Standard |
| 3Ch | X | - | Overdrive-Skip ROM | keine Abweichung von Standard |
| A5h | X | - | Resume | keine Abweichung von Standard |
| 55h | X | - | Match ROM | keine Abweichung von Standard |

| 69h | X | - | Overdrive Match ROM | keine Abweichung von Standard |
|---|---|---|---|---|
| 0Fh | - | X | Write Scratchpad | |
| AAh | - | X | Read Scratchpad | |
| 55h | - | X | Copy Scratchpad | |
| F0h | - | X | Read Memory | |

Wenn man Erfahrung zum Beispiel mit I²C- oder SPI-EEPROM-Speicherchips hat, dann würde man davon ausgehen, dass eine nicht programmierte Speicherzelle auf allen Adressenpositionen den Wert FFh besitzt. Nicht so bei OneWire-EEPROMs, denn hier findet man bei einem neuen Speicher stets eine 00h vor!

### 4.5.2. DS2431 / DS28E07 (Familienkode: 2Dh)

Die Speicherkapazität beträgt 128 Bytes (1.024 Bit). Wie schon früher angedeutet - nur eine Parasitenversorgung ist möglich.

Diese EEPROM-Chips bieten zwar eine relativ kleine Speicherkapazität, sind aber dennoch vielfältig einsetzbar. Typische Einsatzbereiche sind verschiedenartige Verbrauchzähler wie in Tonerkartuschen oder als Speicherort für Konfigurations- und/oder Kalibrierungsdaten.

#### 4.5.2.1. Speicher-Organisation

Bei den EEPROMs stehen vier verschiedene Speicherarten zur Verfügung. Der eigentliche Speicherbereich heißt „**User memory**" (Benutzerspeicher), die 128 Bytes EEPROM. Dieser Bereich ist in so genannte „Pages" (Speicherseiten) aufgeteilt. Jede Speicherseite kann einzeln als „protected" (schreibgeschützt) gekennzeichnet werden.

Dann gibt es noch einen weiteren wichtigen Speicherbereich, die „**Administrative data**" (Administrative Daten). Hier sind verschiedene Metadaten und Merkmale der einzelnen EEPROM-Speicherseiten zu finden. In diesem 8 Bytes großen Bereich entscheidet sich zum Beispiel, welche Speicherseite schreibgeschützt wird.

Ein weiterer Speicherbereich ist das „**Scratchpad**", der Kommunikationsbereich (was das Schreiben betrifft) zwischen Innenwelt und Außenwelt. Falls also die zwei eben erwähnten Speicherbereiche beschrieben werden sollen, passiert dieses ausschließlich über das Scratchpad. Ein Lesezugriff geht am Scratchpad vorbei.

Zu guter Letzt oder - wie man es so schön sagt - „last but not least" - sei der **ROM-ID-**Bereich genannt. Denn selbstverständlich besitzen auch alle OneWire-EEPROMs eine eindeutige Seriennummer.

Zusammengefasst verfügen die Bausteine der EEPROM-Familie 2Dh folgende Speicherblöcke:

| Name | Speichergröße [Byte] | Zugriff [Lesen/Schreiben] | Bedeutung |
|---|---|---|---|
| Benutzerspeicher | 128 | Lesen/Schreiben | 128 Byte EEPROM - 4 Seiten je 32 Bytes |
| Administrative Daten | 8 | Lesen/Schreiben | 8 Bytes Daten, die definieren, wie das EEPROM-Feld verwendet wird. Zusätzlich dazu gibt's hier auch Hersteller- oder kundenspezifische Identifikationen |
| Scratchpad | 8 | Lesen/Schreiben | 8 Byte SRAM Speicher |
| ROM-ID | 8 | Lesen | OneWire Netzwerk Chip Adresse (ROM-ID) |

Der EEPROM-Speicher ist in vier Blöcke (Pages) aufgeteilt, wobei jeder Block eine Größe von 32 Bytes aufweist. Jeder Block kann unabhängig von den anderen Blöcken als EEPROM, EPROM oder ROM verwendet werden. Dies wird mit den so genannten „Protection Control Bytes" (Schreibschutzkontrolle-Bytes) für jeder Seite separat eingestellt.

Die Adressierung des Speichers sieht folgendermaßen aus:

| Adressen | Speichergröße [Byte] | Zugriff [Lesen/ Schreiben] | Beschreibung | Schutz Kode |
|---|---|---|---|---|
| 0000h - 001Fh | 32 | Lesen/Schreiben | Datenspeicher - Seite 0 | n/a |
| 0020h - 003Fh | 32 | Lesen/Schreiben | Datenspeicher - Seite 1 | n/a |
| 0040h - 005Fh | 32 | Lesen/Schreiben | Datenspeicher - Seite 2 | n/a |
| 0060h - 007Fh | 32 | Lesen/Schreiben | Datenspeicher - Seite 3 | n/a |
| 0080h | 1 | Lesen/Schreiben | Schreibschutzkontrollbyte - Seite 0 | Beschreibung siehe unten |
| 0081h | 1 | Lesen/Schreiben | Schreibschutzkontrollbyte - Seite 1 | Beschreibung siehe unten |
| 0082h | 1 | Lesen/Schreiben | Schreibschutzkontrollbyte - Seite 2 | Beschreibung siehe unten |
| 0083h | 1 | Lesen/Schreiben | Schreibschutzkontrollbyte - Seite 3 | Beschreibung siehe unten |
| 0084h | 1 | Lesen/Schreiben | Copy Protection Byte | |

| | | | | |
|---|---|---|---|---|
| 0085h | 1 | Lesen | Factory Byte | Falls der Wert AAh ist, sind die Bytes 86h und 87h schreibgeschützt Falls der Wert 55h ist, sind die Bytes 86h und 87h beschreibbar |
| 0086h | 1 | Lesen/Schreiben | Benutzerspezifisches Byte 1 | |
| 0087h | 1 | Lesen/Schreiben | Benutzerspezifisches Byte 2 | |
| 0088h - 008Fh | | nicht verwendbar | Reserviert | n/a |

Jede EEPROM-Speicherseite kann in drei verschiedenen Modi betrieben werden:

- EEPROM-Modus- das zugehörige Schreibschutzkontrollbyte ist nicht programmiert (Default-Wert: 00h)
- EPROM-Modus - das zugehörige Schreibschutzkontrollbyte wird auf AAh gestellt
- ROM-Modus - das zugehörige Schreibschutzkontrollbyte wird auf 55h gestellt

Voreingestellt für die Speicherseiten ist der EEPROM-Modus. In dem EEPROM-Modus kann man die einzelnen Bytes des Speicherbereichs beliebig oft neu beschrieben.

Im EPROM-Modus kann man die Bytes genau einmal beschreiben und nie mehr überschreiben.

Im ROM-Modus ist die zugehörige Speicherseite nicht mehr beschreibbar (Read-only-Modus).

Wichtig ist zu sagen, dass, wenn ein Schreibschutzkontrollbyte erst einmal auf AAh oder 55h gesetzt wird, dieses nicht mehr änderbar ist. Den EPROM- oder ROM-Modus kann man also genau einmal auswählen und danach nicht mehr ändern.

Die Identifikationsadressen 86h und 87h können von Endanwender festgelegt werden. Der voreingestellte Wert des Bytes 85h ist 55h, sprich, die Bytes 86h und 87h können frei gewählt werden. Die Default-Werte der benutzerspezifischen Bytes 1 und 2 ist 00h. Für spezielle Anwendungen können die Bytes 86h und 87h schon direkt ab Hersteller programmiert werden - dann wird auch das Byte 85h auf AAh gesetzt und die Datenspeicher „ab Werk" als Read-Only ausgeliefert. Das kommt aber im Alltag eines Elektronikamateurs eher nicht vor.

#### 4.5.3.2. Daten lesen

Das Lesen des EEPROMs ist sehr einfach, definitiv einfacher als das Schreiben. Um Daten aus dem Chip zu erhalten, braucht man nur ein paar Schritte durchzuführen:

1. OneWire Reset
2. ROM-Befehl - Skip ROM (CCh)
3. Funktionsbefehl - um die Daten zu lesen, muss man den Befehl Read Memory (F0h) erteilen
4. LSB der Speicherplatzadresse schicken
5. MSB der Speicherplatzadresse schicken (eigentlich immer 00h)
6. Das Byte auslesen. Diesen Schritt kann man beliebig oft wiederholen, die Adresse wird dabei automatisch inkrementiert. Es kann also eine Sequenz gelesen werden. Ab Adresse 0090h wird immer nur FFh ausgelesen.
7. OneWire Reset

Auf diese Art und Weise kann man den gesamten Speicher auslesen.

#### 4.5.3.3. Daten schreiben

Das Beschreiben des EEPROMs vollzieht sich in drei Schritten:

1. Daten ins Scratchpad schreiben (mit dem Funktionsbefehl Write Scratchpad - 0Fh)
2. Scratchpad auslesen (Funktionsbefehl AAh).Das klingt nicht wirklich logisch, hat aber eine Erklärung.
3. Daten aus dem Scratchpad in das EEPROM kopieren (mit dem Funktionsbefehl Copy Scratchpad - 55h)

Beim Schreiben ist es immer nur möglich, genau acht Byte in das EEPROM zu übertragen - gemäß der Größe des Scratchpads Größe. Es ist nicht möglich, nur ein oder zwei Byte zu schreiben, da immer das gesamte Scratchpad kopiert wird. Außerdem muss die Startadresse für den EEPROM-Bereich immer durch 8 teilbar sein, sprich, die drei LSB der Adresse müssen immer gleich 0 sein.

Um die Daten ins Scratchpad zu schreiben, geht man wie folgt vor:

1. OneWire Reset
2. ROM-Befehl - Skip ROM (CCh)
3. Funktionsbefehl - Write Scratchpad (0Fh)
4. LSB der Speicherplatzadresse schicken
5. MSB der Speicherplatzadresse schicken (eigentlich immer 00h)
6. Acht Bytes, eines nach dem anderen abschicken
7. OneWire Reset

Jetzt müssen wir das Scratchpad mit Hilfe des Funktionsbefehls AAh auslesen. Das ist ein einfacher Schritt und dient der „Qualitätskontrolle", um die Korrektheit der geschriebenen Daten zu gewährleisten. In diesem Schritt werden drei Bytes aus dem Scratchpad ausgelesen, die in letzten Schritt zurück an den EEPROM-Baustein geschickt werden müssen. Falls die Daten nicht übereinstimmen, verweigert der Chip das Kopieren der Daten ins EEPROM. Die Prozedur des zweiten Schritts sieht so aus:

1. OneWire Reset
2. ROM-Befehl - Skip ROM (CCh)
3. Funktionsbefehl - Read Scratchpad (AAh)
4. Drei Bytes auslesen und in Mikrokontroller Speichern sicherr
5. OneWire Reset

Der letzte Schritt, Copy Scratchpad, ist nur bei korrekter Zieladresse (die letzte drei Bits gleich 000b) möglich und auch nur dann, wenn der Master genau 8 Bytes abgeschickt hat. Der letzte Schritt sollte also so aussehen:

1. OneWire Reset
2. ROM-Befehl - Skip ROM (CCh)
3. Funktionsbefehl - Copy Scratchpad (55h)
4. Die im zweiten Schritt 3 ausgelesene Bytes abschicken
6. Kurz (etwa 12 ms) abwarten, bis die Schreiboperation beendet ist
7. OneWire Reset

Damit ist der Schreibvorgang abgeschlossen.

### 4.5.2. DS24B33 / DS1973 (Familienkode: 23h)

Bei der Familie 23h handelt sich es um EEPROM-Chips mit 512 Byte, also viermal mehr als bei der Familie 2Dh. Allerdings fehlt hier die Möglichkeit, die einzelnen EEPROM-Seiten als EPROM oder ROM zu konfigurieren. Es gibt also nur drei verschiedene Speicherbereiche:

| Name | Speichergröße [Byte] | Zugriff [Lesen/Schreiben] | Bedeutung |
|---|---|---|---|
| Benutzerspeicher | 512 | Lesen/Schreiben | 512 Byte EEPROM - 16 Seiten je 32 Bytes |
| Scratchpad | 32 | Lesen/Schreiben | 32 Byte SRAM Speicher |
| ROM-ID | 8 | Lesen | OneWire Netzwerk Chip Adresse (ROM-ID) |

Der EEPROM-Speicher ist in 16 Seiten aufgeteilt, wobei jede Seite 32 Bytes enthält.

## 4.6. EPROM

EPROM-Bausteine sind eigentlich schon Geschichte, denn es gibt nichts mehr, das nicht auch EEPROMs machen könnten, lassen diese sich sogar wie ein EPROM betreiben. Außerdem brauchen wir, um EPROM-Chips zu programmieren, eine Spannung von 12 V. Es heißt, dass während der Programmierung die OneWire-Leitung DQ auf 12 V hochgesetzt werden muss. Die Stromquelle muss in der Lage sein, mindestens 10 mA zu liefern. Die Dauer des Programmierpulses sollte 480 µs betragen. Während der Programmierung dürfen nur

EPROM-Chips auf der OneWire-Leitung vorhanden sein.

Trotz dieser Umstände möchte ich gerne vier EPROM-Chips vorstellen - mit Kapazitäten von 128 Bytes und 2.048 Bytes; und mit Zusatzfunktionen. Weil wir aber keine Übung mit dem Beschreiben eines EPROMs machen, verzichte ich auch auf eine Erläuterung, wie dies funktioniert.

Es handelt sich um folgende Chips:

- DS2502 (Familienkode 09h) - Kapazität 128 Bytes
- DS2502-E48 (Familienkode: 89h) - Kapazität 128 Bytes
- DS2502-E64 (Familienkode: 89h) - Kapazität 128 Bytes
- DS2505 (Familienkode 0Bh) - Kapazität 2.048 Bytes

Typische Anwendungsbereiche von EPROMs ist die Speicherung von Kunden- und anwendungsspezifischen Daten, zum Beispiel der Standort, das Installationsdatum und so weiter und dann auch wieder als Zähler in Tonerkartuschen.

### 4.6.1. Überblick

Alle erwähnten EPROM-Chips verwenden einen beinahe identischen ROM- und Funktionsbefehlssatz. Die Unterschiede liegen in speziellen Funktionalitäten der DS2502-Exx-Chips und der Kapazität des DS2505-Chips.

Die ROM-ID Chips verwenden folgendes ROM- und Funktionsbefehl Set:

| Befehl | ROM | FNC | Name | Beschreibung |
|---|---|---|---|---|
| | X | - | Read ROM | keine Abweichung von Standard |
| | X | - | Match ROM | keine Abweichung von Standard |
| | X | - | Search ROM | keine Abweichung von Standard |
| | X | - | Skip ROM | keine Abweichung von Standard |
| | - | X | Write Memory | |
| | - | X | Write Status | |
| F0h | - | X | Read Memory | |
| AAh | - | X | Read Status | |
| A5h | - | | Extended Read Data | nur DS2505 |
| C3h | - | | Read Data / Generate CRC | nur DS2502 |

Der EPROM-Speicher ist in 32-Byte-Blöcke aufgeteilt. Der DS2502 mit der Kapazität 128 Byte verfügt über vier Blöcke á 32 Bytes, der DS2505 über 64 Blöcke, insgesamt 2.048 Bytes.

Ein neuer, nie beschriebener EPROM-Speicher enthält auf allen Speicherzellen den Wert FFh. Es ist zwar immer möglich, ein Bit von eins auf null zu ändern - aber nie zurück. Prinzipiell ist also möglich, einen Speicherplatz mehrfach zu überschreiben, aber nur so, dass immer eine vorhandene Eins auf null gesetzt wird. Man kann sich die einzelnen Bits als Schmelzsicherungen vorstellen. Wenn die Sicherung neu ist, leitet sie den Strom, ist also „eins". Aber wenn die Sicherung erst einmal durchgebrannt wird, fließt kein Strom mehr, was beim EPROM als null interpretiert wird. Die Sicherung kann, sofern sie noch „in Ordnung ist", immer verbrannt werden (aus einer Eins wird eine null), aber ist sie schon durchgeschmolzen, kann man dies nicht mehr rückgängig machen - eine null bleibt eine null, für immer!

### 4.6.2. DS2502 / DS2502-Exx (Familienkode: 09h / 89h)

Die Speicher DS2502 ist in verschiedenen Gehäusen verfügbar: TO-92, TSOC-6, kleine SOT-23-Gehäuse, WLP und auch in der „Tonerkartuschen-Ausführung" SFN.

Die Pinbelegung für die TO-92-Gehäuse sieht folgendermaßen aus:

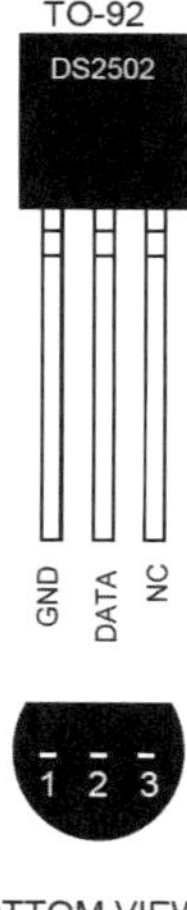


Beim Gehäuse SFN sind die Beinchen (Kontaktflächen) so angeschlossen:

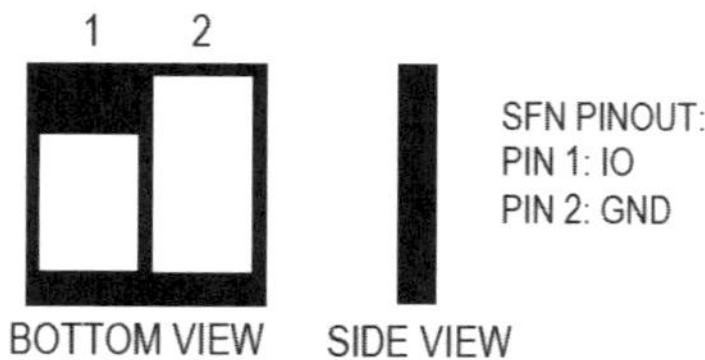


Die beiden E-Versionen sind im Gegensatz zum DS2502 nur in TO-92- und TSOC-6-Gehäusen lieferbar.

Der Speicher arbeitet mit einer Betriebsspannung von 2,8 V bis 6,0 V, benötigt aber zur Programmierung 11,5 V bis 12,0 V. Die Programmierpegel müssen auf der IO- (Daten-) Leitung für die Zeit des Programimpulses angeschlossen sein.

#### 4.6.2.1. Speicherorganisation

Die DS2502-Chips stellen, was keine Überraschung ist, drei verschiedene Speicherarten zur Verfügung:

| Name | Speichergröße [Byte] | Zugriff [Lesen/Schreiben] | Bedeutung |
|---|---|---|---|
| Benutzerspeicher | 128 | Lesen/Schreiben | 128 Byte EPROM - 4 Seiten je 32 Bytes |
| Scratchpad | 8 | Lesen/Schreiben | 8 Byte SRAM Speicher |
| ROM-ID | 8 | Lesen | OneWire Netzwerk Chip Adresse (ROM-ID) |

Selbstverständlich ist der EPROM-Speicher gleich dem Benutzerspeicher. Wie man schon aus der Tabelle entnehmen kann, ist der Gesamtspeicher in vier Seiten á 32 Byte aufgeteilt.

| Startadresse | Endadresse | Speicherseite |
|---|---|---|
| 0000h | 001Fh | Page 0 |
| 0020h | 003Fh | Page 1 |
| 0040h | 005Fh | Page 2 |
| 0060h | 007Fh | Page 3 |

Neben ROM-ID, Scratchpad und EPROM-Benutzerspeicher gibt es noch weitere acht Bytes - die sogenannten EPROM Status Bytes. Die Bedeutung der einzelnen Bytes kann man folgender Tabelle entnehmen:

| Statusbyte Adresse | Bedeutung |
|---|---|
| 0000h | Write-Protect für einzelne Speicherseiten:<br>Bit 0: Schreibschutz für Speicherseite 0<br>Bit 1: Schreibschutz für Speicherseite 1<br>Bit 2: Schreibschutz für Speicherseite 2<br>Bit 3: Schreibschutz für Speicherseite 3<br>Bit 4-7: Kennzeichen für verwendete Seiten<br>Wenn ein Schreibschutzbit programmiert ist, dann kann die gesamte Zugehörige 32-Byte-Seite des Hauptspeichers nicht mehr geändert werden. |

| | |
|---|---|
| 0001h | Page Address redirection Byte für Seite 0 |
| 0002h | Page Address redirection Byte für Seite 1 |
| 0003h | Page Address redirection Byte für Seite 2 |
| 0004h | Page Address redirection Byte für Seite 3 |
| 0005h | nicht verwendet |
| 0006h | nicht verwendet |
| 0007h | Werkseitig auf 00h programmiert |

Bei den Status-Bytes handelt sich es auch um EPROM-Speicher, was bedeutet, dass man sie nicht beliebig umprogrammieren kann. Bei einem neuen Chip finden wir überall den Wert FFh (nicht programmiert), mit der Ausnahme des Bytes auf der Adresse 0007h, das schon werkseitig auf 00h programmiert ist.

Weil es sich um ein EPROM handelt, kann man die Speicherplätze nicht beliebig überschreiben. Deswegen bietet das EPROM noch eine Funktion, mit der man die einzelne Speicherseiten als „ungültig" kennzeichnen und durch eine andere Seite ersetzen kann, sollte sich dies als nützlich erweisen. Dazu dienen die „Page Address redirection Bytes". Man muss aber auch sagen, dass die Chip-Hardware die Redirection-Bytes eigentlich nicht verwendet; sie müssen von der Anwendungssoftware ausgewertet werden.

#### 4.6.2.2. Daten lesen

Das Lesen aus dem EEPROM ist sehr einfach, definitiv einfacher, als Schreiben. Um Daten aus dem Chip zu lesen, sind nur ein paar Schritte durchzuführen:

1. OneWire Reset
2. ROM-Befehl - Skip ROM (CCh)
3. Funktionsbefehl - um die Daten zu lesen, muss man den Befehl Read Memory (F0h) erteilen
4. LSB der Speicherplatzadresse schicken
5. MSB der Speicherplatzadresse schicken (eigentlich immer 00h)
6. CRC auslesen; der CRC-Wert ist aus dem Funktionsbefehl und der Adresse (MSB und LSB) berechnet
7. Byte auslesen; diesen Schritt kann man innerhalb einer EPROM-Seite beliebig oft wiederholen.
8. OneWire Reset

Wie man sieht, ist die Prozedur abgesehen von Punkt 6 identisch mit dem Lesen eines EEPROMs.

#### 4.6.2.3. Daten schreiben

Wie erwähnt, werden wir uns mit den Schreiben nicht ernsthaft beschäftigen. Hier seien nur kurz die Schritte angedeutet, die für einen Schreibvorgang wichtig sind.

### 4.6.3. DS2505 (Familienkode: 0Bh)

Der Speicherbaustein DS2505 ist in den beiden Gehäusen TO-92 und TSOC-6 verfügbar. Die Pinbelegung des Chips ist:

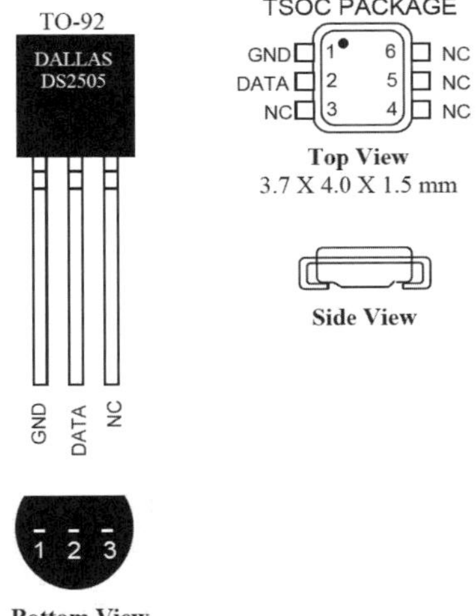


Ob drei oder sechs Beinchen - angeschlossen sind immer nur zwei.

Die Betriebsspannung sollte im Bereich von 2,8 V bis 6,0 V liegen. Die Ausnahme ist der Programmierimpuls, bei dem die Datenleitung für die Dauer der Impulse auf 12 V hochgesetzt werden muss.

Der DS2502 ist eine Art „größere Version" des DS2502 mit einer identischen Logik der Speicherorganisation. Deswegen nur zwei Sätze zur Speicherorganisation: Wegen der Speichergröße gibt es 64 Seiten Benutzerspeicher (statt vier Seiten beim DS2502). Und zusätzlich stehen statt nur 8 Bytes Statusspeicher 88 Bytes zur Verfügung.

## Kapitel 5 • OneWire Softwarebeispiele

Damit wir - ohne ständig etwas bauen zu müssen - mit OneWire Chips ein wenig experimentieren können, stellen wir ein einfaches DemoBoard - ich will es „OneWire DemoBoard 2020" nennen, aufbauen.

Falls Sie keine Lust haben, dieses DemoBoard für die OneWire-Experimente zu bauen, zeigen wir parallel die meisten Beispiele auf einer Arduino-UNO-Plattform. Für diesen Zweck wird ein einfaches Arduino-OneWire-Shield gebaut oder noch einfacher ein Breadboard mit ein paar Drähtchen an den Arduino angeschlossen.

Das OneWire DemoBoard 2020 ist auf Basis des PIC-Mikrocontrollers PIC18F26K22 aufgebaut, während bekanntermaßen der Arduino UNO mit einem Mikrocontroller ATmega328P arbeitet.

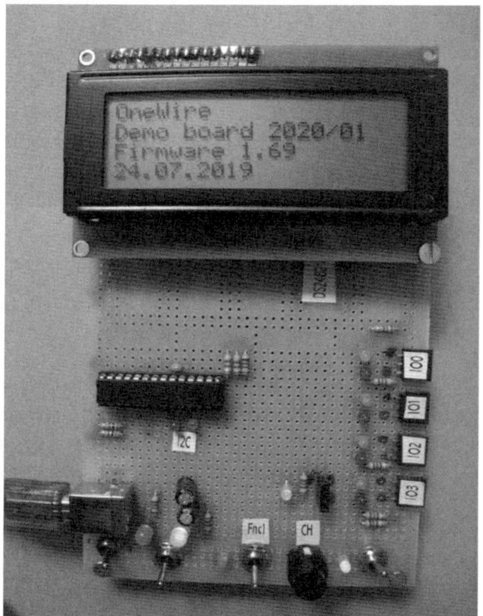


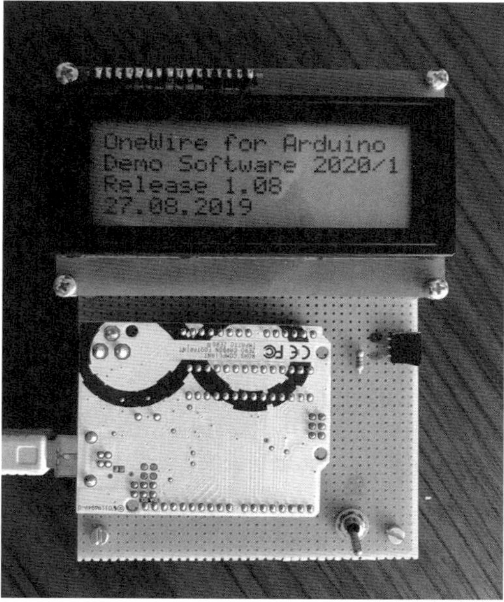


Wenn in den Experimenten spezifische Arduino-Informationen genannt werden, so werden diese Stellen mit dem Arduino-Logo gekennzeichnet:

## 5.1. Überblick: Was kann man damit tun?

Mit dem OneWire DemoBoard2020 oder dem Shield OneWire for Arduino kann man aus jeden OneWire-Chip die ROM-ID auslesen und darstellen. Falls der Chip der Firmware bekannt ist, wird noch der Typ und eine kurze Beschreibung angezeigt. Für Firmware-bekannte Chips ist auch eine Demo-Funktion verfügbar, die wir „Chip Funktion 1" nennen. Die Firmware des OneWire DemoBoard2020 unterstützt, oder besser gesagt kennt, folgende OneWire-Chips:

| Unterstützte OneWire-Familien | | | |
|---|---|---|---|
| Funktionalität | Familien-code | Chip | Breakout-Board-Beschreibung |
| ROM-ID | 01h | DS2401 | 5.8. DS2401 / DS2411 / DS1990A |
| | 01h | DS2411 | |
| | 01h | DS1990A | |
| | 01h | DS1990R | |
| Thermometer | 10h | DS1820 | 5.9. Temperatursensoren |
| | 10h | DS18S20<br>DS18S20-PAR | |
| | 22h | DS1822<br>DS1822-PAR | |
| | 28h | DS18B20<br>DS18B20-PAR | |
| | 28h | MAX31820<br>MAX31820-PAR | |
| GPIO | 12h | DS2406 | 5.10. GPIO 2406 |
| | 29h | DS2408 | 5.11. GPIO 2408 |
| | 3Ah | DS2413 | 5.12. DPIO 2413 |
| RTC/Timer | 27h | DS2417 | 5.13. RTC |
| | 24h | DS1904 | |
| EEPROM | 23h | DS24B33 | 5.14. EEPROM |
| | 2Dh | DS28E07 | |
| EPROM | 09h | DS2502 | 5.15. EPROM |
| | 89h | DS2502-E48 | |
| | | DS2502-E64 | |
| | 0Bh | DS2505 | |
| | 12h | DS2406 | In der Firmware gibt es keine Implementierung, die den DS2406 als EPROM demonstriert |

## 5.2. Hardware des OneWire-DemoBoard2020

Das Herz des OneWire-DemoBoard2020 ist der PIC-Mikrocontroller PIC18F26K22. Als Anzeige dient ein 4x20-LC-Display dargestellt. Das Display benötigt eine stabilisierte Spannung von 5,0 V, die auch die Eingangsspannung für das Board sein soll. Man kann dazu einfach ein Smartphone-Ladegerät oder sogar eine Power-Bank nutzen. Der Mikrocontroller selbst und alle andere Bauteile, inklusive der später angeschlossenen OneWire-Chips, arbeiten mit einer Spannung von 3,30 V. Diese wird vom LDOSPX2945M3-L-3-3 bereit gestellt. Dieser Spannungsregler kann bis zu 400 mA liefern. Selbstverständlich kann auch ein gleichwertiger anderer Regler eingesetzt werden.

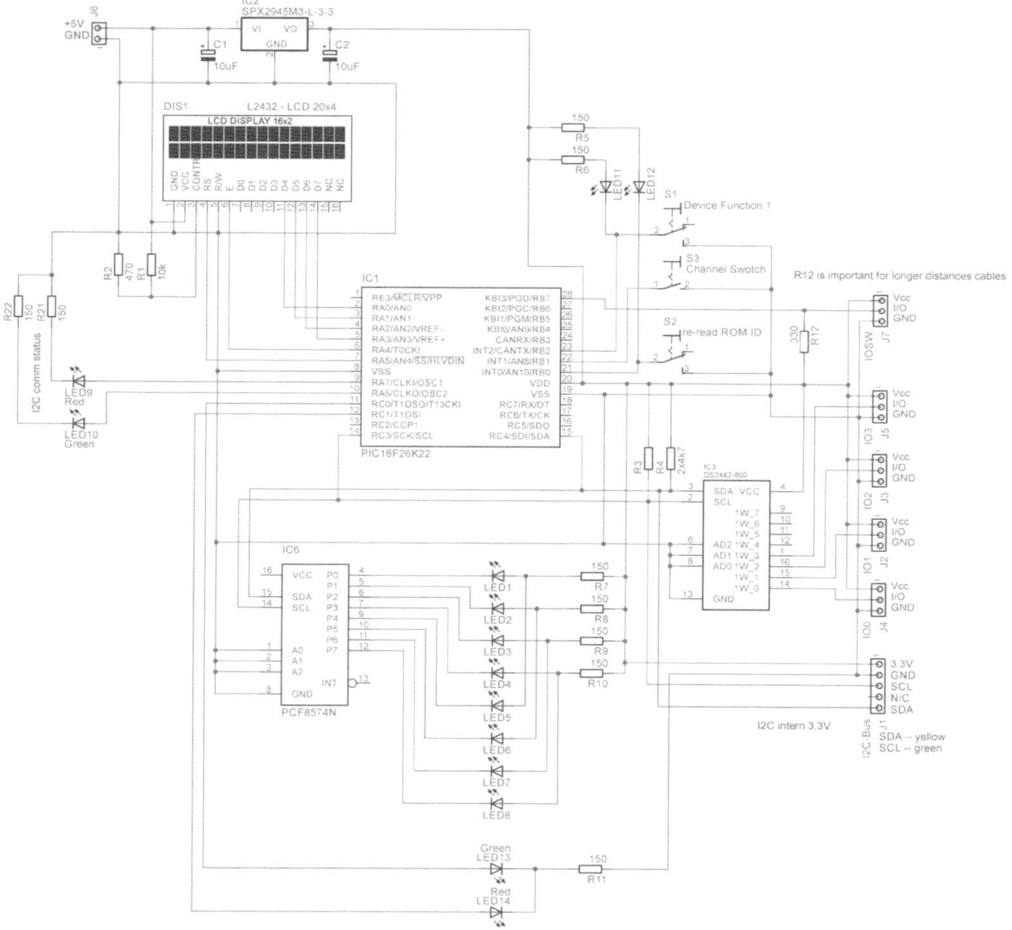


Die Schaltung ist relativ überschaubar. Neben dem Mikrocontroller mit dem LCO und dem LC-Display enthält sie nur zwei weitere wichtige Bauteile: die I²C-zu-OneWire-Bridge DS2482-800 und ein I²C-GPIO-IC PCF8574, das aber lediglich mit der Anzeige zu tun und keine Auswirkung auf die OneWire-Funktionalitäten selber hat.

Der Chip DS2482-800 stellt acht unabhängige OneWire-Schnittstellen zur Verfügung, wobei immer nur eine davon aktiv ist. In der Schaltung werden von der Firmware des DemoBoard2020 vier Schnittstellen benutzt; was, wie ich glaube, mehr als ausreichend ist.

Der Chip PCF8574N steuert die LEDs, die zeigen, welche OneWire-Schnittstelle aktuel aktiv ist.

Außerdem wird eine in der Software implementierte OneWire-Schnittstelle zur Verfügung gestellt, die mit dem Port RB7 des Mikrocontrollers umgesetzt ist.

LED9 und LED10 signalisieren die Aktivitäten an der I²C-Schnittstelle, die Taster/Schalter S1...S4 dienen der Bedienung der DemoBoard-Funktionen. LED9 leuchtet, wenn der I²C-Master ein NOT ACK vom Slave erhalten hat (typischerweise ein Kommunikationsfehler) und LED10 wird aktiv, wenn der Master ACK bekommen hat, was typischerweise eine erfolgreiche Kommunikation signalisiert.

Jeder verfügbaren OneWire-Schnittstelle - man kann auch OneWire-Kanal sagen - sind eine grüne und eine rote LED zugeordnet. fünf insgesamt (vier am DS2482-800 und eine direkt am m PIC)

Die Zuordnung kann man folgender Tabelle entnehmen:

| OneWire Kanal | grüne LED | rote LED |
|---|---|---|
| IO0 | LED1 | LED5 |
| IO1 | LED2 | LED6 |
| IO3 | LED3 | LED7 |
| IO4 | LED4 | LED8 |
| SW | LED13 | LED14 |

Es leuchten immer nur eine grüne LED für den gerade aktiven Kanal und vier rote LEDs für die inaktiven Kanäle. Falls man diese „Darstellung" nicht wünscht, kann man auch ohne leben und IC6, LED1-LED8, LED13 und LED14 und die zugehörigen Widerstände einfach weglassen. Die Firmware muss dazu nicht geändert werden und irgendwelche „Nebenwirkungen" muss man auch nicht fürchten.

## 5.3. OneWire-DemoBoard2020: Hardware der Lite Version

Ich möchte Ihnen gerne auch eine vereinfachte Version des OneWire-DemoBoards2020 vorstellen. Der wesentliche Unterschied ist, dass der I²C-zu-OneWire-Chip DS2482-800 fehlt. So steht nur ein einziger OneWire-Bus, und zwar die Software-Version, zur Verfügung. Weil es nur einen OneWire-Bus gibt, brauchen wir auch keine Anzeige mehr, welcher Bus gerade aktiv ist. Also kann man auch den PCF8574N weglassen. Es bleiben also nur der Mikrocontroller mit LC-Display und ein paar periphere Bauelemente übrig.

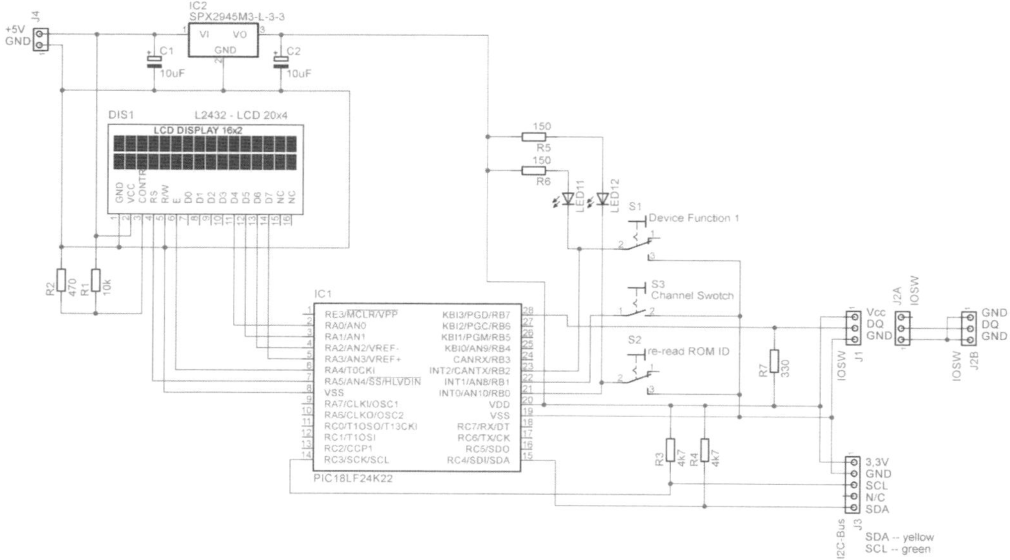


Die Firmware kommt mit beiden Hardware-Versionen klar. Wenn bei der Initialisierung keine Antwort vom DS2482-800 kommt, nimmt die Firmware einfach an, dass es sich um die abgespeckte Version handelt. Die Konsequenz dabei ist, dass manche Funktionen nicht mehr verfügbar sind - im Wesentlichen die Umschaltung des aktiven Busses.

## 5.4. OneWire-Shield für den Arduino UNO

Das OneWire-Shield kann man mit dem OneWire-DemoBoard2020-Lite vergleichen.

Der Arduino UNO besitzt ebenfalls ein 4x20-LC-Display; der OneWire-Bus wird softwaremäßig aufgebaut.

Das LCD wird über ein I²C-Adapter an des Arduino UNO angeschlossen. Einen solchen I²C-Adapter findet man leicht unter der Bezeichnung „FC-113" im Internet, man kann ihn aber auch sehr schnell bauen - eigentlich ist er nichts anderes als ein I²C-GPIO-Chip PCF8574.
Wie erwähnt definiert die Software (mit Unterstützung einer Arduino-Library) die OneWire-Schnittstelle. Es wird also kein Brücken-Chip DS2482-800 an dieser Stelle eingesetzt.

Die LCD-Screens von Arduino-Shield und OneWire-DemoBoard2020 sind identisch.

Wie schon erwähnt, wurde die Arduino-Software für einen Arduino UNO mit dem Mikrocontroller ATmega328P geschrieben.

Die Hardware des Arduino-Shields unterstützt einen OneWire-Bus, der mit I/O-Anschluss 10 realisiert ist. Dies entspricht dem Pin PB7 des ATmega328P.

Für die I²C-Kommunikation mit dem Chip PCF8574 werden die Anschlüsse A4 (Mikrocontroller PC4) als SDA und A5 (Mikrocontroller PC5) als SCL verwendet.

Stabiler und „stilecht" ist ein Shield, aber die Hardware ist so einfach, dass man problemlos auch nur ein Breadboard mit Drahtverbindungen nutzen kann. Die vorgestellte Hardware kann man also entweder als Arduino-Shield realisieren oder einfach ein Steckbrett mit Drahtverbindungen verwenden.

Die Schaltung - mit der Verwendung von FC-113 Adapters - sieht so aus:

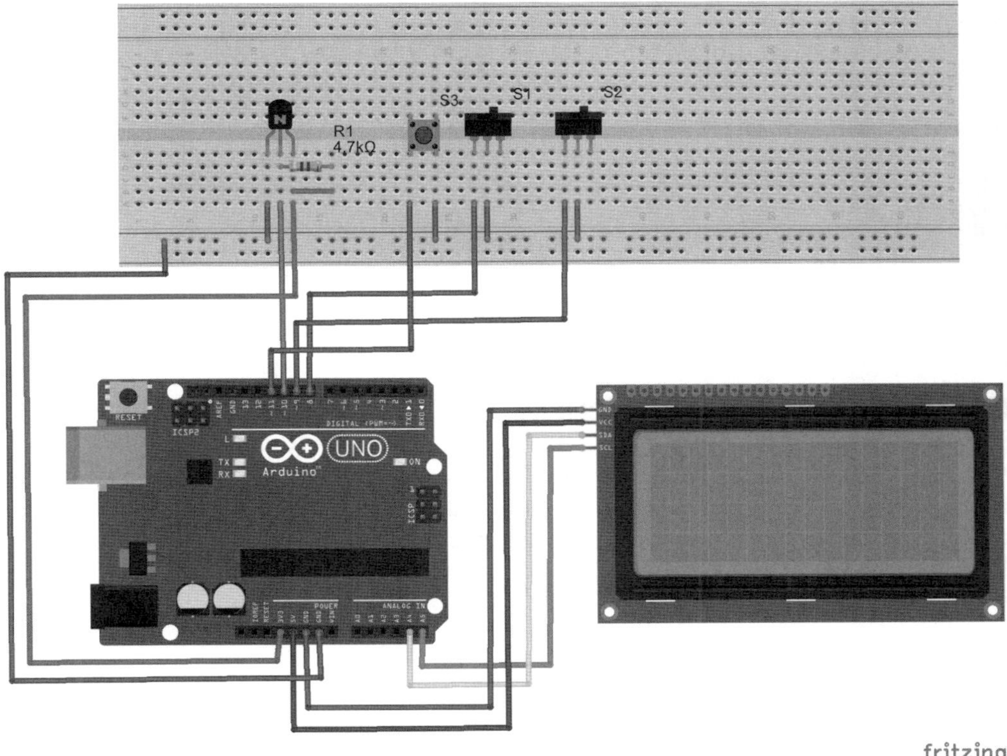

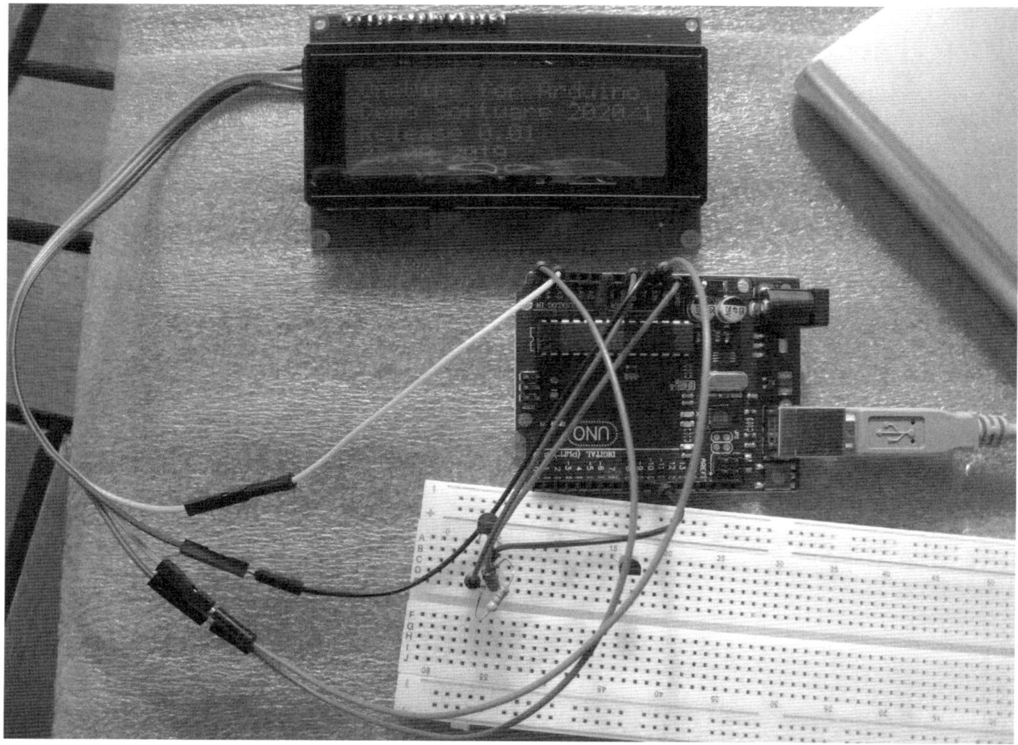


Selbstverständlich werden wir genau dieselben Breakout-Boards wie im Kapitel 5 (für eine Beschreibung bitte dort nachlesen) wiederverwenden. Für den Einsatz mit dem Arduino gibt es keine Besonderheiten, die man betrachten müsste.

Der Adapter selbst könnte sehr einfach nachgebaut werden. Der Schaltplan mit einem PCF8574 sieht folgendermaßen aus:

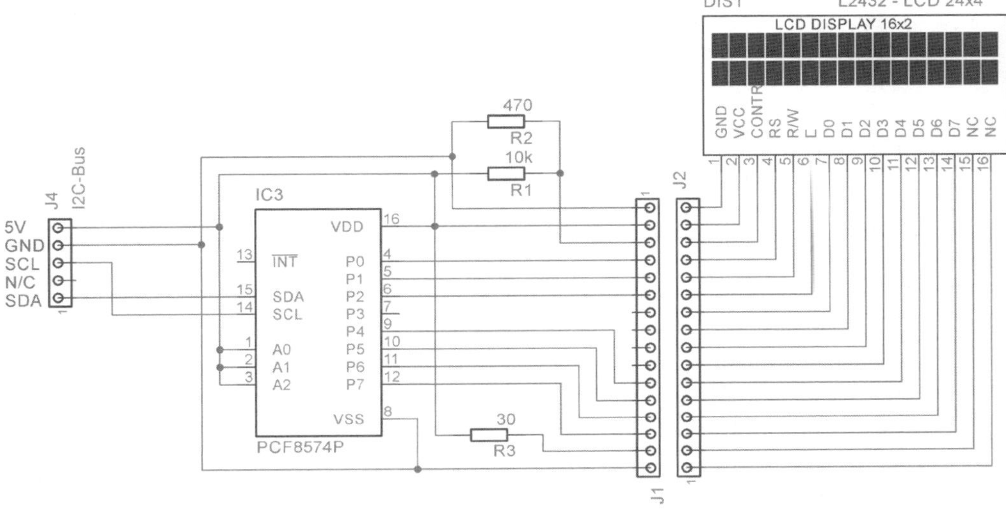


Ich gebe zu, ich habe alles entfernt, was nicht unbedingt notwendig ist. Die I²C-Adresse ist (da A0 = A1 = A2 = Vcc) auf 0100 111b (entsprechend 4Eh) gesetzt.

Unter „Arduino-Fans" würde man dies als 27h übersetzen... Wieso? Wie wir schon wissen, liegt die I²C-Adresse des PCF8574 im Bereich 0100 000x bis 0100 111x, wo x für der Schreib/Leseindikator steht. Die 8-Bit-Zahl (0100 0000 bis 0100 1110) berechnen wir immer als hexadezimale Zahl. im Internet findet man aber die I²C-Adressen des FC-113-Adapters als 7-Bit Werte dargestellt, also als 010 0000...010 0FFF, was hexadezimal dargestellt 20h...27h ist.

Eigentlich habe ich nur drei Dinge aus der Schaltung entfernt:

Erstens - es besteht keine Möglichkeit, die I²C-Adresse zu ändern. Es ist die I²C-Default-Adresse für die Bedienung des LCD-I²C-Arduino.

Zweitens wurde das Trimmpotentiometer durch die beiden Festwiderstände R1 und R2 ersetzt.

Und drittens - die Hintergrundbeleuchtung des LCD ist immer aktiv. Beim FC-113 Modul kann sie über Ausgang P3 und einen NPN-Transistor gesteuert werden. Ein Demo-Sketch könnte beispielsweise Hintergrundbeleuchtung des LCDs blinken lassen, wenn man das möchte. Ich halte es für sinnvoller, nur eine LED statt ein ganzes Display blinken zu lassen.

Ein solches I²C-zu-LCD-Module könnte auf einer Universalrasterplatine so aussehen:

Die I²C-Adresseinstellung wird mit dem dreifachen DIP-Schalter (und drei Widerständen) vorgenommen. Im Schaltplan sieht das so aus:

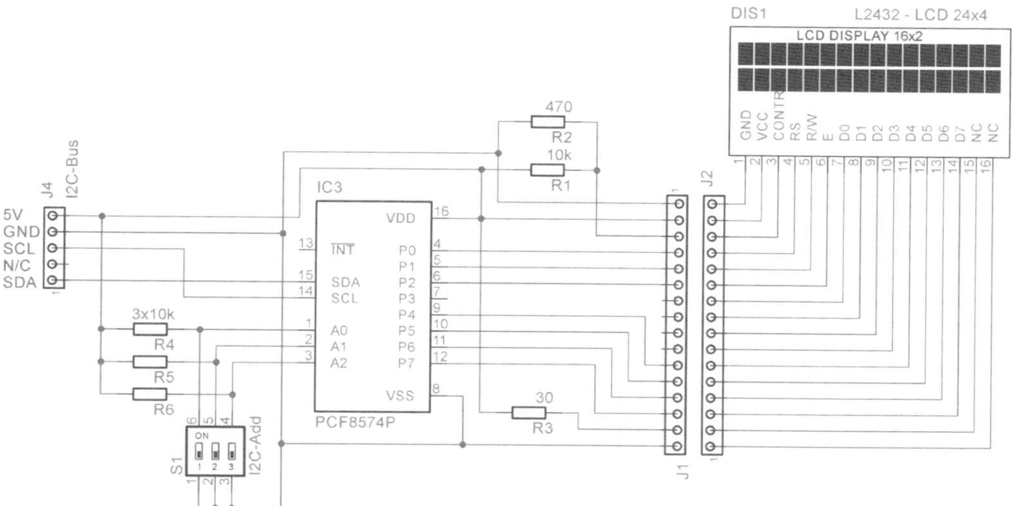

Mit dem Anschluss des DIP-Schalters an die Eingänge A0, A1 und A2 hat man die Möglichkeit, die Adresse beliebig (im erlaubten Bereich) zu definieren. Wie in der folgenden Tabelle beschrieben, stehen folgende I²C-Adressen zur Verfügung:

| A2 | A1 | A0 | I²C-Adresse [binär] | I²C-Adresse [HEX] | I²C Adresse [HEX - nach "Arduino-Slang"] |
|---|---|---|---|---|---|
| 0 | 0 | 0 | 0100 000xb | 0100 0000b = 40h | 0010 0000b = 20h |
| 0 | 0 | 1 | 0100 001xb | 0100 0010b = 42h | 0010 0001b = 21h |
| 0 | 1 | 0 | 0100 010xb | 0100 0100b = 44h | 0010 0010b = 22h |
| 0 | 1 | 1 | 0100 011xb | 0100 0110b = 46h | 0010 0011b = 23h |
| 1 | 0 | 0 | 0100 100xb | 0100 1000b = 48h | 0010 0100b = 24h |
| 1 | 0 | 1 | 0100 101xb | 0100 1010b = 4Ah | 0010 0101b = 25h |
| 1 | 1 | 0 | 0100 110xb | 0100 1100b = 4Ch | 0010 0110b = 26h |
| 1 | 1 | 1 | 0100 111xb | 0100 1110b = 4Eh | 0010 0111b = 27h |

## 5.5. Breakout Boards

Die „Breakout-Boards" für die einzelnen OneWire-Chips sind einfache Erweiterungen des OneWire-DemoBoards2020. Man kann sie einfach am DemoBoard einstecken, um ohne großen Aufwand mit den Chips experimentieren und die Funktionalität betrachten zu können.

In diesem Kapitel werden wir nicht nur sehen, wie man die unterstützten Chip-Familien mit dem OneWire-DemoBoard2020 bedienen kann, sondern auch, wie man Assembler-Routinen für die Bedienung der Chips in einer eigenen Anwendung gestalten kann.

Typischerweise verwenden die Breakout-Boards immer drei Anschlussleitungen: Vcc, I/O und GND, wobei die meisten nur GND und I/O verwenden. Als Steckverbinder habe ich einfach Buchsenleisten auf dem DemoBoard und Stiftleisten auf den Breakout-Boards gewählt. Dies ist günstig und stabil genug.

Die Pin-Belegung des Verbinders sieht so aus:

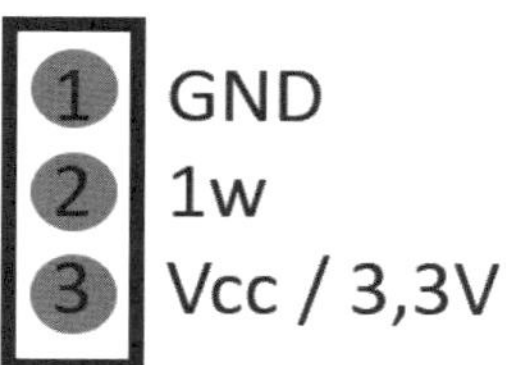


Damit man auch den Betrieb mit Parasit-Versorgung testen kann, sollte man einen „Zwischenstecker" bauen, der Vcc (an der Stiftleiste linke) offen lässt an der Buchsenleiste rechts Pin 3 mit GND verbindet:

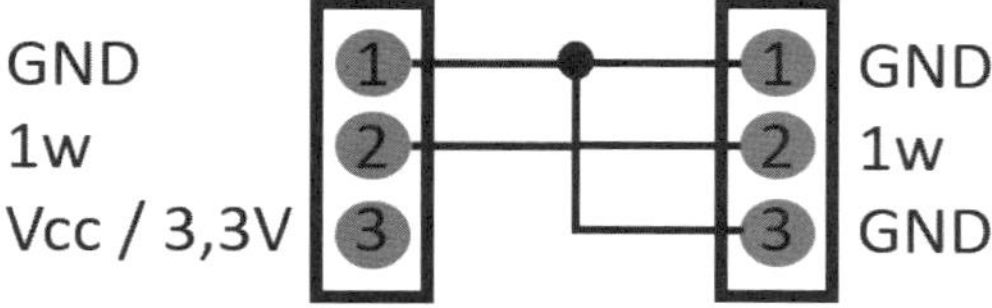

Auf einem kleinen Lochrasterabschnitt lässt sich das so realisieren:

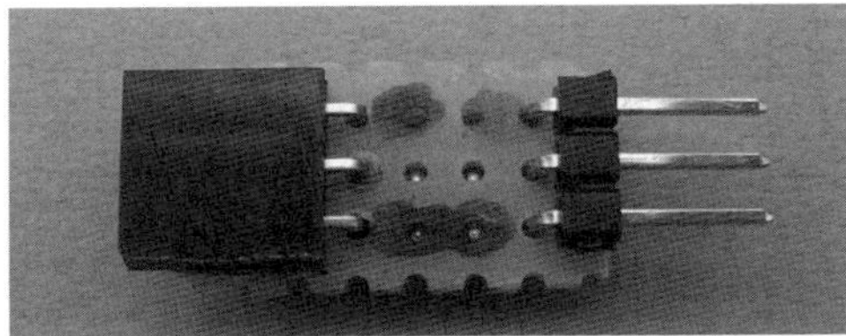
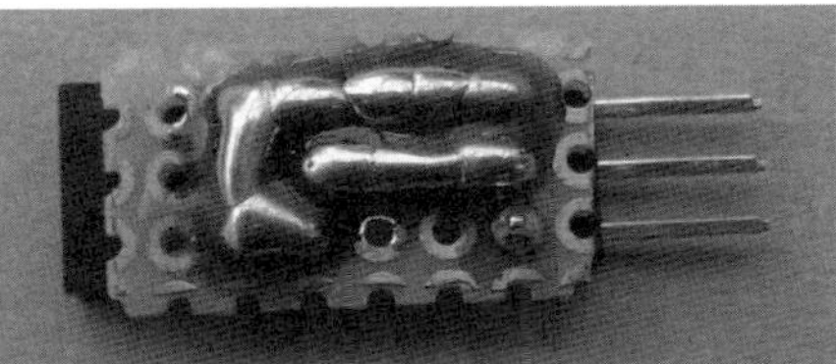

Mit der Gestaltung der „richtigen" Breakout Boards werden wir uns bei den einzelnen One-Wire-Chips beschäftigen.

### 5.6. Firmware des OneWire-DemoBoard2020

Die Firmware ist vollkomplett in Assembler geschrieben und kann (für nichtkommerzielle Zwecke) von der Elektor-Internetseite heruntergeladen werden.
Viele Subroutinen werden wir später in den Praxisbeispielen von Kapitel 7 wiederverwenden.

#### 5.6.1. Einleitung

Die Firmware ermöglicht es, mit den im Buch beschriebenen OneWire-Chips zu experimentieren und bietet auch die Möglichkeit, die Kommunikationsroutinen für eigene Anwendungen mit geringem Aufwand zu modifizieren.

Nach dem Start wird erst kurz die Firmware-Version dargestellt:

```
OneWire
Demo board 2020/01
Firmware 1.69
24.07.2019
```

Danach wird geschaut, ob es sich um eine Lite-Hardware oder das voll ausgestattete Demo-Board handelt. Diese Information wird auch angezeigt. Es geht eigentlich nur darum, ob die Firmware den Bridge-Chip DS2482-800 erkannt hat oder nicht.
Falls der DS2482-800 vorhanden ist, erscheint im Display:

```
DS2482-800: ok.
Registers:
DC: 00H / Stat: 18H
CS: B8H / Data: 00H
```

Danach wird noch kurz die Information über ausgewählten OneWire-Bus angezeigt (bei der Vollversion ist es immer IO0 des DS2482-800).

```
Active Channel: IO0
```

Fall der DS2482-800 nicht antwortet, entscheidet der Firmware, dass es sich um eine Lite-Hardware handelt:

```
Lite HW version
```

Für Lite-Version wird immer der Software-Bus ausgewählt (es gibt ja keinen anderen):

```
Active Channel: SW
IO=RB7
```

Das war der Start der Firmware, nun geht es weiter. Falls ein angeschlossener Chip (auf dem aktiven Bus) der Firmware nicht bekannt ist, wird dennoch ROM-ID angezeigt (mit Familiencode) und der Kommentar, dass der Chip nicht bekannt ist:

```
ROM code(CRC*SN):
98*00-00-03-B1-61-4C
Family code: 0B
Not known device
```

In einem solchen Fall stehen selbstverständlich auch keine Chip-Funktionen zur Verfügung.

Die vom DemoBoard verwendeten OneWire-Zugriffsroutinen sind immer zweigeteilt: Zugriff mit Hilfe des Dolmetschers ($I^2C$-zu-OneWire-Brücke) und reine Softwareimplementierung. Im Folgenden soll die Implementierung des Dolmetschers „HW-Implementierung", die Software-Implementierung einfach „SW-Implementierung" genannt werden.

Die Namen aller Subroutinen der HW-Variante (also mit Brücke) beginnen mit dem Präfix „ow_", die entsprechenden Softwareimplementierungsroutinen sind an dem Präfix „sow_" erkennbar.

### 5.6.2. HW-Implementierung des OneWire Protokolls

Die OneWire-Subroutinen kann man sehr einfach in eigene Anwendung übertragen - eigentlich (fast) immer mit „Copy & Paste". Man muss nur berücksichtigen, dass die Subroutinen den MSSP (Master Synchronous Serial Port) des PIC-Mikrocontrollers benötigen und selbstverständlich auch einen DS2482-100/-800-Chip. Ob man also wirklich eine Routine einfach nur kopieren kann oder doch ein wenig mehr modifizieren muss, hängt vom Ziel-Mikrocontroller ab. In jedem Fall braucht man sich nicht um die Taktung der Schnittstelle kümmern, weil diese durch den Einsatz der I²C-zu-OneWire-Brücke unabhängig vom PIC-Mikrocontroller ist. Das einzige, was unter Umständen im Timing angepasst werden muss, ist die Verzögerungsroutine „d55" - dazu kommen wir aber noch.

Für die OneWire-Kommunikation sind in der Firmware folgende Subroutinen implementiert:

| Subroutine | Parameter | | Funktionalität |
|---|---|---|---|
| | Input | Output | |
| ow_reset | - | - | OneWire Reset |
| ow_write | ow_buffer | - | Ein Byte vom Master zum Slave schicken |
| ow_write_spu | ow_buffer | - | Ein Byte vom Master zum Slave schicken - mit Strong Pull-Up |
| ow_write_bit | ow_buffer | - | Ein Bit vom Master zum Slave schicken (Bit 7 des ow_buffer) |
| ow_read | - | ow_buffer | Ein Byte vom Slave lesen |
| ow_triplet | | | Generierung von 3 Zeitfenstern für OneWire-Suche |

Die Subroutine ow_triplet wird in der Firmware nicht benutzt, da diese nur für OneWire-Suche notwendig ist. Die-OneWire Suche wird aber vom DemoBoard nicht benutzt.

Bei der Implementierung wird eine wichtige Verzögerungsroutine immer wieder eingesetzt, die in der Firmware den Namen „d55" trägt und so aussieht:

```
;----------------------------------------------------------------------
d55 movlw     D'255'
    movwf     TIMER2
d55_loop
    decfsz    TIMER2,F       ;0,5 µs / 8 MHz
    goto      d55_loop       ;1,0 µs / 8 MHz
    return
;----------------------------------------------------------------------
```

Diese Subroutine sorgt bei 8 MHz Taktung für eine Verzögerung von ungefähr 385 µs. Diese Verzögerung ist wichtig, denn bei mehreren HW-Routinen muss nach Erteilung des Befehls gewartet werden, damit die Arbeit der Dolmetschers nicht zu früh abgebrochen wird. Wenn man die Subroutinen in eine eigene Anwendung übernehmen möchte, sollte man diese Verzögerungsroutine entsprechend der Zielfrequenz des benutzten Mikrocontroller anpassen. Wenn beispielsweise der Controller auf 4 MHz läuft, könnte die Routine so aussehen:

```
;---------------------------------------------------------------------------
d55 movlw     D'128'
    movwf     TIMER2
d55_loop
    decfsz    TIMER2,F      ;0,5 µs / 4 MHz
    goto      d55_loop      ;1,0 µs / 4 MHz
    return
;---------------------------------------------------------------------------
```

Der einzige Unterschied liegt in der ersten Zeile - statt 255 haben wir 128 benutzt, was bedeutet, dass die Schleife nur 128-mal durchlaufen wird. Bei 8 MHz wäre die Verzögerung etwa 192 µs, bei einem 4-MHz-Taktung verursacht die Routine wunschgemäß wieder eine Pause von 385 µs.

Falls der Ziel-Mikrocontroller mit 16 MHz getaktet werden soll, muss die Routine „d55" nur zweimal aufgerufen werden, um die notwendige Verzögerung zu erzeugen.

Weil es sich um eine Implementierung des Protokolls mit Hilfe des Dolmetschers handelt, geht es eigentlich immer nur darum, den passenden Befehl zum Dolmetscher zu senden, gegebenenfalls mit zugehörigen Daten.

Die Befehle, die wir verwenden, sind für alle I²C-Dolmetscher-Chips identisch, so dass es keine Rolle spielt, ob ein DS2482-100, ein DS2482-800, ein DS2483 oder ein DS2484 eingesetzt wird. Die Subroutinen sind ohne Änderungen übertragbar.

In allen Subroutinen wird vorausgesetzt, dass die 7-Bit-I²C-Adresse des Dolmetschers 0011 000b lautet.

#### 5.6.2.1. OneWire Reset

Der Befehl zur I²C-zu-OneWire-Brücke für ein OneWire-Reset lautet B4h. Die zugehörige Subroutine könnte so aussehen:

```
;---------------------------------------------------------------------------
ow_reset
    call     i2c_start     ;(1) - I2C Start Bedingung
    movlw    B'00110000'   ;(2) - I2C Address of the brdige - write
    call     i2c_send
    movlw    H'B4'         ;(3) - command: 1-wire Reset
    call     i2c_send
    call     d55           ;(4.1) 1-wire timing
    call     d55           ;(4.2) 1-wire timing
    call     i2c_stop      ;(5) - I2C Stop Bedingung
    return
;---------------------------------------------------------------------------
```

Am Anfang (1) wird die I²C-Kommunikation gestartet. Danach (2) wird die I²C-Adresse des Bridge-Chips mit dem Schreib-Indikator (das letzte Bit des abgeschickten Bytes ist gleich Null) 0011 0000b gesendet. In diesen Moment erwartet der Dolmetscher schon einen Befehl. Deswegen schicken wir gleich in (3) B4h, woraufhin in (4.1) und (4.2) ein wenig abgewartet wird, bis der Befehl ausgeführt wird. Diese Wartezeit kann sicherlich optimiert (sprich: auf das notwendige Minimum verkürzt) werden, aber für unsere Demos und eigentlich auch für die meisten Endanwendungen ist diese Vorgehensweise akzeptabel. Zum Schluss (5) wird dann noch die Stopp-Bedingung abgesetzt. Damit ist die I²C-Kommunikation beendet und der OneWire-Reset durchgeführt.

#### 5.6.2.2. OneWire Write

Um ein Byte über die OneWire-Schnittstelle vom Master zum Slave zu schicken, muss man den Befehl A5h erteilen.

Die ow_write Implementierung in der Firmware des OneWire-DemoBoard2020 sieht so aus:

```
;---------------------------------------------------------------------------
ow_write
    call     i2c_start     ;(1) - I2C Start Bedingung
    movlw    B'00110000'   ;(2) - I2C Address of the brdige + write
    call     i2c_send
    movlw    H'A5'         ;(3) - command: 1-wire Write Byte
    call     i2c_send
    movf     ow_buffer,0
    call     i2c_send      ;(4) - byte to be written to 1-wire bus
    call     d55           ;(5.1) - 1-wire timing
    call     d55           ;(5.2) - 1-wire timing
    call     i2c_stop      ;(6) - I2C Stop Bedingung
    return
;---------------------------------------------------------------------------
```

Die Ähnlichkeit mit der Subroutine ow_reset ist augenfällig.

Am Anfang (1) wird auch hier die I²C-Kommunikation angestoßen und anschließend (2) die I²C-Adresse 0011 0000b des Dolmetschers mit Schreibindikation geschickt. Danach (3) wird der Befehl „OneWire Write" A5h erteilt. Jetzt erwartet der Dolmetscher das Byte, das geschrieben werden soll. Also schicken wir den Inhalt des Speicherplatzes ow_buffer ab (4). Ähnlich wie vorher warten wir auch hier eine Weile ab (5.1 und 5.2) und beenden die I²C-Kommunikation (6).

### 5.6.2.3. OneWire Write mit Strong Pull-Up

Die Implementierung von OneWire Write mit Strong Pull-Up ist ein wenig komplizierter, da wir zwei verschiedene Befehle hintereinander senden müssen.

Die (mögliche) Umsetzung in Assembler sieht so aus:

```
;--------------------------------------------------------------------------
ow_write_spu
;Part A - Activate SPU for next operation
    call     i2c_start     ;(A1) - I2C Start Bedingung
    movlw    B'00110000'   ;(A2) - I2C Address of the brdige + write
    call     i2c_send
    movlw    H'D2'         ;(A3) - command: Write Device Configuration
    call     i2c_send
    movlw    B'10110100'   ;(A4) - activate SPU bit of configuration register
    call     i2c_send
    call     d55           ;(A5) - 1-wire timing
    call     i2c_stop      ;(A6) - I2C Stop Bedingung
;--------------------------------------------------------------------------
;Part B - OneWire Write
    call     i2c_start     ;(B1) - I2C Start Bedingung
    movlw    B'00110000'   ;(B2) - I2C Address of the brdige + write
    call     i2c_send
    movlw    H'A5'         ;(B3) - command: 1-wire Write Byte
    call     i2c_send
    movf     ow_buffer,0   ;(B4) - byte to be written to 1-wire bus
    call     i2c_send
    call     d55           ;(B5.1) - 1-wire timing
    call     d55           ;(B5.2) - 1-wire timing
    call     i2c_stop      ;(B6) - I2C Stop Bedingung
    return
;--------------------------------------------------------------------------
```

In dieser Subroutine können wir zwei ähnliche Abschnitte erkennen. In Teil A wird der Strong Pull-Up aktiviert, in Teil B dann „ganz normal" der Befehl OneWire Write erteilt.

Aus der Sicht der I²C-Kommunikation werden wir jetzt nichts Neues lernen, so dass wir den Code schnell abhandeln können.

**Teil A:**
Am Anfang (A1) wird die I²C-Kommunikation mit der Startbedingung angestoßen und danach (A2) der Bridge-Chip mit der Schreibadresse 0011 0000b adressiert. Um die Funktion Strong Pull-Up zu aktivieren, müssen wir das Konfigurations-Wort in den Brücken-Chip schreiben. Für den Strong Pull-Up muss Bit 6 auf null gesetzt werden. Dies hat zur Folge, dass beim nächsten Write-Befehl der Strong Pull-Up aktiviert ist. Doch zunächst wird der Befehl D2h gesendet (A3), der besagt, dass das nächste Byte (A4) im Konfigurationsregister des Bridge-Chips gespeichert werden soll. Danach (A5) warten wir kurz ab und beenden die I²C-Kommunikation (A6). Damit ist die Vorbereitung abgeschlossen.

**Teil B:**
Dieser Teil ist eigentlich identisch mit der oben beschriebenen Subroutine ow_write. Der Befehl (A5h) ist ebenfalls identisch, nur haben wir vorher in Teil A den Strong Pull-Up aktiviert.

Nachdem der Befehl OneWire Write durchgeführt ist, wird das zugehörige Bit des Konfigurationsregisters automatisch auf eins zurückgesetzt.

### 5.6.2.4. OneWire Write Bit

Die Subroutine ow_write_bit ist fast identisch mit der Subroutine ow_write. Wenn wir die beiden Routinen vergleichen, stellen wir zwei Unterschiede fest:

- statt des Befehls A5h (OneWire Write Byte) wird im Schritt (3) der Befehl 87h (OneWire Write Bit) erteilt;
- die Warteschritte (5.1) und (5.2) fehlen hier, da wir hier nur ein einziges Bit auf Reisen schicken, was relativ schnell geht.

Die Subroutine sieht so aus:

```
;---------------------------------------------------------------------------
ow_write_bit
    call     i2c_start     ;(1) - I2C Start Bedingung
    movlw    B'00110000'   ;(2) - I2C Address of the brdige + write
    call     i2c_send
    movlw    H'87'         ;(3) - command: 1-wire Write Bit
    call     i2c_send
    movf     ow_buffer,0
    call     i2c_send      ;(4) - byte to be written to 1-wire bus
    call     i2c_stop      ;(5) - I2C Stop Bedingung
    return
;---------------------------------------------------------------------------
```

Als Ausgangspuffer wird wieder die Variable ow_buffer verwendet, wobei das MSB des Bytes (Bit 7) abgeschickt wird. Der Inhalt der anderen Bits wird ignoriert.

### 5.6.2.5. OneWire Read

Die letzte Subroutine, die wir an dieser Stelle vorstellen, ist ow_read zum Auslesen eines Bytes. Die Subroutine sieht so aus:

```
;---------------------------------------------------------------------------
ow_read
    call      i2c_start        ;(1) - I2C Start Bedingung
    movlw     B'00110000'      ;(2) - 2C Address of the brdige + write
    call      i2c_send
    movlw     H'96'            ;(3) - command: 1-wire Read Byte
    call      i2c_send
    call      d55            ;(4.1) - 1-wire timing
    call      d55            ;(4.2) - 1-wire timing
    call      i2c_stop       ;(5)   - I2C Stop Bedingung
    call      d55            ;(6.1) - 1-wire timing
    call      d55            ;(6.2) - 1-wire timing
    call      ds2484_da_read

    movf      ds2484_data,0   ;(7) - received Byte will be stored to ow_buffer
    movwf     ow_buffer
    return
;---------------------------------------------------------------------------
```

Am Anfang wird, wie wir es schon gewöhnt sind, die I²C-Kommunikation gestartet (1). Danach (2) wird die I²C-Adresse des Brücken-Chips und dann (3) der Befehl OneWire Read Byte (96h) gesendet. Jetzt (4.1 und 4.2) wird kurz gewartet und dann (5) die Stopp-Bedingung zum Beenden der I²C-Kommunikation abgeschickt. Dann warten wir wieder kurz ab (6.1 und 6.2) und lesen gleich danach (7) das Datenregister des Bridge-Chips aus. In diesem Register befindet sich das empfangene Byte, das in die Variable ow_buffer gespeichert wird. Die Lese-Subroutine ist damit beendet.

## 5.6.3. Software-Implementierung des OneWire-Protokolls

Für unsere Praxisbeispiele und auch für eigene Projekte ist die Software-Implementierung des OneWire-Protokolls ein wesentlicher Teil der Firmware. Man kann die zugehörigen OneWire-Routinen einfach in die eigene Software hineinkopieren. Deswegen soll dieser Firmware-Abschnitt hier kurz beschrieben werden.

Im Gegensatz zur Hardwarelösung, in der sich der Brücken-Chip um das korrekte Timing kümmert, ist es bei der Softwareimplementierung sehr wichtig, die Zeitabläufe des Protokolls zu kennen.

Bei allen Subroutinen muss man immer daran denken, wie die beide Bezeichnungen SOW_out und SOW_in festgelegt worden sind: SOW_out steht für TRISB, D'007' und SOW_in für PORTB, D'007'. Die OneWire-Leitung ist beim DemoBoard mit dem Portpin RB7 realisiert.

#### 5.6.3.1. Definitionen und Verzögerungsroutinen

Die Verzögerungsroutinen sind für die Softwareimplementierung des OneWire-Protokolls überlebenswichtig, jedoch sehr einfach aufgebaut. Es gibt verschiedene Routinen mit verschiedenen Verzögerungszeiten, die später in einzelnen Protokollschritten Verwendung finden.

Ich werde hier nur an zwei Beispiele zeigen, wie diese Subroutinen aufgebaut sind. Alle Subroutinen sind für den PIC-Mikrocontroller mit 8-MHz-Takt geschrieben.

Folgende Subroutine erzeugt eine Verzögerung von 7,5 µs:

```
;--------------------------------------------------------------------
wait_007p5us
    nop       ;0,5us
    nop       ;0,5us
    nop       ;0,5us
    nop       ;0,5us
    nop       ;0,5us

    nop       ;0,5us
    nop       ;0,5us
    nop       ;0,5us
    nop       ;0,5us
    nop       ;0,5us

    nop       ;0,5us
    nop       ;0,5us
    nop       ;0,5us

    return      ;1,0us
;--------------------------------------------------------------------
```

Jeder NOP-Befehl „kostet" eine Zeit von 0,5 µs. Bei 13 Nop-Befehlen wären dies 13x0,5 µs = 6,5 µs. Dazu kommt noch RETURN, was mit 1 µs zu Buche schlägt. So kommen wir ziemlich genau auf 7,5 µs.

Wenn man eine Verzögerung von 500 µs erzeugen möchte, ruft man die 7,5-µs-Verzögerungsroutine einfach 50-mal auf. Wieso 50-mal? Stimmt die Mathematik (50 x 7,5 µs = 375 µs) nicht mehr? Doch es ist einfach einzusehen, wenn man die Routine betrachtet:

```
;----------------------------------------------------------------------------
wait_500us
    movlw   D'050'
    movwf   TIMER1
w5mn
    call     wait_007p5us   ;1,0us
    decfsz   TIMER1,1       ;0,5us
    goto     w5mn           ;1,0us
    return
;----------------------------------------------------------------------------
```

Im Listing steht zwar, dass die 7,5-µs-Verzögerungsroutine 50-mal aufgerufen wird, aber die „Verwaltung" der Schleife und der Aufruf selbst kosten auch Zeit, nämlich pro Durchlauf weitere 2,5 µs. Damit kommen wir auf 10 µs pro Durchlauf und 500 µs bei 50 Durchläufen. Alle anderen Verzögerungssubroutinen sind ebenfalls nach diesem Muster aufgebaut.

### 5.6.3.2. OneWire Reset

Der OneWire-Reset ist der Anfang jeder OneWire-Kommunikation. Die Gesamtdauer des Vorgangs liegt bei fast 1 ms. Am Anfang wird die OneWire-Leitung vom Master für 480 µs auf null gesetzt und danach wieder freigegeben. Nach der Freigabe der Leitung wartet der Master ungefähr 70 µs und tastet dann die Leitung ab (Master Sample). Falls sich mindestens ein Slave gemeldet hat, ist die Leistung durch den Presence-Impuls des/der Slaves null. Falls die Leitung aber eins ist, ist kein Presence-Impuls eines Slaves erfolgt, so dass anzunehmen ist, dass kein OneWire-Slave am Bus vorhanden ist.

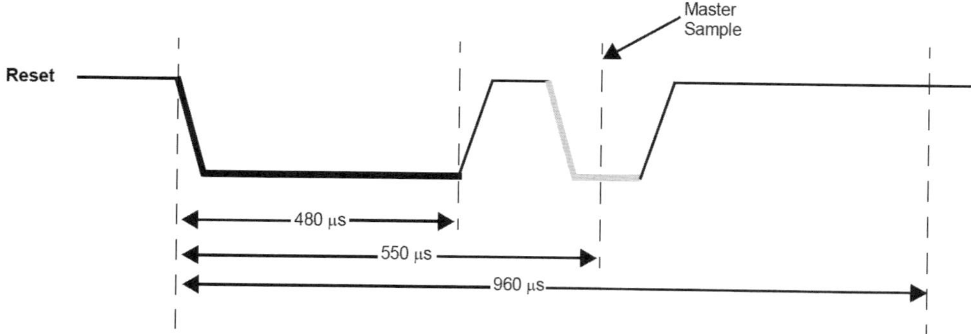

Ein Implementierung der Subroutine OneWire Reset könnte in Assembler so aussehen:

```
;-----------------------------------------------------------------------------
; SOW_out     TRISB,D'007'
; SOW_in      PORTB,D'007'
;-----------------------------------------------------------------------------
sow_reset
    bcf     SOW_in        ;(1) - Set the Output to 0
    bsf     SOW_out       ;(2) - Set OneWire Line to 1
    nop                   ;(3) - Wait shortly (0,5 µs)
    bcf     SOW_out       ;(4) - Set OneWire Line to 0
    call    wait_500us    ;(5) - Wait 500 µs
    bsf     SOW_out       ;(6) - Set OneWire Line to 1
    call    wait_070us    ;(7) - Wait 70 µs
;
    btfss   SOW_in        ;(8) - if no presence pulse on the line - skip over
    nop                   ;(9) - here we got Presence Pulse
;
    call    wait_430us    ;(10) - Wait 430 µs
    return                ;(11) - Done
;-----------------------------------------------------------------------------
```

Am Anfang (1) wird die OneWire-Leitung intern (innerhalb des PICs) auf null gesetzt. Dieser Pegel wird später an RB7 „publiziert".

In nächsten Schritt (2) wird die Leitung „freigegeben", sprich, durch den Pull-up-Widerstand auf eins gesetzt. Dann (3) warten wir kurz ab. Damit ist die Vorbereitungsphase abgeschlossen.

In nächsten Schritt (4) wird die OneWire-Leitung aktiv auf null gesetzt und 500 µs gewartet (5). Im Schritt (6) wird die Leitung wieder freigegeben und es werden weitere 70 µs gewartet (7). Dann ist es an der Zeit, nach einem Presence-Impuls zu schauen. Der Firmware macht davon allerdings keinen Gebrauch, aber die Möglichkeit ist in der Subroutine angedeutet: Der Schritt (8) sorgt dafür, dass die Erkennung des Presenz-Impulses (9) übersprungen wird. Die Bearbeitung selber ist hier nur mit einem NOP implementiert. Der Firmware ignoriert also das Vorhandensein (k)eines Presenzimpulses.

Zum Schluss (10) warten wir noch 430 µs ab, dann ist die Bearbeitung abgeschlossen (11).

### 5.6.3.3. OneWire Write Byte

Ein Byte über OneWire Schnittstelle abzuschicken (zu schreiben) ist nichts anderes, als achtmal den Befehl Write Bit zu erteilen. Dabei gilt es zwei Fälle zu unterscheiden, ob nämlich eine Null oder eine Eins geschickt wird.

**OneWire Write Bit 0**

Der Zeitablauf von OneWire Write Bit 0 ist eigentlich sehr einfach. Die Leitung wird auf null gesetzt und 60 µs gewartet. Danach kommt die „Pflichtpause" von 10 µs und damit ist die Übertragung einer null schon abgeschlossen.

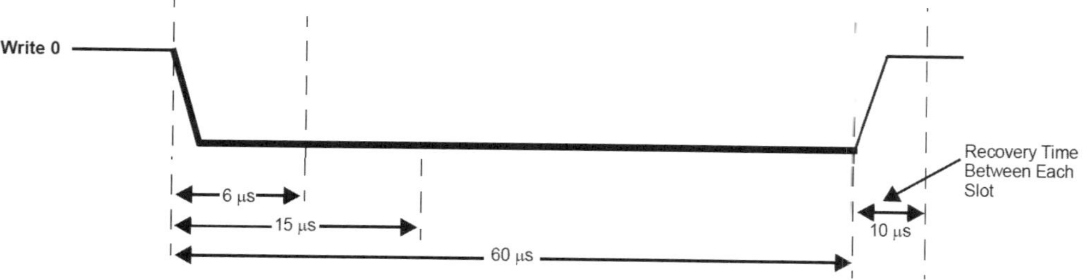


Die zugehörige Assembler-Subroutine ist auch dementsprechend einfach:

```
;------------------------------------------------------------------------
; SOW_out   TRISB,D'007'
; SOW_in      PORTB,D'007'
;------------------------------------------------------------------------
sow_write_0
    bcf     SOW_out         ;(1) - Set OneWire Line to 0
    call    wait_060us      ;(2) - Wait 60 µs
    bsf     SOW_out         ;(3) - Set OneWire Line to 1
    return
;------------------------------------------------------------------------
```

Die ganze Subroutine macht nichts anderes, als die OneWire-Leitung für 60 µs auf null zu halten. Am Anfang (1) wird die null ausgegeben, danach (2) warten wir 60 µs und zum Schluss (4) wird die Leitung wieder freigegeben. Damit ist eine null gesendet.

**OneWire Write Bit 1**

Soll das Bit eins sein, ist es ein wenig spannender, aber nicht viel. Am Anfang wird die Leitung vom Master für ungefähr 6 µs auf null gesetzt, dann freigegeben und weitere 54 µs gewartet (das ist die Eins, die gesendet wird). Es folgen noch 10 µs Recovery-Zeit, dann ist die Angelegenheit beendet.

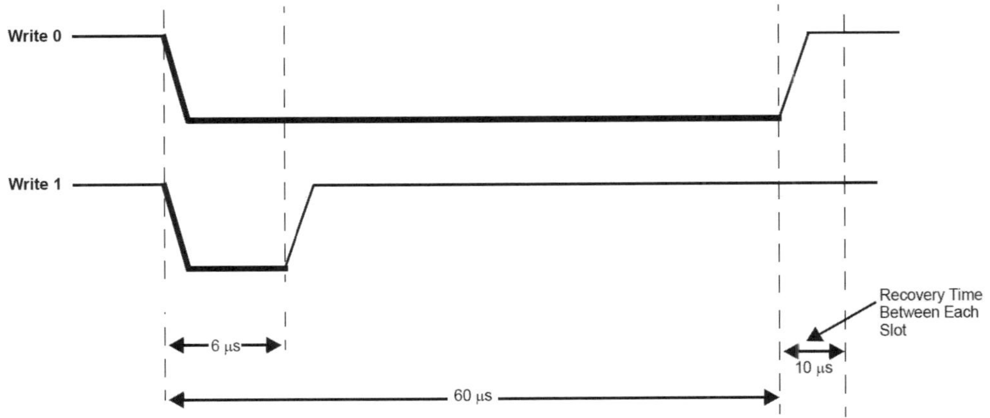


In der Firmware sieht die Implementierung folgendermaßen aus:

```
;----------------------------------------------------------------------------
; SOW_out      TRISB,D'007'
; SOW_in       PORTB,D'007'
;----------------------------------------------------------------------------
sow_write_1
   bcf     SOW_out     ;(1) - Set OneWire Line to 0

   nop                 ;(2.1) - Wait for 0,5 µs
   nop                 ;(2.2) - Wait for 0,5 µs
   nop                 ;(2.3) - Wait for 0,5 µs

   bsf     SOW_out     ;(3)   - Set OneWire Line to 1
   call    wait_050us  ;(4.1) - Wait for 50 µs
   nop                 ;(4.2) - Wait for 0,5 µs
   nop                 ;(4.3) - Wait for 0,5 µs
   nop                 ;(4.4) - Wait for 0,5 µs
   nop                 ;(4.5) - Wait for 0,5 µs
   nop                 ;(4.6) - Wait for 0,5 µs
   nop                 ;(4.7) - Wait for 0,5 µs
   nop                 ;(4.8) - Wait for 0,5 µs
   nop                 ;(4.9) - Wait for 0,5 µs
   return
;----------------------------------------------------------------------------
```

Gleich am Anfang (1) wird die Leitung auf null gesetzt. Dann wird 1,5 µs abgewartet (2.1 - 2.3) und die Leitung wieder freigegeben (3), um die Eins zu signalisieren. Die Wartezeit von 1,5 µs ist trotz gegenteiliger Definition ausreichend; bei allen von mir getesteten Chips funktionierte das Intervall einwandfrei.

Nach der Freigabe warten wir weitere etwa 55 µs (4.1 - 4.9), dann ist die Übertragung der eins abgeschlossen.

**OneWire Write Byte**

Kommen wir jetzt zur Übertragung eines Byte. Wenn schon das Senden von Bits (null und eins) so einfach war, ist der Weg zum Senden eines ganzen Bytes nicht schwieriger. Das Byte, der wir senden wollen, wird in der Variable ow_buffer erwartet.

Die Implementierung in der DemoBoard-Firmware ist folgende:

```
;-----------------------------------------------------------------------
; SOW_out      TRISB,D'007'
; SOW_in       PORTB,D'007'
;-----------------------------------------------------------------------
sow_write
    movlw D'008'             ;(1) - Number of Bits to be transferred
sow_write_b2
    movwf TIMER2             ;(2) - Variable to observe number of Bits left for
                                    transmission
    bcf   SOW_in             ;(3) - "Prepare the Zero"
sow_write_loop
    rrcf    ow_buffer,1      ;(4) - Rotate Right through Carry - the bit to
                                    be send is moved do Carry Flag of Status
                                    Register
    btfsc   STATUS,C
    call    sow_write_1      ;(5) - Send Bit 1
    btfss   STATUS,C
    call    sow_write_0      ;(6) - Send Bit 0
;------------------------------------------------------------
    call    wait_005us       ;(7) - the rest of Recovery Time
;------------------------------------------------------------
    decfsz  TIMER2,1         ;(8) - one Bit has been Send
    goto    sow_write_loop   ;(9) - Send next Bit
    return                   ;(10)
;-----------------------------------------------------------------------
```

Am Anfang (1) und (2) wird in einem Zähler mit der Variablen TIMER festgelegt, wie viele Bits wir abschicken möchten, für ein Byte sind es immer acht. Danach (3) wird für spätere Aufgaben eine null intern vorbereitet.

Danach (4) wird das erste Bit, das man senden will, in das Carry Bit des Status Register übertragen. Basierend auf dem Bitwert (null oder eins) wird dann die Subroutine für das Senden einer Eins (5) oder einer Null (6) aufgerufen.

Das erste gesendete Bit ist übrigens das LSB (Bit 0), das letzte das MSB (Bit 7).

Wir warten dann kurz ab (7); damit die Recovery Time erfüllt ist und verringern den Zählerstand um eins (8). Die Firmware springt immer wieder zurück zu Schritt (4), solange die acht Bits nicht vollständig übertragen wurden. Erst wenn alle Bits gesendet worden sind, ist die Übertragung des Bytes abgeschlossen und die Subroutine kann beendet werden (10).

### 5.6.3.4. OneWire SPU-Write

Der OneWire Strong-Pull-Up Write wird sehr einfach durch den Aufruf der Subroutine sow_write realisiert.

```
;---------------------------------------------------------------------------
sow_spu_write
    goto    sow_write
;---------------------------------------------------------------------------
```

Dies ist möglich, weil in der Hardware der Pull-Up-Widerstand einen deutlich geringeren Widerstand besitzt als üblich. Man braucht auch keine Zusatzhardware (zum Beispiel in Form eines Transistors), die sich um die „Zufuhr" von Energie kümmert.

### 5.6.3.5. OneWire Write Bit

Ein Bit abzuschicken, ist wirklich trivial, weil schon alle Subroutinen parat stehen.

```
;---------------------------------------------------------------------------
sow_write_bit
    movlw   D'001'          ;(1) - number of bit to be send
    goto    sow_write_b2    ;(2) - execute "write_byte" routine
;---------------------------------------------------------------------------
```

Man kann entweder direkt die Subrutine sow_write_1, beziehungsweise sow_write_0 oder - wie es die Firmware umsetzt - die Subroutine für das Senden eines Bytes mit leicht geänderten Parametern aufrufen. Die Änderung der Parameter besteht darin, die Anzahl der Bits auf eins zu setzen (1). Danach lässt sich ganz einfach die Subroutine für das Senden eines Byte wiederverwenden.

### 5.6.3.6. OneWire Read

Der Lesevorgang ist vergleichbar mit dem Schreibvorgang. Der Master initiiert die Übertragung eines jeden Bits mit einem 6 µs breiten Impuls. Dann wird gewartet, ob der Slave die Leitung auf null zieht oder nicht. Wenn die Leitung vom Slave auf null gesetzt wird, bedeutet dies, dass eine null an den Master geschickt wurde. Der Vorgang der Bitübertragung wird für ein Byte achtmal wiederholt.

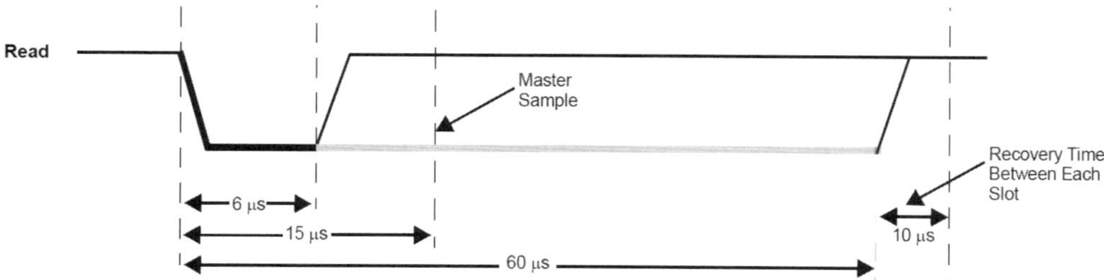


Was die Steuerung der Leitung angeht, ist der Lesevorgang für den Master fast identisch mit dem Vorgang „Schreibe eins". Der Unterschied ist nur, dass der Master nach vordefinierter Zeit die Leitung abtastet, um zu sehen, ob eine Eins oder eine Null gesendet wurde. Die Implementierung in der Firmware sieht so aus:

```
;--------------------------------------------------------------------------
; SOW_out     TRISB,D'007'
; SOW_in      PORTB,D'007'
;--------------------------------------------------------------------------
sow_read movlw D'008'
   movwf TIMER2           ;(1) - Receive 8 Bits
   bcf   SOW_in           ;(2) - Preprare the 0 for the OneWire Line
sow_read_loop
   bcf   SOW_out          ;(3) - Set OneWire Line to 0
;(4) - wait in total 6us with NOP-commands ;(4)
   nop                  ;(4.1) - Wait for 0,5 µs
   nop                  ;(4.2) - Wait for 0,5 µs
   nop                  ;(4.3) - Wait for 0,5 µs
   nop                  ;(4.4) - Wait for 0,5 µs
   nop                  ;(4.5) - Wait for 0,5 µs
   nop                  ;(4.6) - Wait for 0,5 µs

   nop                  ;(4.7) - Wait for 0,5 µs
   nop                  ;(4.8) - Wait for 0,5 µs
   nop                  ;(4.9) - Wait for 0,5 µs
   nop                  ;(4.10) - Wait for 0,5 µs
   nop                  ;(4.11) - Wait for 0,5 µs
   nop                  ;(4.12) - Wait for 0,5 µs
;--------------------------------------------
   bsf   SOW_out        ;(5) - Set the OneWire Line to 1
   call   wait_005us ;(6) - Wait 5 µs
   clrf   TIMER1          ;(7) - TIMER1 is used as input buffer for
                                receiving Bit
   btfsc  SOW_in          ;(8) - if the OneWire Line is still on Zero - Skip
                                next Instruction
   bsf   TIMER1,D'000'    ;(9) - the line was on 1 - set the Bit 0 of TIMER1
                                to 1
```

```
        movf    TIMER1,0        ;(10) - Load TIMER1 to W-Register
        addlw D'255'            ;(11) - Add 255 to W-Register - if the received
                                        Bit was 1 - the Carry Bit of Status
                                        register will be set
        rrcf    ow_buffer,1     ;(12) - Load the Carry Bit to the output Buffer
        call    wait_050us      ;(13) - wait for 50 µs
;---------------------------------------------------------------
        call    wait_005us      ;(14) - the rest of Recovery Time
;---------------------------------------------------------------
        decfsz  TIMER2,1        ;(15) - one Bit has been Received
        goto    sow_read_loop   ;(16) - Receive next Bit

        movf    ow_buffer,0     ;(17) - Load the Output Buffer to W-Register
        return                  ;(18)
;----------------------------------------------------------------------------
```

Ich glaube, auf eine detaillierte Beschreibung dieser Subroutine kann man hier verzichten. Deshalb nur in Kurzfurze Fassung:

Die Schritte (1) bis (4) erzeugen für die vorgeschriebenen 6 µs die Null auf der Leitung. Danach (5) wird die Leitung freigegeben und weitere 5 µs abgewartet (6). Die Variable TIMER1 wird als Eingangspuffer für der Empfang eines Bits verwendet und in Schritt (7) auf null gesetzt. Im Schritt (8) wird die OneWire-Leitung abgetastet: Falls die Leitung auf null „steht", wird der Schritt (9) übersprungen, ist die Leitung eins, wird der Schritt (9) ausgeführt und das LSB von TIMER1 auf eins gesetzt. Wenn die Schritte (8) und (9) beendet sind, steht im LSB von TIMER1 der aktuelle Wert der Leitung. Die Schritte (10) bis (12) sorgen dafür, dass dieses Bit in den Ausgangspuffer (ow_buffer) geschoben wird. Die Schritte (13) und (14) warten noch insgesamt weitere 55 µs ab, dann wird das nächstes Bit gelesen. Wenn alle acht Bits gelesen sind, werden der Puffer in das W-Register kopiert (17) und die Subroutine beendet (18).

### 5.6.4. Grundlagen und Implementierung des I²C Protokolls

Wir versuchen an dieser Stelle, eine Brücke von OneWire zum I²C zu schlagen. Aber warum sollte man sich überhaupt mit „Brücken zwischen verschiedenen Kommunikationsprotokollen" beschäftigen? Nun ja, jedes Protokoll hat seine Vor- und Nachteile. Wenn wir nur OneWire und I²C betrachten: Der Hauptvorteil des OneWire-Protokolls ist seine Schlichtheit. Die Hardware besteht aus einem Draht, mit dem man relativ große Distanzen überbrücken kann. Anderseits ist die Übertragungsgeschwindigkeit nicht gerade die höchste. Dies ist aber nicht der Grund für eine Brücke zu I²C, sondern die Vielfalt der Peripheriebauteile, die die I²C-Welt bietet. Es gibt sehr viele RTCs, Thermometer, Hygrometer, MEM-Sensoren, GPIO, Flash, EEPROM, SRAM, EERAM, A/D, D/A, LED-Treiber und so weiter. Damit verglichen ist die Auswahl an OneWire Slave-Chips doch stark eigenschränkt. Falls also die OneWire-Slaves nicht ausreichen, kann man ruhig zu I²C greifen. Um einen solchen I²C-Chip über den OneWire Bus bedienen zu können, brauchen wir eine Brücke, und zwar in die andere als die bisher beschriebene Richtung. Denn hier geht darum, einen I²C-Slave an den OneWire-Bus anzuschließen.

Damit wir sich mit dieser Materie beschäftigen können, müssen wir zumindest die Grundlagen des $I^2C$-Protokolls kennenlernen.

Ich will hier nicht das gesamte $I^2C$-Protokoll in allen Einzelheiten beschreiben, sondern nur ein paar Grundlagen beleuchten, die wir für die Kommunikation vom Master zum Slave benötigen, um ein paar Beispielexperimente mit GPIO-Chips aufbauen zu können.

In einem kurzen Überblick sind die wichtigsten Merkmale des $I^2C$-Protokolls folgende:

- es gibt Master und Slaves
- es kann mehrere Slaves geben und mehrere Master, obwohl normalerweise nur ein Master vorhanden ist
- die Slave-Chips werden mit ihrer eigenen Adresse angesprochen
- die Adresse ist entweder sieben oder acht Bit lang
- die Datenübertragung findet in beide Richtungen statt
- es gibt eine Datenleitung (serial data, SDA) und eine Taktleitung (serial clock, SCL), um die Daten synchron zu übertragen
- Hardwaremäßig sind die beide Leitungen in Open-Collector-Topologie aufgebaut
- SDA wird vom Master oder vom Slave gesteuert
- SCL wird immer vom Master gesteuert
- Der maximale SCL-Takt beträgt 100 kHz, 400 kHz oder mehr, es gibt aber keine Untergrenze.

Weil wir später Teile des $I^2C$ Protokolls in Software umsetzen möchten, werden wir zwei Aspekte der $I^2C$-Kommunikation beschreiben:

- die logische Ebene
- die technische Ebene

Bei der logischen Ebene wird es darum gehen, wie die Kommunikation logisch aufgebaut wird, also zum Beispiel wie man eine Übertragungssequenz startet und beendet und wie man feststellt, in welche Richtung kommuniziert wird.

Damit wir kommunizieren können und das Protokoll softwaremäßig umsetzen können, müssen wir auch wissen, wie die Kommunikation selbst definiert ist. Bei der technischen Ebene geht es also um Timing und das Zusammenspiel von Takt- und Daten-Leitung.

### 5.6.4.1. Logische Ebene

Bei I²C handelt sich es um eine synchrone Serielle Schnittstelle. Für die Datenübertragung werden zwei Leitungen benötigt: das Taktsignal SCL und die Datenleitung SDA. Und selbstverständlich auch noch GND. Auf dem Bus gibt es immer einen (oder mehrere) Master und ein oder mehrere Slave-Chips. Der Master generiert immer das Taktsignal. Die Frequenz des Takts liegt standardmäßig bei 100 kHz, im „Fast Mode" 400 kHz. Es gibt es auch höhere Übertragungsraten (bis 5 MHz!), die vor allem bei Übertragung sehr vieler Daten verwendet werden, die meisten verfügbaren Chips unterstützen aber nur die Taktung bis 400 kHz. Mit dem Multimaster-Modus werden wir uns hier nicht beschäftigen. Wenn wir diese Möglichkeit also weglassen, sieht eine Schaltung mit I²C-Bus prinzipiell immer so aus:

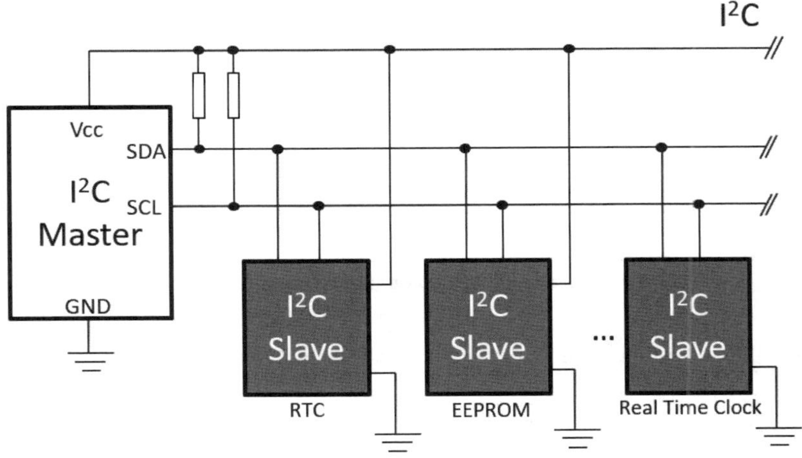


Der Master kontrolliert die Kommunikation auf dem I²C-Bus. Dabei wird das Taktsignal immer vom Master generiert. Die SCL-Leitung ist also eine „Einbahnstraße" vom Master zu den Slaves. Durch die Datenleitung SDA fließen die Daten in beiden Richtungen (also vom Master zu den Slaves oder von einem Slave zum Master).

Weil I²C ursprünglich für die Kommunikation zwischen ICs auf einer Platine oder in einer Schaltung entwickelt wurde, ist auch hier die Übertragungsrate, verglichen mit anderen Netzwerkprotokollen, nicht besonders hoch, aber für die meisten für uns interessanten Anwendungen vollkommen ausreichend. Wenn man eine Temperaturinformation oder Zeitinformation lesen möchte, es ist normalerweise nicht kritisch, ob die Handvoll Bytes mit einer Geschwindigkeit von 100 Bits pro Sekunde übertragen werden oder vielleicht 100 MBytes pro Sekunde.

Für die I²C-Kommunikation ist es wichtig, dass jeder Chip auf dem Bus eine I²C-Adresse besitzt. Diese Adresse kann entweder 7 Bit (der Standardfall, mit dem wir uns beschäftigen wollen) oder 10 Bit lang sein. Die I²C-Adressen sind aber nicht unbedingt eindeutig, wobei es normalerweise sinnvoll ist, wenn sich auf dem Bus pro I²C-Adresse immer nur ein Slave befindet.

Man kann anhand der I²C-Adresse zwar nicht eindeutig sagen, um welchen Baustein es sich handelt, es gibt aber einige Adressbereiche, die Slaves eines Typus typischerweise verwenden. Ein paar Beispiele kann man folgender Tabelle entnehmen. Die LSB-"xe" der Adressen besagen, dass man diese Bits für die einzelnen Chips (manchmal) frei konfigurieren kann.

| **Typisch verwendete I²C-Adressen für verschiedenen Slave-Chips** | | |
|---|---|---|
| **I²C-Adresse** | **Typ des Chips** | **Kommentar** |
| 1010 xxx | EEPROM | Ein EEPROM, kann aber auch SRAM oder FRAM sein |
| 0100 xxx | Porterweiterung | I/O Port Expander Chip |
| 0111 xxx | Porterweiterung | I/O Port Expander Chip |
| 1110 xxx | I²C Switch | Spezieller Chip, der eine Fragmentierung des Busses ermöglicht, oft auch Verbindung von Bus-Segmenten mit unterschiedlichen Spannungen verwendet |
| 1101 000 oder 1101 111 | RTC | Real Time Clock |
| 1001 xxx | Temperatursensor | Digitaler Temperatursensor; aber auch andere A/D-Chips in diesem Adressbereich |
| 0101 xxx | Digitales Potentiometer | Digitales Potentiometer |

Jede I²C-Kommunikation wird von Master gestartet und folgt einem vorgegebenen Rahmen. Die I²C-Kommunikation findet immer zwischen einem Master und einem Slave-Chip statt. Es ist nicht möglich, gleichzeitig zwei „Kommunikationskanäle" geöffnet zu halten. Man kann sich die Kommunikation ein wenig wie die Arbeit in einem DOS-Dateisystem vorstellen. Am Anfang wird eine Datei zum Lesen oder zum Schreiben geöffnet, am Ende wird die Datei wieder geschlossen. Man kann aber zu einen Zeitpunkt nur eine Datei geöffnet haben.

Es gibt sieben Grundbausteine der I²C-Kommunikation, aus denen jegliche Datenübertragung über den Bus aufgebaut ist.

| **Die sieben Bausteine der I²C-Kommunikation** | |
|---|---|
| **Name** | **Bedeutung** |
| Start Condition | Die Startbedingung initialisiert die Kommunikation. Wenn der Master die Startbedingung generiert, warten alle Slave-Chips ungeduldig darauf, welcher zur Kommunikation auserkoren wird. |
| Stop Condition | Mit der Stoppbedingung wird die I²C-Kommunikation beendet. |

| | |
|---|---|
| Send Byte | Byte vom Master zum Slave schicken. Wenn dieses Byte gleich nach der Startbedingung geschickt wird, enthält es die 7-Bit-I²C-Adresse des Chips, mit dem der Master kommuniz eren will und außerdem die Information, ob der Master schreiben oder lesen will. Diese Information ist im LSB des Bytes versteckt, wo eine eins die Lese-operation andeutet und eine Null die Schreiboperation. |
| Receive Byte | Der Master empfängt ein Byte vom Slave |
| Send Acknowledgement | Der Master oder der Slave bestätigt der Empfang eines Bytes mit ACK. |
| Send Not Acknowledgement | Der Master oder der Slave bestätigt den Nicht-Empfang eines Bytes mit NOT ACK. |
| Repeated Start Condition | oder auch "restart condition" - der Master startet die Kommunikation erneut, typischerweise dann, wenn die Datenflussrichtung umge-kehrt werden soll. |

Eine typische **I²C-Schreibkommunikation** (Datenübertragung von Master zum Slave) läuft so ab:

1. Master schickt die Startbedingung
2a. Master schickt die I²C-Adresse des Slaves mit dem Schreib-Indikator (das LSB des Bytes mit der Adresse ist gleich null).
2b. Slave bestätigt der Empfang mit ACK.
3a. Master schickt das Byte, das in den Slave-Chip geschrieben werden sollen.
3b. Slave bestätigt mit ACK den Empfang des Bytes
3c. Falls mehr Bytes geschickt werden sollen, kann der Master mit 3a weiterma-chen
4. Master beendet die Kommunikation mit der Stoppbedingung.

Mit dem Lesen ist es manchmal etwas komplizierter, weil wir in vielen Fällen erst sagen müssen, was gelesen werden soll. Bei einem EEPROM spezifiziert der Master typischerweise erst die Speicherplatzadresse, bei einem RTC-Chip die Adresse des Registers, das gelesen werden soll.

Bei einem einfachen Port-Expander-Chip muss der Master aber nichts „adressieren" und kann sofort mit dem Lesevorgang beginne.

Eine typische **I²C-Lesekommunikation** (Datenübertragung vom Slave zum Master) läuft also so ab:

Variante 1 - es muss nichts adressiert werden.

1. Master schickt die Startbedingung
2a. Master schickt die I²C-Adresse des Slaves mit dem Lese-Indikator (das LSB des Bytes mit der Adresse ist gleich eins).2b. Slave bestätigt der Empfang mit ACK.
3a. Master initialisiert die Leseoperation und empfängt das Byte
3b. Master bestätigt mit ACK den Empfang des Bytes oder mit NOT ACK den Nicht-Empfang
3c. Falls der Master mehr Bytes lesen soll, kann der Master mit 3a weitermachen. Normalerweise wird nach dem Empfang des letzten Bytes mit einem NOT ACK geantwortet, was für den Slave eine „Vorwarnung" ist, dass die Kommunikation beendet wird.
4. Master beendet die Kommunikation mit der Stoppbedingung.

Variante 2 - eine Adressierung ist erforderlich.

1. Master schickt die Startbedingung
2a. Master schickt die I²C-Adresse des Slaves mit dem Schreib-Indikator (das LSB des Bytes mit der Adresse ist gleich null). An dieser Stelle beginnt die Leseoperation tatsächlich mit einem Schreibvorgang der Adresse des zu lesenden Registers/Speicherplatzes zum Slave.
2b. Slave bestätigt den Empfang mit ACK.
3a. Master schickt das Byte der Adresse des Registers/Speicherplatzes, das in den Slave geschrieben werden soll.
3b. Slave bestätigt mit ACK der Empfang des Bytes
3c. Falls mehr Bytes geschickt werden sollen (so ist bei EEPROMs der Speicherplatz oft mit zwei Bytes adressiert) oft 2 Bytes), kann der Master mit 3a weitermachen
4. Master startet die Kommunikation mit der Restart-Bedingung erneut.
5a. Master schickt die I²C-Adresse des Slaves mit dem Lese-Indikator (das LSB des Bytes mit der Adresse ist gleich eins).
5b. Slave bestätigt der Empfang mit ACK.
6a. Master initialisiert die Leseoperation und empfängt das Byte
6b. Master bestätigt mit ACK den Empfang des Bytes oder den Nicht-Empfang mit NOT ACK
6c. Falls der Master mehr Bytes lesen soll, kann der Master mit 3a weitermachen. Normalerweise wird auf den Empfang des letzten Bytes mit NOT ACK geantwortet, was für den Slave eine „Vorwarnung" ist, dass die Kommunikation beendet wird.
7. Master beendet die Kommunikation mit der Stoppbedingung.

#### 5.6.4.2. Technische Grundlagen

Um aus einer OneWire-Umgebung ein paar Informationen abzuschicken und diese dann zum Beispiel mit einem I²C-GPIO darzustellen, müssen wir uns nur um die Kommunikation von Master zum Slave kümmern. Daten des Slaves müssen dabei nicht gelesen werden, so dass wir einen Teil des I²C-Protokolls direkt wieder vergessen können.

Um einen Schreibvorgang mit Hilfe von I²C zu erzeugen, brauchen wir lediglich drei der oben genannten Kommunikationsbausteine:

- Start-Bedingung
- Byte schicken
- Stopp-Bedingung

Eigentlich brauchen wir zusätzlich noch die Initialisierung der Schnittstelle, die dazu dient, dass beide I²C-Leitungen auf eins gesetzt werden.

Die Datenübertragung kann man technisch gesehen so darstellen:

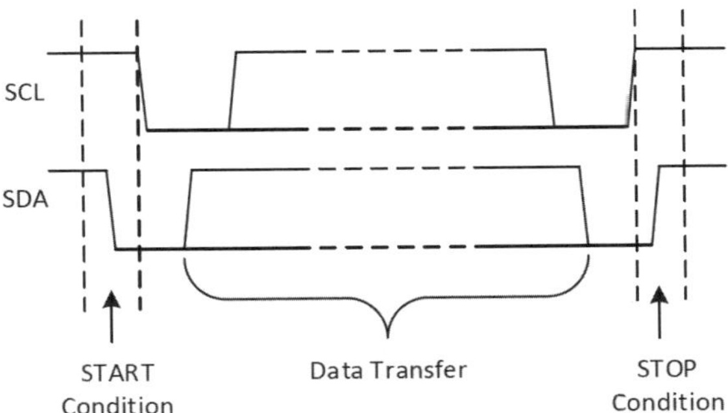


Am Anfang ist die Start-Bedingung (START Condition) zu sehen. Die Start-Bedingung wird daran erkannt, dass, während die Leitung SCL auf eins steht, SDA von eins auf null kippt, also eine fallende Flanke der SDA-Leitung vorliegt, während SCL stabil auf eins liegt.

Dann findet die Datenübertragung (Data Transfer) statt. Während der Datenübertragung werden so viele Bytes vom Master zum Slave oder umgekehrt transferiert, wie es erforderlich ist.

Die Übertragung wird mit einer Stopp Bedingung (STOP Condition) beendet. Stopp-Bedingung heißt, dass, während SCL stabil auf eins liegt, eine steigende Flanke des SDA Signal vorliegt.

Man kann also sagen: Eine Änderung des SDA-Pegels, während SCL auf eins liegt, wird entweder als Start-Bedingung (SDA: 1->0) oder als Stopp-Bedingung (SDA: 0->1) bewertet.

Wenn wir die Datenübertragung (als Beispiel wird hier der Wert AAh (1010 1010b) transferiert) zwischen Start- und Stopp-Bedingung genauer darstellen, sieht das Diagramm so aus:

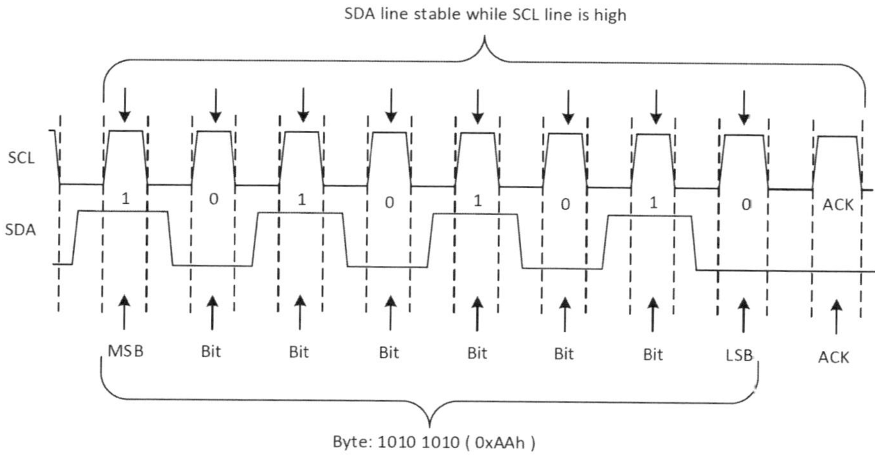


Für die einzelnen I²C-Kommunikationsbausteine können wir immer festlegen, wie die Anfangs- und Endsituation aussieht. So ist für die Initialisierung anzunehmen, dass die Pegel auf SDA und SCL am Anfang der Bearbeitung unbekannt und am Ende beide auf eins sind. Für die Datenübertragung gilt, dass, wenn SCL auf dem Pegel eins liegt, die SDA-Leitung stabil bleiben muss, sonst würde es als Start- oder Stoppbedingung interpretiert.

Die Abtastung der SDA-Leitung erfolgt während der steigenden Flanke des SCL-Signals.

Wie könnte also eine Implementierung des I²C-Protokolls als Algorithmus aussehen? Für die einzelnen erforderlichen Kommunikationsbausteine wird jeweils eine Subroutine definiert:

1. Initialisierung der I²C-Schnittstelle — Subroutine: ow_i2c_init
2. Start-Bedingung — Subroutine: ow_i2c_start
3. Byte Schicken — Subroutine: ow_i2c_send
4. Stopp-Bedingung — Subroutine: ow_i2c_stop

**Initialisierung der I²C-Schnittstelle**

Ausgangslage:

SDA = unbekannt
SCL = unbekannt

Endsituation:

SDA = 1
SCL = 1

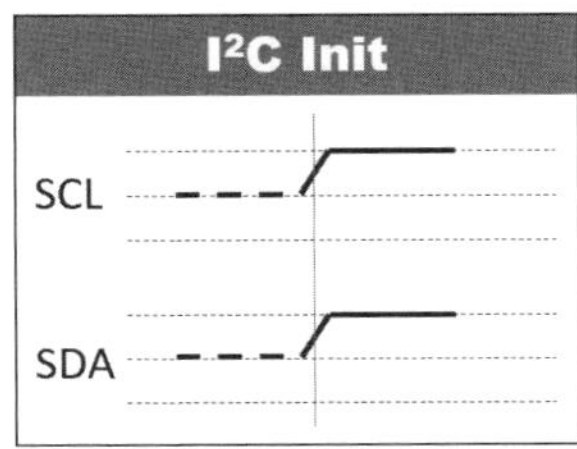


Am Anfang der Initialisierung sind die Pegel von SDA und SCL unbekannt. Wir brauchen aber eine saubere Ausgangssituation für den späteren Beginn der Kommunikation. Diese Situation muss der nach einer Stopp-Bedingung entsprechen: Beide Leitungen müssen „frei" sein, sprich, auf eins stehen. Deswegen kann man SDA und SCL in einem Schritt (wenn möglich) auf eins setzen. Und damit ist die Initialisierung auch schon geschafft.

**Start-Bedingung**

Ausgangslage:

SDA = 1
SCL = 1

Endsituation:

SDA = 0
SCL = 0

Bei der Start-Bedingung können wir davon ausgehen, dass SDA und SCL auf eins liegen. Laut I²C-Protokoll soll die SDA-Leitung von eins auf null kippen, während SCL stabil auf eins ist:

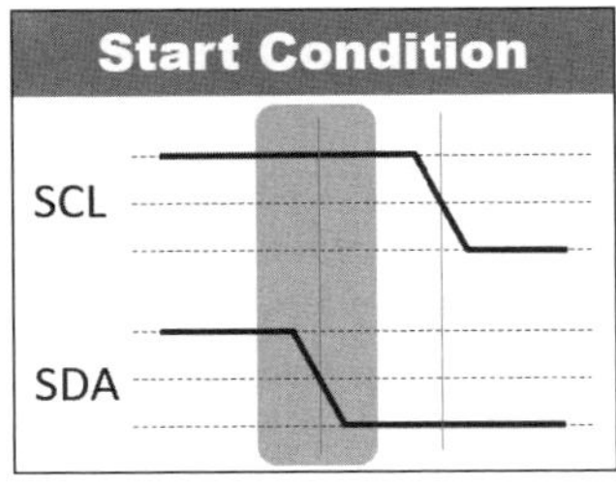


Der I²C-Definition zufolge entspricht der markierte Abschnitt der Start-Bedingung. Was davor oder danach passiert, spielt für die Start-Bedingung keine Rolle. Nachdem die Start-Bedingung ausgegeben wurde, stellen wir SCL (nur deswegen) auf null, um weitere Schritte der Datenübertragung durchführen zu können.

**Stopp-Bedingung**

Ausgangslage:

SDA = unbekannt
SCL = 0

Endsituation:
SDA = 1
SCL = 1

Die Stopp-Bedingung stellt das Ende der Kommunikation dar. Danach bleiben beide Leitungen frei (auf eins). Erstmal setzen wir als Vorbereitung die SDA-Leitung als auf null und dann SCL auf eins. Danach erfolgt die eigentliche Stopp-Bedingung: SDA wird auf eins gesetzt. Und das war es schon.

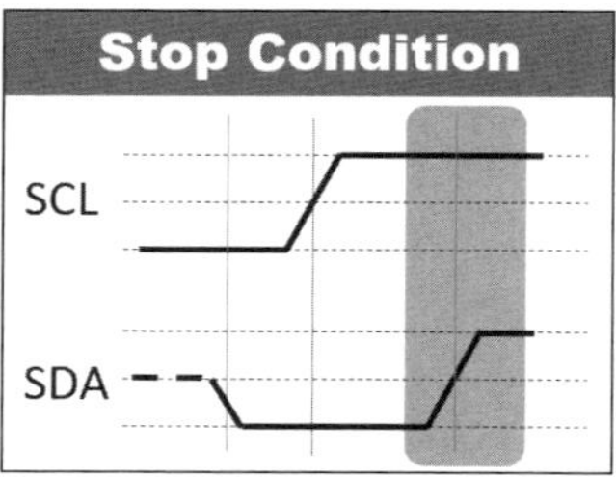


Ähnlich wie bei Start-Bedingung ist auch hier nur der markierte Abschnitt die eigentliche Stopp-Bedingung: Während SCL stabil auf eins liegt, wird SDA von null auf eins geändert.

**Byte Schicken**
Ein Byte über die I²C-Schnittstelle zu schicken, bedeutet nicht viel mehr, als nacheinander acht Bit abzuschicken. Nicht viel bedeutet, dass acht Mal ein Bit geschickt und dann auf die Bestätigung des Slave (ACK = Acknowledgment) gewartet wird.

Beim Verschicken eines Bits gibt es natürlich zwei Varianten, nämlich „Bit=0 schicken" und „Bit=1 schicken".

Selbstverständlich ist es wichtig zu wissen, dass das MSB als erstes verschickt wird und das LSB als letzter. Zum Schluss wird ACK / NOT ACK abgefragt - aber dazu kommen wir noch.

**Bit 0 schicken**
Ausgangslage:
SDA = unbekannt
SCL = 0

Endsituation:
SDA = 1
SCL = 0

Soll ein Bit verschickt werden, wissen wir am Anfang des Vorgangs nicht, welche Pegel die SDA-Leitung besitzt - es hängt davon ab, was vorher passiert ist. Aber eigentlich ist das auch egal.

Bei dem Vorgang setzen wir erst SDA auf null, da eine null verschickt werden soll. Der wichtigste Teil kommt jetzt: SCL wird von null auf eins gesetzt. Das ist der Moment, in dem die SDA-Leitung (die zu diesen Zeitpunkt stabil sein muss) abgetastet wird.

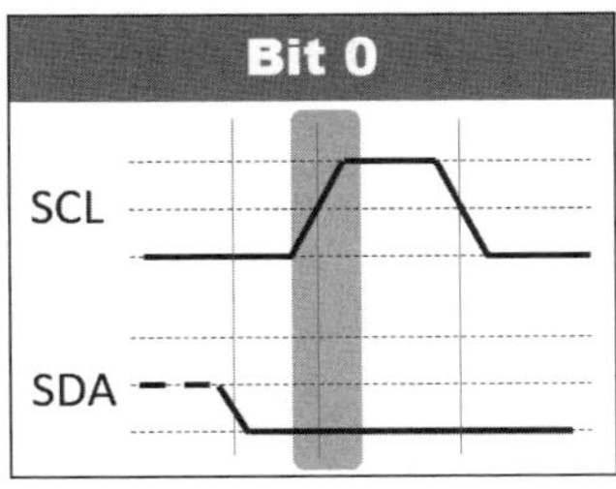


**Bit 1 schicken**

Ausgangslage:

SDA = unbekannt
SCL = 0

Endsituation:

SDA = 1
SCL = 0

Um ein Bit=1 zu schicken, geht man genauso vor wie bei Bit=0, nur muss am Anfang SDA auf eins (statt auf null) gesetzt werden.

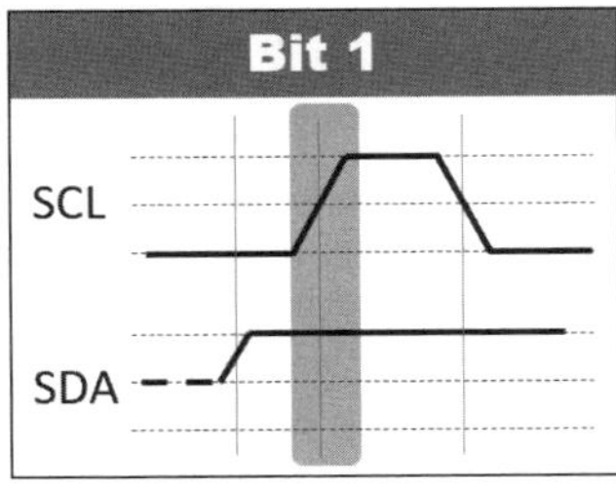


**ACK Abwarten**

Nachdem das Byte verschickt wurde, muss überprüft werden, ob der Empfang bestätigt wurde (ACK), oder nicht (NOT ACK).

ACK heißt, dass der Empfänger (das kann der Master oder der Slave sein) das Byte empfangen hat und für die nächsten Kommunikationsschritte bereit ist.

NOT ACK bedeutet, dass der Empfänger auf dem Empfang nicht geantwortet hat.

Ausgangslage:

SDA = unbekannt
SCL = 0

Endsituation:
SDA = 1 (NOT ACK) / 0 (ACK)
SCL = 0

Den Empfang von ACK kann man graphisch so darstellen:

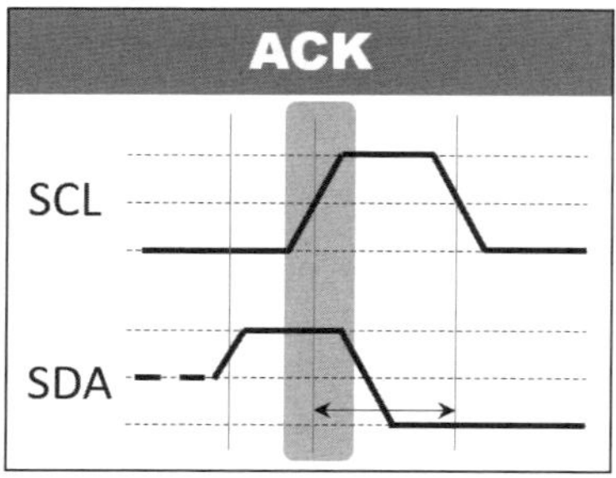


Und NOT ACK sieht dann so aus:

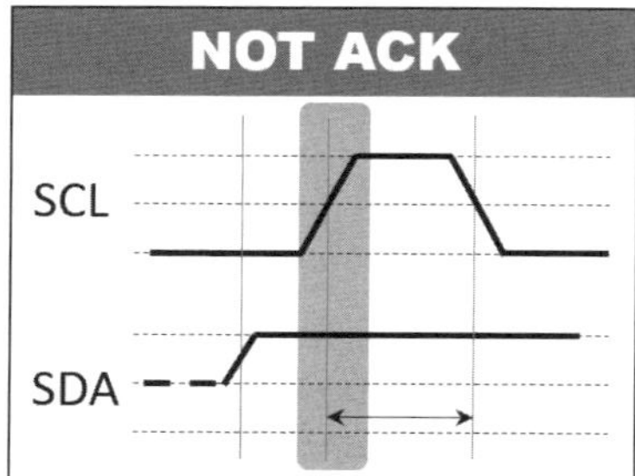


### 5.7. OneWire Arduino Sketch

Für die Arduino-Version müssen wir auf ein paar Funktionen verzichten. Es gibt zum Beispiel keine Software-Funktionen, die die I²C-Kommunikation unterstützen, und wir werden auch keinen DS2482-800-Brückenchip (I²C zum OneWire Bridge) verwenden. Dazu kommen wir aber noch.

Die gesamte Software OneWire for Arduino ist in einem Programm (in der Arduino-Welt als Sketch bezeichnet) versteckt. Es werden drei Bibliotheken benutzt, die gleich am Anfang zum Finden des Sketches eingebunden werden.

```
//-----------------------------------------------------------------
#include <Wire.h>
#include <LiquidCrystal_I2C.h>
#include <OneWire.h>
//-----------------------------------------------------------------
```

LiquidCrystal_I2C.h ist für die Bedienung des LCD über die PCF8574-I²C-Schnittstelle notwendig. Die Bibliothek Wire.h ist für die I²C-Kommunikation zuständig und OneWire.h bietet die notwendigen OneWire-Software-Routinen.

Gleich am Anfang möchte ich auch sagen, dass wir keine weiteren Arduino-Bibliotheken in den Beispielen einsetzen. Wir möchten doch etwas lernen und nicht nur vorgefertigte Bausteine (zum Beispiel zur Temperaturmessung) mehr oder weniger gedankenlos übernehmen.

### 5.7.1. Einleitung

Die Firmware ermöglicht es, ein wenig mit den im Buch beschriebenen OneWire-Chips zu experimentieren und bietet auch die Möglichkeit, mit geringem Aufwand die Kommunikationsroutinen in eigene Anwendungen zu übertragen.

Nach dem Start wird kurz die Firmware-Version angezeigt:

```
OneWire for Arduino
Demo Software 2020/1
Release 0.01
23.08.2019
```

Danach wird direkt der OneWire-Bus gescannt und folgende Information ausgegeben, falls kein OneWire Chip angeschlossen ist:

```
ROM code(CRC*SN):
FF*FF-FF-FF-FF-FF-FF
Family code: FF
No device
```

Falls ein angeschlossener Chip (auf dem aktiven Bus) der Firmware nicht bekannt ist, wird trotzdem die ROM-ID angezeigt (mit Familiencode), und eine Meldung, dass der Chip nicht bekannt ist:

```
ROM code(CRC*SN):
98*00-00-03-B1-61-4C
Family code: 0B
Not known device
```

Dann stehen selbstverständlich auch keine Chip-Funktionen zur Verfügung.

Wenn ein bekannter Chip angeschlossen ist, wird darüber informiert:

```
ROM code(CRC*SN):
31*00-00-17-CB-EF-0F
Family code: 01
DS2401: Serial num.
```

### 5.7.2. Initialisierung / Setup

Während der Initialisierung wird in den Schritten (1) und (2) nur die Schnittstelle zum LCD initialisiert, danach kurz die Firmware-Version angezeigt (3) und letztendlich die drei Eingänge für zwei Schalter und einen definiert (4).

Die Setup-Funktion des Sketches sieht so aus:

```
//------------------------------------------------------------------------------
void setup()
{
  pinMode ( BACKLIGHT_PIN, OUTPUT );       // (1a) - LCD Setup
  digitalWrite ( BACKLIGHT_PIN, HIGH );    // (1b) - LCD Setup

  lcd.setBacklight(HIGH);                  // (1c) - LCD Setup

  lcd.begin(20,4);                         // (2) - initialize the lcd

  lcd.setCursor ( 0, 0 );                  // (3) - Welcome Info
  lcd.print("OneWire for Arduino");
  lcd.setCursor ( 0, 1 );
  lcd.print ("Demo Software 2020/1");
  lcd.setCursor ( 0, 2 );
  lcd.print ("Release 0.03");
  lcd.setCursor ( 0, 3 );
  lcd.print ("24.08.2019");
  delay ( 4000 );
  lcd.clear();

  pinMode(DevFnc1, INPUT);             // (4a) - Set-up the input pin for
                                                 Chip-Function 1
  digitalWrite(DevFnc1, HIGH);
}
//------------------------------------------------------------------------------
```

Damit ist die Initialisierung abgeschlossen. Die LCD-Bibliothek ist für uns nicht interessant, wir verwenden sie „einfach so", ohne uns mit ihren Möglichkeiten zu beschäftigen.

Dagegen ist es wichtig, sich mit der OneWire-Bibliothek zu beschäftigen, da diese Funktionen enthält, die eine Software-Implementierung des OneWire Protokolls darstellen.

Wir werden auch die Wire.h-Funktionen erforschen, um in einigen Beispielen mit dem I²C-EEPROM kommunizieren zu können.

### 5.7.3. OneWire Bibliothek

Die OneWire-Bibliothek ist mit Include <OneWire.h> eingebunden". Die Bibliothek stellt alle Funktionalitäten zur Verfügung, die man für die Bedienung des OneWire-Busses und für die Kommunikation mit OneWire-Chips benötigt.

Folgende Liste zeigt die verfügbaren Funktionen:

| Funktion | Parameter | Beschreibung |
|---|---|---|
| myWire(pin) | Pin, der als OneWire-Bus verwendet wird | Mit dieser Methode wird das OneWire-Objekt während der Laufzeit angelegt. Falls mehrere Pins für verschiedene OneWire-Busse eingesetzt werden sollen, kann diese Methode mehrmals - jeweils einmal pro Pin - aufgerufen werden. |
| myWire.search(addrArray) | aadrArray sollte ein 8-Byte-Bereich sein (ROM-ID) | Mit dieser Funktion kann ein OneWire-Search durchgeführt werden. Die Funktion liefert "TRUE", wenn ein nächster Chip gefunden wurde. In diesen Fall steht in addrArray die ROM-ID des Chips. Falls kein Chip mehr auf dem Bus vorhanden ist, liefert die Funktion "FALSE" zurück. |
| myWire.reset_search() | keine | Beendet die aktuelle Suche. Mit der Funktion myWire.search kann eine neue Suche von Anfang an gestartet werden. |
| myWire.reset() | keine | OneWire-Reset wird durchgeführt |
| myWire.select(addrArray) | aadrArray sollte ein 8-Byte-Bereich sein (ROM-ID) | OneWire-MatchROM wird durchgeführt |
| myWire.skip() | keine | OneWire-SkipROM wird durchgeführt |
| myWire.write(num) | num - Byte | Schickt ein Byte auf den OneWire-Bus |
| myWire.write(num, 1) | num - Byte und eins | Schickt ein Byte auf den OneWire-Bus - die eins gibt an, dass der Strong Pull-Up eingesetzt werden solll |
| myWire.read() | keine | liest ein Byte über die OneWire-Schnittstelle |
| myWire.crc8(dataArray, length) | dataArray, length | Berechnet den CRC-8 aus dem mitgelieferten Datenfeld (dataArray) der Länge "length" |

In unseren Beispielen werden nicht alle Funktionen eingesetzt, uns reichen (außer der Anlage des Objektes) myWire.reset(), myWire.write(num), myWire.write(num, 1) und myWire.read().

Das Objekt wird nicht „myWire" sondern „OneWireBus" genannt.

Wie das in der Praxis aussieht, sehen wir gleich bei den Beispielen.

### 5.7.4. I²C-Bibliothek

Die Arduino-I²C-Bibliothek <wire.h> ist aus meiner Sicht ein wenig, na ja, gewöhnungsbedürftig, weil wir Funktionen wie i2c_start oder i2c_read vergeblich suchen. Anderseits - man kann damit arbeiten.

Die Funktionen der Bibliothek setzen voraus, dass Pin A4 des Arduino-UNO-Boards (Mikrocontroller-Pin PC4) als I²C-SDA-Datenleitung und Pin A5 (Mikrocontroller PC5) als I²C-SCL-Taktleitung verwendet wird.

Folgende Tabelle fasst die aus meiner Sicht wichtigsten I²C-Funktionen zusammen.

| Funktion | Parameter | Beschreibung |
|---|---|---|
| begin() | keine | Initialisierung der I²C Schnittstelle. Diese Subroutine wird typischerweise nur einmal im Programm aufgerufen (z.B. in der Funktion Setup()). |
| requestFrom(address, quantity, stop) | address: I²C-Adresse des Slaves<br>quantity: Anzahl der erwarteten Bytes<br>stop: Am Ende der Übertragung soll entweder "restart" (wenn stop = FALSE) oder "stop" (stop = TRUE) geschickt werden. | Empfängt gewünschte Anzahl von Bytes vom I²C-Slave-Chip mit der angegebenen I²C-Adresse.<br>unter Umständen kann noch ein dritter Parameter hinzukommen - „stop". Wenn dieser spezifiziert ist, wird die I²C-Kommunikation nach dem Empfang der gewünschten Anzahl von Bytes mit der Stopp-Bedingung beendet. Ansonsten wird die Kommunikation mit dem I²C-Restart neu gestartet. |
| beginTransmission (address) | address: I²C-Adresse des Slaves | Startet die I²C-Kommunikation mit dem I²C Slave auf der Adresse „address". Letztendlich wird eine Start-Bedingung abgesetzt, gefolgt von einem I²C-Write mit der Adresse und dem Schreibindikator. |

| endTransmission(stop) | stop: es sollte entweder "restart" (wenn stop = FALSE) oder "stop" (stop = TRUE) geschickt werden. | Beendung der aktiven Kommunikation. Entweder wird die Kommunikation komplett beendet (mit der Stopp-Bedingung) oder neu gestartet. |
|---|---|---|
| write(byte) | byte: ein Byte zum abschicken | Ein Byte über die I²C-Schnittstelle verschicken. Es können verschiedene Parameter verwendet werden, jedoch wird immer genau ein Byte an die I²C-Schnittstelle geschickt. |
| read() | keine | Ein Byte wird über die I²C-Schnittstelle vom Master empfangen |

In den Beispielen (etwa beim DS2401-Chip) werden wir sehen, wie diese Kommunikationsfunktionen bei einem I²C-EERPOM eingesetzt werden.

Die Funktion begin() werden wir nicht finden, da die LCD- I²C-Bibliothek für die Kommunikation zwischen dem ATmega328 und dem LCD eingesetzt wird. Und dort wird auch die I²C-Schnittstelle selber initialisiert.

### 5.7.5. Die Hauptschleife

Die Sketch-Hauptschleife (Funktion „loop") ist eigentlich sehr einfach aufgebaut.

```
//----------------------------------------------------------------------------
void loop()
{
  ow_read_rom_ID();                 // (1) - read ROM-ID of connected OneWire
                                             Chip

  lcd.setCursor (0,0);              // (2) - write header for the ROM-ID
information
  lcd.print("ROM code(CRC*SN): ");
  lcd.setCursor ( 0, 1 );
  write_hex(ROM_ID[8]);
  lcd.print("*");
  for ( i = 7; i > 2; i--)           // (3) - write the ROM-ID incl. CRC w/o
                                              the family code
   {
     write_hex(ROM_ID[i]);
     lcd.print("-");
   }
  write_hex(ROM_ID[2]);              // (4) - write the family code
  lcd.setCursor ( 0, 2 );
  lcd.print("Family code: ");
```

```
        write_hex(ROM_ID[1]);

        lcd.setCursor(0,3);                // (5) - write family code description
        write_family();
        delay (200);
                                           // (6) - execute chip-function 1 if the
                                                    switch S1 has been activated
        if (ROM_ID[1] != 0xFF) Fnc1State = digitalRead(DevFnc1);
        if (Fnc1State == LOW) Fnc1_Exec();
    }
    //--------------------------------------------------------------
```

Zu Beginn der Schleife wird von der Funktion ow_read_rom immer die ROM-ID neu ausgelesen (1). Diese Funktion werden wir gleich im nächsten Kapitel (bei ROM-ID-Chips) unter die Lupe nehmen.

Danach wird die ausgelesene Information im LCD dargestellt - etwa so:

```
ROM code(CRC*SN):
31*00-00-17-CB-EF-0F
Family code: 01
DS2401: Serial num.
```

Im Beispiel ist ein DS2401 angeschlossen. Die erste Zeile soll nur erläutern, was die hexadezimalen Zahlen in der zweiten Zeile bedeuten. Die erste Zeile wird im Schritt (2) generiert und die zweite im Schritt (3). Wir sehen also erst das CRC-Byte (letztes Byte der ROM-ID) und danach (nach dem Stern-Zeichen) die sechs Bytes der Seriennummer - immer von einem Minus-Zeichen getrennt.

In der dritten Zeile steht der Familiencode des DS2401. Der Inhalt dieser Zeile entsteht im Schritt (5).

Die letzte Zeile, die im Schritt (5) geschrieben wird, beschreibt den OneWire-Chip.

## 5.8. DS2401 / DS2411 / DS1990A

Die ROM-ID-Chips (manchmal auch Netzwerkadresse oder Registrierungsnummer genannt) sind die einfachsten OneWire-Bausteine.

Wie wir schon wissen, unterstützen diese Bausteine nur die ROM-Befehle. Man kann also eigentlich nur die ROM-ID auslesen und anzeigen lassen oder überprüfen, ob sie passt.
Das DemoBoard zeigt die ROM-ID an, wenn ein ROM-ID-Chip erkannt wird, und ermöglicht es, die ID in einem I$^2$C-EEPROM zu speichern.

Deswegen gehört zum Breakout-Board mit dem DS2401 (und anderen ROM-IDs) auch eine Erweiterung mit einem I²C-EEPROM. Ich habe das kleine IC BR24L01A von ROHM gewählt, aber genauso kann man andere kleine Speicher wie den 24LC01 von Microchip einsetzen. Der 24LC01 weist eine Speicherkapazität von 256 Byte auf. Für die Speicherung von ROM-IDs reichen 8 Byte, die Größe des Speichers ist also mehr als ausreichend.

Wegen seines praktischen TO-92-Gehäuses habe ich für das Breakout-Board den DS2401 gewählt. Man kann aber bedenkenlos auch den DS2411 oder gar den iButton DS1990A einsetzen. Der Familiencode lautet bei all diesen Chips 01h, so dass die Firmware keine Unterschiede zwischen diesen Chips bemerkt und auch keine macht.

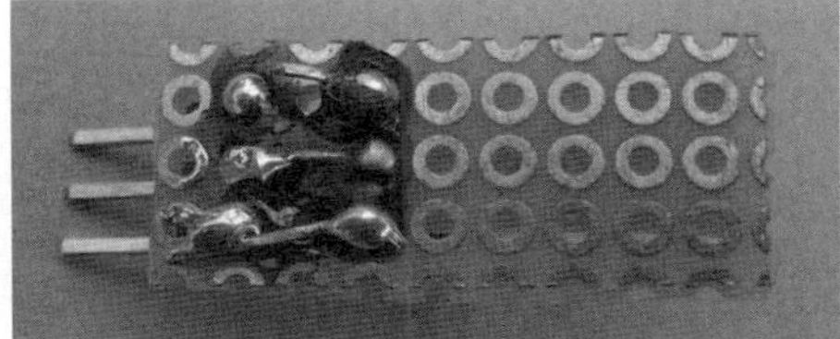

### 5.8.1. Hardware

Wie man ahnen kann, ist die Hardware, das Breakout-Board für den DS2401, wirklich sehr einfach. Daneben benötigt man ein zweites Breakout-Board für den Speicherbaustein, damit man die Chip-Funktion ausprobieren kann.

Die Schaltung des Breakout-Boards mit dem DS2401 sieht so aus:

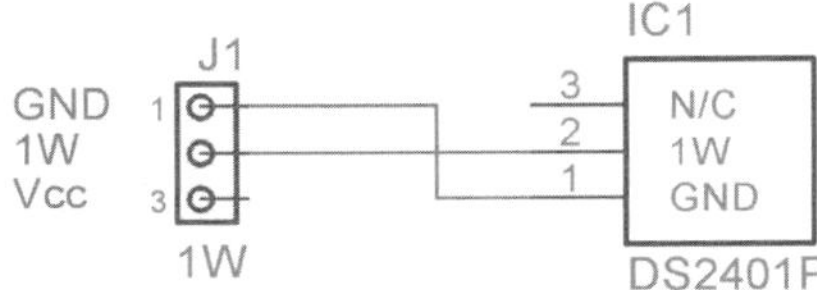

Die zweite Schaltung, die man an den $I^2C$-Bus des DemoBoard anschließt, sieht so aus:

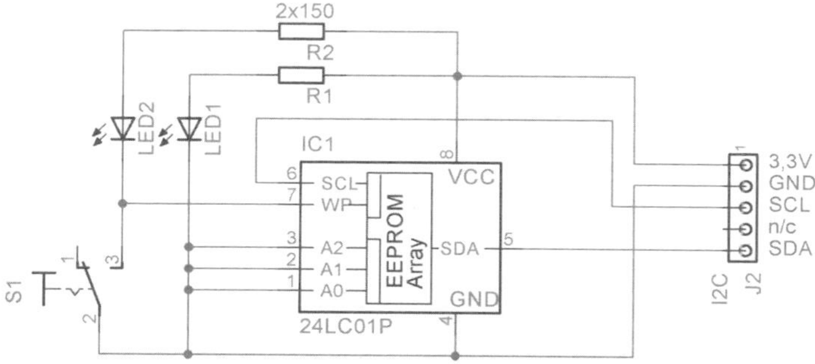


Mit dem S1 kann man die Schreibschutzfunktion des Chips aktivieren (wenn WP auf Vcc angeschlossen ist). Außerdem dient LED2 mit R2 als Pull-Up für den WP-Anschluss. Wenn also S1 ausgeschaltet ist, liegt WP auf Vcc-Pegel und der Schreibschutz ist aktiv. Schaltet man S1 ein, so liegt WP auf GND und man kann das EEPROM beschreiben. In diesem Zustand leuchtet LED2.

### 5.8.2. Bedienung mit DemoBoards

#### 5.8.2.1. Übersicht

Die Bedienung ist bei diesem Chip naturgemäß sehr überschaubar. Wenn das DemoBoard einen Chip aus der Familie 01h erkennt, wird dieser immer als DS2401 angegeben (auch wenn es sich um einen DS2411 oder DS1990 handeln sollte) und die ROM-ID angezeigt:

```
ROM code(CRC*SN):
31*00-00-17-CB-EF-0F
Family code: 01
DS2401: Serial num.
```

#### 5.8.2.2. Chip Funktion 1

Falls die Chip-Funktion gewählt wird, zeigt das System erst den Inhalt des EEPROMs (die ersten acht Bytes) und die Frage, ob diese Daten mit der ROM-ID des angeschlossenen OneWire-Chips überschrieben werden sollen:

```
Now: FF-FF-FF-FF
     FF-FF-FF-FF
Overwrite?
```

Jetzt hat man zwei Möglichkeiten, entweder die Funktion des Chips zu verlassen (damit der Schalter S1 ausgeschaltet wird) oder mit S3 bestätigen, dass die Daten überschrieben werden sollen. Falls man bestätigt, wird die ROM-ID in die acht Bytes mit den Adressen 00h - 07h des $I^2C$-EEPROM kopiert. Sie werden aus dem EEPROM wieder ausgelesen und als „New" im LCD angezeigt:

```
Now: FF-FF-FF-FF
     FF-FF-FF-FF
New: 01-0F-EF-CB
     17-00-00-31
```

### 5.8.3. Software

Der kompliziertere Teil ist die Kommunikation mit dem $I^2C$-EEPROM. Doch alles der Reihe nach - beginnen wollen wir mit dem OneWire--Teil.

#### 5.8.3.1. ROM-ID auslesen

Die Software, um die ROM-ID aus dem Chip zu lesen, ist auch sehr einfach. In Assembler könnte eine ROM-ID-Leseroutine so aussehen:

```
;-----------------------------------------------------------------------------
ow_read_rom_id
    call      ow_rst          ;(1) - OneWire Reset

    movlw     H'33'           ;(2) - Read ROM
    movwf     ow_buffer
    call      ow_write

    call      ow_read         ;(3.1) - OneWire Read
    movf      ow_buffer,0
    movwf     ow_ROM_0

    call      ow_read         ;(3.2)
    movf      ow_buffer,0
    movwf     ow_ROM_1

    call      ow_read         ;(3.3)
    movf      ow_buffer,0
    movwf     ow_ROM_2

    call      ow_read         ;(3.4)
    movf      ow_buffer,0
    movwf     ow_ROM_3

    call      ow_read         ;(3.5)
```

```
        movf     ow_buffer,0
        movwf    ow_ROM_4

        call     ow_read         ;(3.6)
        movf     ow_buffer,0
        movwf    ow_ROM_5

        call     ow_read         ;(3.7)
        movf     ow_buffer,0
        movwf    ow_ROM_6

        call     ow_read         ;(3.8)
        movf     ow_buffer,0
        movwf    ow_ROM_7

        call     ow_rst          ;(4) - OneWire Reset
        return
;---------------------------------------------------------------------------
```

Die Arduino-Version der ROM-ID Bestimmung haben wir hier:

```
//--------------------------------------------------------------------------
void ow_read_rom_ID(void)
{
   OneWireBus.reset();                    // (1) - OneWire Reset
   OneWireBus.write(0x33);                // (2) - Read ROM
   ROM_ID[1] = OneWireBus.read();         // (3.1) - OneWire Read - Family ID
   ROM_ID[2] = OneWireBus.read();         // (3.2) - OneWire Read
   ROM_ID[3] = OneWireBus.read();         // (3.3) - OneWire Read
   ROM_ID[4] = OneWireBus.read();         // (3.4) - OneWire Read
   ROM_ID[5] = OneWireBus.read();         // (3.5) - OneWire Read
   ROM_ID[6] = OneWireBus.read();         // (3.6) - OneWire Read
   ROM_ID[7] = OneWireBus.read();         // (3.7) - OneWire Read
   ROM_ID[8] = OneWireBus.read();         // (3.8) - OneWire Read - CRC
   OneWireBus.reset();                    // (4) - OneWire Reset
}
//--------------------------------------------------------------------------
```

Am Anfang (1) wird der OneWire-Reset durchgeführt, um die Kommunikation einzuleiten. Danach (2) schicken wir den ROM-Read-Befehl und das „Auslesen" kann beginnen.

In den Schritten (3.1) bis (3.8) werden der Reihe nach die einzelnen Bytes des ROM-IDs gelesen, als erstes (3.1) das niedrigere Byte, und an der Speicherposition ow_ROM_0 abgelegt. Das letzte Byte der ROM-IDs ist der Familiencode, danach kommt die Serielle Nummer (3.2 - 3.7) und als letztes (3.8) der CRC-Code an die Reihe. Diese Daten werden an den Speicherpositionen ow_ROM_1 bis ow_ROM_7 abgelegt.

Am Ende (4) wird wieder ein OneWire-Reset durchgeführt, womit die Kommunikation beendet ist.

Ich will an dieser Stelle nicht die Kommunikation mit dem I²C-Speicher beschreiben, weil dies thematisch nicht in dieses Kapitel passt. Die Funktion, eine ROM-ID in ein externes EEPROM zu übertragen, ist in den Experimenten von Kapitel 6 lediglich ein Mittel zum Zweck.

### 5.8.3.2. I²C-EEPROM auslesen

Für die Chip-Funktion 1 müssen wir auch acht Bytes aus dem I²C-EEPROM auslesen können, weil wir den aktuellen Inhalt des EEPROMs (die ersten acht Bytes) anzeigen möchten. Bitte beachten Sie, dass wir uns nicht mehr im OneWire-Land befinden, sondern in der I²C-Welt! Schauen wir uns die I²C-Kommunikation zwischen Mikrocontroller und EEPROM-Baustein an. Der Assembler-Code für den PIC könnte so aussehen:

```
;------------------------------------------------------------------------------
i2c_ee_read
    call     i2c_start     ;(1) - start the I2C communication
    movlw    B'10100000'   ;(2) - I2C Address of the EEPROM-Chip with
                                  write-indication

    call     i2c_send
    movlw    H'00'         ;(3) - Address of the EEPROM - where to start with
                                  read (00h)

    call     i2c_send
    call     i2c_stop      ;(4) - stop the I2C communication
;----------------------------------------
    call     i2c_start     ;(5) - start the I2C communication again
    movlw    B'10100001''  ;(6) - I2C Address of the EEPROM-Chip, now with
                                  with read-indication

    call     i2c_send

    call     i2c_receive   ;(7.1) - read byte from the I2C EEPROM
    movwf    v_eed0
    call     i2c_ack

    call     i2c_receive   ;(7.2) - read byte from the I2C EEPROM
    movwf    v_eed1
    call     i2c_ack

    call     i2c_receive   ;(7.3) - read byte from the I2C EEPROM
    movwf    v_eed2
    call     i2c_ack

    call     i2c_receive   ;(7.4) - read byte from the I2C EEPROM
    movwf    v_eed3
    call     i2c_ack
```

```
        call      i2c_receive   ;(7.5) - read byte from the I2C EEPROM
        movwf     v_eed4
        call      i2c_ack

        call      i2c_receive   ;(7.6) - read byte from the I2C EEPROM
        movwf     v_eed5
        call      i2c_ack

        call      i2c_receive   ;(7.7) - read byte from the I2C EEPROM
        movwf     v_eed6
        call      i2c_ack

        call      i2c_receive   ;(7.8) - read byte from the I2C EEPROM
        movwf     v_eed7
        call      i2c_not_ack

        call      i2c_stop      ;(8) - stop the I2C communication
        return
;-------------------------------------------------------------------------
```

Wir werden die Assembler-Routinen (hier für Lesen und gleich für Schreiben) von den Arduino-Funktionen trennen müssen, da das I²C-Protokoll anders implementiert ist, als man es sich anhand der I²C-Konventionen vielleicht vorstellen würde.

In der Assembler-Version beginnen wir mit der Start-Bedingung (1). Danach (2) wird die I²C-Adresse des EEPROM-Chips gesendet, wobei wir gleichzeitig einen Schreibvorgang ankündigen (das letzte Bit der 7-Bit-Adressbytes ist null). Die I²C-Adresse des Chips ist 1010 000; und das LSB muss - um einen Schreibvorgang zu initiieren, gleich null sein - es wird also 1010 0000b abgeschickt (1010 0000b = A0h).

Warum wird überhaupt ein Schreibvorgang gestartet, wenn wir eigentlich Daten lesen wollen? Weil auch beim Lesen erst einmal gesagt werden muss, ab welcher Adresse die Daten aus dem EERPOM gelesen werden sollen. Im nächsten Schritt (3) schicken wir also die Speicheradresse - 00h. Danach (4) wird die Kommunikation beendet. Warum? Weil wir ab jetzt lesen und nichts mehr schreiben möchten.

Jetzt muss die I²C-Kommunikation wieder mit der Start-Bedingung angestoßen werden (5). Dann schicken wir wieder die I²C-Adresse des Speicherbausteines, diesmal aber mit Lese-Indikator: Das letzte Bit muss dabei eins sein. Es wird also das Byte 1010 0001b (= A1h) auf die Reise geschickt (6). In den nächsten acht Schritten (7.1 - 7.8) werden acht Bytes aus dem EEPROM gelesen; danach (8) kann die I²C-Kommunikation mit der Stopp-Bedingung abgeschlossen werden.

Eine mögliche Arduino-Variante kann man hier sehen:

```
//---------------------------------------------------------
void i2c_ee_read(void)
{
  Wire.beginTransmission(0x50);      // (1) - I2C Address: 1010 0000 ->
Arduino format: 0101 0000
  Wire.write(e_adr_L);               // (2) - Memory Address
  Wire.endTransmission();            // (3)

  Wire.requestFrom(0x50, 8, true);   // (4)
  i2c_eeprom[1] = Wire.read();       // (5.1)
  i2c_eeprom[2] = Wire.read();       // (5.2)
  i2c_eeprom[3] = Wire.read();       // (5.3)
  i2c_eeprom[4] = Wire.read();       // (5.4)
  i2c_eeprom[5] = Wire.read();       // (5.5)
  i2c_eeprom[6] = Wire.read();       // (5.6)
  i2c_eeprom[7] = Wire.read();         // (5.7)
  i2c_eeprom[8] = Wire.read();         // (5.8)
}
//---------------------------------------------------------
```

Weil die Arduino-I²C-Bibliothek nicht unbedingt die I²C-Kommunikationsbausteine wiedergibt, ist auch die Logik der Routine leicht abweichend von dem Assembler-Beispiel.

Für den Arduino öffnen wir am Anfang (1) die Kommunikation für einen Schreibvorgang mit der Arduino-konformen I²C-Adresse des EEPROMs 0101 0000b = 50h. Danach (2) wird die gewünschte Adresse des Speicherbereichs geschickt (00h). Und zum Schluss der Adressübertragung wird die Kommunikation beendet (3). Dann öffnen wir die Datenübertragung für einen Lesevorgang (4), wobei angegeben wird, dass vom Slave mit der I²C-Adresse 50x gelesen werden soll und die Anzahl der gewünschten (acht) Bytes als zweiter Parameter. Am Ende soll die I²C-Stopp-Bedingung abgeschickt werden (der dritte Parameter TRUE). In den Schritten (5.1) bis (5.8) werden dann die acht Bytes aus dem EEPROM-Chip gelesen.

### 5.8.3.3. I²C-EEPROM beschreiben

Selbstverständlich müssen wir die acht Bytes auch in das EEPROM schreiben können. Die Assemblerroutine, die die ausgelesene ROM-ID in das I²C-EEPROM überträgt, könnte so aussehen:

```
;---------------------------------------------------------------------
i2c_ee_write
    call     i2c_start     ;(1) - start the I2C communication
    movlw   B'10100000'    ;(2) - EEPROM-Chip I2C Address
    call     i2c_send
    movlw   H'00'          ;(3) - EEPROM memory address - write shall be
                                  started at 00h
```

```
    call      i2c_send

    movf      ow_ROM_0,0    ;(4-1) - write
    call      i2c_send
    movf      ow_ROM_1,0    ;(4-2) - write
    call      i2c_send
    movf      ow_ROM_2,0    ;(4-3) - write
    call      i2c_send
    movf      ow_ROM_3,0    ;(4-4) - write
    call      i2c_send
    movf      ow_ROM_4,0    ;(4-5) - write
    call      i2c_send
    movf      ow_ROM_5,0    ;(4-6) - write
    call      i2c_send
    movf      ow_ROM_6,0    ;(4-7) - write
    call      i2c_send
    movf      ow_ROM_7,0    ;(4-8) - write
    call      i2c_send

    call      i2c_stop      ;(5) - stop the I2C communication
;-----------------------------------------------------------------------
```

Wie gewohnt, ist die I²C-Schreiberoutine etwas einfacher als die für den Lesevorgang, da wir nach dem Schreiben der Speicherplatzadresse nicht die Richtung der Kommunikation drehen müssen. Nach der Startbedingung (1) wird die I²C-Adresse des EEPROMs (1010 0000b = A0h) gesendet (2), und zwar mit einem Schreib-Indikator (das letzte Bit ist gleich null). Dann senden wir die Speicheradresse 00h.

Jetzt kann der Lesevorgang beginnen: In den Schritten (4.1) bis (4.8) werden die acht Bytes zum EEPROM abgeschickt. Zum Schluss (5) senden wir noch eine Stopp-Bedingung und schließen damit die I²C-Kommunikation ab.

Die zugehörige Arduino-Funktion sieht so aus:

```
//------------------------------------------------------
void i2c_ee_write(void)
{
  Wire.beginTransmission(0x50);   // (1) - I2C Address: 1010 0000 -> Arduino
                                           format: 0101 0000
  Wire.write(e_adr_L);            // (2) - Memory Address
  Wire.write(ROM_ID[1]);          // (3.1) - write byte to EEPROM
  Wire.write(ROM_ID[2]);          // (3.2) - write byte to EEPROM
  Wire.write(ROM_ID[3]);          // (3.3) - write byte to EEPROM
  Wire.write(ROM_ID[4]);          // (3.4) - write byte to EEPROM
  Wire.write(ROM_ID[5]);          // (3.5) - write byte to EEPROM
  Wire.write(ROM_ID[6]);          // (3.6) - write byte to EEPROM
```

```
    Wire.write(ROM_ID[7]);          // (3.7) - write byte to EEPROM
    Wire.write(ROM_ID[8]);          // (3.8) - write byte to EEPROM
    Wire.endTransmission();         // (4) - stop the I2C communication
  }
  //-----------------------------------------------------------
```

In der Arduino-Version wird am Anfang (1) die Kommunikation für das EEPROM für einen Schreibvorgang eröffnet. Die Speicheradresse wird angegeben (00h) und es folgen in den Schritten (3.1) bis (3.8) die acht Bytes, die ins EEPROM geschrieben werden sollten. Wenn alle Bytes abgeschickt worden sind, wird die Kommunikation beendet (4).

## 5.9. Temperatursensoren

Wie schon mehrfach erwähnt, sind Temperatursensoren die bekanntesten und populärsten OneWire-Chips. Das OneWire-DemoBoard2020 erkennt und unterstützt die Temperaturmessung mit folgenden Thermometer-Chips:

- DS18S20 Familiencode: 10h
- DS1822 Familiencode: 22h
- DS18B20 Familiencode: 28h
- MAX31820 Familiencode: 28h

Beim MAX31820 muss erwähnt werden, dass dieser Sensor nur bis 3,6 V läuft. Mit dem DemoBoard ist das kein Problem, weil es mit 3,3 V arbeitet, aber wenn man mit einem eigenen, anderen Gerät arbeiten möchte, sollte man dies im Hinterkopf behalten.

Selbstverständlich kann man „normale" Versionen verwenden (mit direkter Versorgung) oder auch Parasit-Versionen. Man kann auch die „normalen" Versionen in den Parasit-Versorgungsmodus einsetzen.

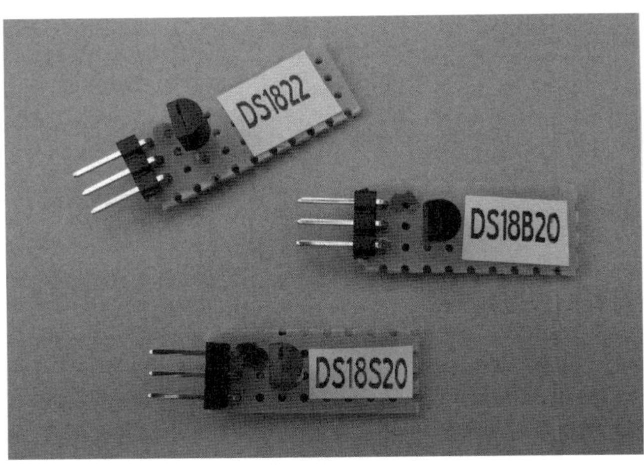

### 5.9.1. Hardware

Die Hardware ist genauso unkompliziert wie bei den ROM-ID Chips. Die Thermometer (in TO-92-Gehäusen) werden einfach an einer dreipoligen Stiftleiste angeschlossen. Wichtig ist nur zu beachten, den Vcc-Pin auf GND anzuschließen, will man einen Thermometersensor mit Vcc-Eingang im Parasitenmodus betreiben. Wenn man den Vcc-Pin offen lässt, kann man zwar die ROM-ID des Chips auslesen, manchmal sogar auch die Temperatur messen und auslesen, aber all diese Vorgänge sind sehr instabil und der Chip initialisiert sich oft von alleine.

Der Schaltplan mit einer PAR Version des Temperatursensors sieht so aus:

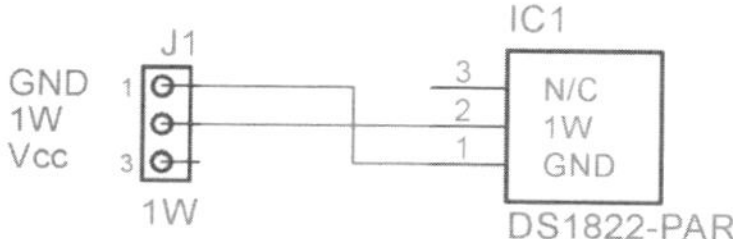


Es ist ganz egal, ob es der gezeigte DS1822, ein PAR ist oder ein anderer aus der Liste anfangs dieses Kapitels.

Wenn wir einen Sensor mit Vcc-Eingang anschließen und ihn auch über Vcc versorgen möchten, sieht die Schaltung so aus:

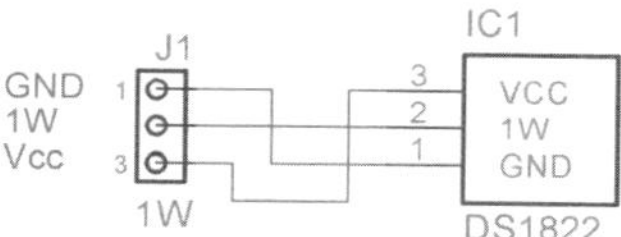


Und zum Schluss ein Sensor mit Vcc-Eingang, der im parasitären Modus betrieben werden soll:

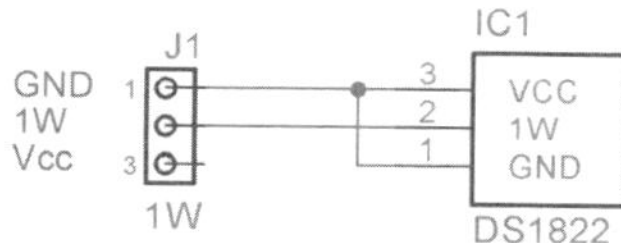


## 5.9.2. Bedienung mit DemoBoard

### 5.9.2.1. Übersicht

Ein Thermometer-Chip wird mit folgender Identifikation angezeigt:

```
ROM code(CRC*SN):
FE*00-00-0A-CA-13-63
Family code: 28
DS18B20: Thermometer
```

Bei dem Beispiel handelt sich es um einen DS18B20, aber es könnte auch ein MAX31820 mit identischem Familiencode sein. Es wird nicht unterschieden, ob es sich um eine PAR-Version handelt oder nicht, da man dies per Software gar nicht feststellen kann. Was man jedoch feststellen könnte, ist, ob die Parasitenversorgung verwendet wird oder nicht. Diese Information wird aber nicht angezeigt.

Als DS18B20 werden auch verschiedene Chips aus dem „Hause" Amazon angezeigt, auch wenn diese oft nicht ganz DS18B20-konform sind...

### 5.9.2.2. Chip-Funktion 1

Wenn man bei Temperatursensoren die Chip-Funktion wählt, wird das Scratchpad des Chips ausgelesen und angezeigt:

```
DS18B20 ■■■■■■
Temp. reg: 50-05
Temperature:  85°C
4B-46-7F-FF-0C-10*1C
```

Nach dem Einschalten, wenn noch nie die Temperatur gemessen worden ist, (bei allen Sensoren außer meinen „Amazon-Chips") ist der voreingestellte Wert des Temperaturregisters 50h - 05h, was einer Temperatur von 85°C entspricht.

Gleich danach wird auch die Messung angestoßen. Die Firmware wartet dann etwa eine Sekunde und liest den Messwert erneut ein. Der Ablauf dieses Intervalls wird von einem schwarzen Balken auf dem LCD angezeigt.

Nach der Messung wird das Scratchpad dann erneut ausgelesen und der neue Wert angezeigt:

```
DS18B20 ■■■■
Temp. reg: 47-01
Temperature:  20°C
4B-46-7F-FF-09-10*93
```

Dann wird wieder die Messung eingeleitet und so weiter, so lange, bis die Chip-Funktion deaktiviert wird.

### 5.9.3. Software

Für die Sensoren brauchen wir zwei verschiedene Routinen:

- Temperatur auslesen
- Temperaturmessvorgang durchführen

#### 5.9.3.1. Temperatur Auslesen

Man kann immer die Temperatur auslesen, indem man das Scratchpad ausliest. Die ersten zwei Bytes des Scratchpads enthalten das Temperaturregister. Das erste Byte ist immer das untere Byte des Temperaturregisters und der zweite das obere.

Zwar kann man die Temperatur jederzeit aus dem Scratchpad auslesen, aber wenn man das tut, ohne vorher die Temperatur zu messen, erhält man auch immer den gleichen Wert. Eine Implementierung von Lesen der Temperaturdaten könnte so aussehen:

```
;-------------------------------------------------------------------------------
temp_read_all
    call      ow_rst       ;(1) - OneWire Reset
    movlw     H'CC'        ;(2) - SKIP ROM
    movwf     ow_buffer
    call      ow_write

    movlw     H'BE'        ;(3) - Read Scratchpad
    movwf     ow_buffer
    call      ow_write

    call      ow_read      ;(4.1) - Read Scratchpad - Temperature Register LSB
    movf      ow_buffer,0
    movwf     ow_m1

    call      ow_read      ;(4.2) - Read Scratchpad - Temperature Register MSB
    movf      ow_buffer,0
    movwf     ow_m2
```

```
    call     ow_read    ;(4.3) - Read Scratchpad
    movf     ow_buffer,0
    movwf    ow_m3

    call     ow_read    ;(4.4) - Read Scratchpad
    movf     ow_buffer,0
    movwf    ow_m4

    call     ow_read    ;(4.5) - Read Scratchpad
    movf     ow_buffer,0
    movwf    ow_m5

    call     ow_read    ;(4.6) - Read Scratchpad
    movf     ow_buffer,0
    movwf    ow_m6

    call     ow_read    ;(4.7) - Read Scratchpad
    movf     ow_buffer,0
    movwf    ow_m7

    call     ow_read    ;(4.8) - Read Scratchpad
    movf     ow_buffer,0
    movwf    ow_m8

    call     ow_read    ;(4.9) - Read Scratchpad - CRC
    movf     ow_buffer,0
    movwf    ow_m9

    call     ow_rst     ;(5)
    return
;----------------------------------------------------------------------------
```

Die Arduino-Version ist beinahe identisch:

```
//----------------------------------------------------------
void temp_read_all(void)
{
   OneWireBus.reset();               //(1) - OneWire Reset
   OneWireBus.write(0xCC);           //(2) - Skip ROM
   OneWireBus.write(0xBE);           //(3) - Read Scratchpad
   ow_mx[1] = OneWireBus.read();  //(4.1) - Read Scratchpad - Temperature
                                           Register LSB
   ow_mx[2] = OneWireBus.read();  //(4.2) - Read Scratchpad - Temperature
                                           Register MSB
   ow_mx[3] = OneWireBus.read();  //(4.3) - Read Scratchpad
   ow_mx[4] = OneWireBus.read();  //(4.4) - Read Scratchpad
```

```
        ow_mx[5] = OneWireBus.read(); //(4.5) - Read Scratchpad
        ow_mx[6] = OneWireBus.read(); //(4.6) - Read Scratchpad
        ow_mx[7] = OneWireBus.read(); //(4.7) - Read Scratchpad
        ow_mx[8] = OneWireBus.read(); //(4.8) - Read Scratchpad
        ow_mx[9] = OneWireBus.read(); //(4.9) - Read Scratchpad - CRC
        OneWireBus.reset();           //(5) - OneWire Reset
    }
    //-------------------------------------------------------
```

Am Anfang (1) wird wie immer der OneWire-Reset durchgeführt und gleich danach (2) der ROM-Befehl Skip-ROM (CCh) erteilt. Dann (3) geben wir mit dem Funktionsbefehl BEh den Sensoren an, dass wir das Scratchpad auslesen möchten. Danach (4.1 bis 4.9) wird nur noch gelesen. Die ersten zwei Bytes, die am meisten interessieren, werden auf den Speicherpositionen ow_m1 (unteres Byte des Temperaturregisters) und ow_m2 (oberes Byte des Temperaturregisters) gespeichert. Der Rest des Scratchpads landet dann auf den Positionen ow_m3 bis o2_m9, wobei in ow_m9 schon der CRC-Wert steht.

Am Ende wird wieder OneWire-Reset durchgeführt.

#### 5.9.3.2. Temperatur Messen

Eine Temperaturmessung ist genauso unkompliziert.

```
;---------------------------------------------------------------------------
temp_conv_spu
    call      ow_rst         ;(1) - OneWire Reset
    movlw     H'CC'          ;(2) - SKIP ROM
    movwf     ow_buffer
    call      ow_write

    movlw     H'44'          ;(3A) - Convert Temperature
    movwf     ow_buffer
    call      ow_write_spu   ;(3B)

    call      wait_750ms     ;(4) - wait until conversion is done
    call      ow_rst         ;(5) - OneWire Reset
    return
;---------------------------------------------------------------------------
```

Bei der Arduino-Version gibt es auch hier keinen Unterschied in de- Vorgehensweise:

```
//-------------------------------------------------------
void temp_conv_spu(void)
{
    OneWireBus.reset();             //(1) - OneWire Reset
    OneWireBus.write(0xCC);         //(2) - Skip ROM
```

```
   OneWireBus.write(0x44,1);        //(3) - Convert Temperature with Strong
Pull-Up
   delay(750);                      //(4) - wait untiö conversion is done
   OneWireBus.reset();              //(5) - OneWire Reset
}
//-----------------------------------------------------
```

Am Anfang (1) wird OneWire-Reset durchgeführt und gleich danach (2) folgt der Skip-ROM Befehl. Die Unterschiede zum Temperatur-Auslesen sind:

Erstens - der erteilter Funktionsbefehl ist „Convert Temperature" 44h (3A).

Zweitens (3B) wird der Befehl (44h) mit ow_write_spu erteilt. Diese Routine kümmert sich um den (für diesen Vorgang wichtigen) Strong Pull-Up.

Und wir warten in (4) 750 ms, bis der Messvorgang abgeschlossen ist.

Am Ende (5) steht wieder der OneWire-Reset, mit dem die Messung beendet ist.

Die Wartezeit von 750 ms ist in dieser Länge nicht unbedingt erforderlich. Es muss nur gewährleistet sein, dass der OneWire-Bus für die notwendige Zeit ungestört bleibt. Die Messzeit hängt vom Sensor und der eingestellten Genauigkeit ab und beträgt ungefähr 100...750 ms).

## 5.10. GPIO - DS2406

Bei GPIOs müssen die bisher erwähnten Chips separat beschrieben werden, weil die Bedienung der einzelnen Chips ziemlich unterschiedlich ist.

Beginnen wir mit dem DS2406!

Bekanntlich gibt es die beiden verschiedenen Varianten DS2406+ und DS2406P+. Der Unterschied besteht im Gehäuse und davon abgeleitet der Anzahl von verfügbaren I/Os. Bei dem DS2406+ im TO-92-Gehäuse steht ein I/O zur Verfügung, beim DS2406P+ im TSOC6-Gehäuse sind zwei I/Os verfügbar.

### 5.10.1. Hardware

Die Schaltung des Breakout-Boards für beide DS2406-Versionen ist sehr überschaubar. Außer dem Chip finden sich eine oder zwei LEDs und ein oder zwei Taster in der Schaltung. So ausgestattet kann man lernen, wie man die I/Os lesen oder einen Wert an sie schicken kann.

#### DS2406/TO-92

Bei der DS2406 steht nur PIO-A zur Verfügung. Die Schaltung ist also wirklich sehr einfach.

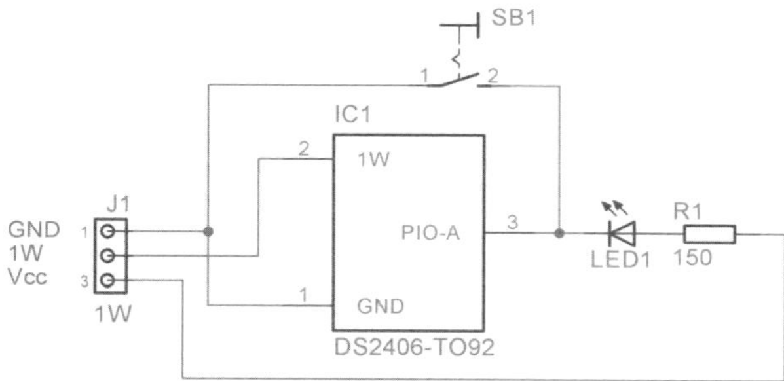


Man könnte sich vielleicht Gedanken machen, warum man den Taster direkt an PIO-A anschließen kann? Gibt es keinen Kurzschluss, wenn der Ausgang auf Eins steht und der Taster gedrückt wird? Die Antwort lautet nein, weil es sich beim PIO-A um einen Ausgang mit offenem Kollektor handelt. Es kann also nicht wirklich eine logische eins geben, sondern nur eine Null - und dann passiert nichts, wenn der Taster gedrückt wird, weil der Ausgang ohnehin schon auf null ist. Und wenn der Ausgangstransistor sperrt, gibt es eigentlich keinen „aktiven Pegel" am Ausgang, der logische Pegel eins wird nur von R1 und LED1 verursacht. Wenn dann der Taster gedrückt wird, leuchtet nur die LED, und liest man den Eingang, stellt man fest, dass eine logische Null anliegt.

Vcc braucht man in dieser Schaltung nur, damit die LED leuchten kann.

**DS2406P (TSOC-6)**
Die Schaltung mit dem DS2406P ist der des DS2406 ähnlich. Es gibt hier allerdings zwei GPIOs, und deswegen auch je zwei LEDs und Taster.

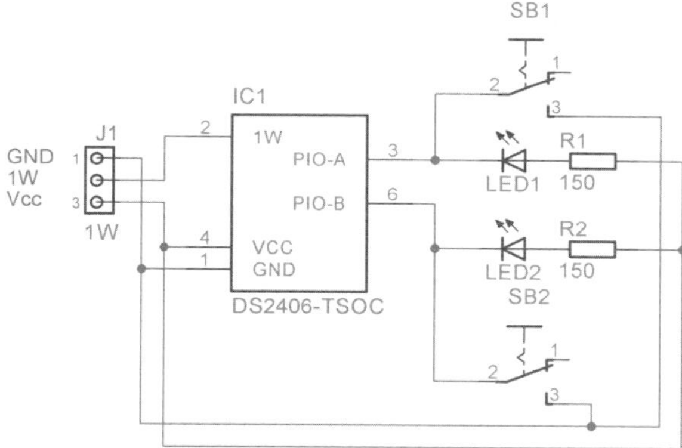


Wie vorher wird auch in dieser Schaltung Vcc verwendet, damit die LED ohne externe Versorgung leuchten kann. In diesem Beispiel verbinden wir den Vcc-Eingang des Chips mit Vcc. Dies wäre zwar nicht zwingend erforderlich, doch bei den Experimenten später werden wir sehen, dass Bit 7 des Channel Info Bytes darüber informiert, ob der DS2406 parasitär oder direkt versorgt wird. Selbstverständlich gibt es beim DS2406 immer nur die Parasitenversorgung, da ja kein Vcc-Pin vorhanden ist. Beim DS2406P hängt es davon ab, ob Pin 4 (Vcc) an Vcc oder GND angeschlossen ist.

### 5.10.2. Bedienung mit DemoBoard

Wenn ein DS2406(P)-Chip von der Firmware erkannt wird, werden wir darüber durch folgende Mitteilung informiert:

```
ROM code(CRC*SN):
7E*00-00-00-B1-80-76
Family code: 12
DS2406: GPIO+EPROM
```

Dies wird ganz unabhängig davon angezeigt, um welche Chip-Version sich es handelt.

Die Chip-Funktion 1 beschreiben wir getrennt für einen DS2406 im TO-92-Gehäuse und einen DS2406 im TSOC-6-Gehäuse. Der Unterschied zwischen DS2406+ und DS206P+ ist nicht zu übersehen, wenn wir die Chip-Funktion wählen.

**DS2406/TO-92**

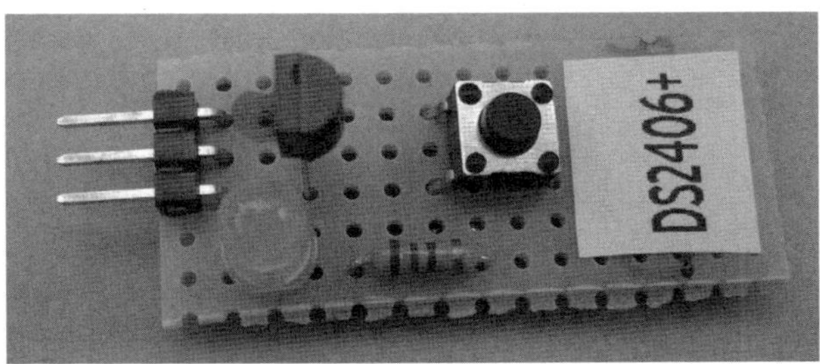


Wenn die Chip-Funktion 1 ausgewählt ist, erscheint für den TO-92-DS2406 mit einem I/O, dem GPIO-A folgende Mitteilung:

```
DS2406+       pwr: no
Latch: A:1
Sense: A:1
F-F Q: A:1
```

In der ersten Zeile ist die Version des Chips (hier DS2406+) aufgeführt und auch die Information, ob Power (Vcc) angeschlossen ist oder nicht. Bei dem DS2406+ lautet die Antwort immer „pwr: no", da schon rein mechanisch diese Möglichkeit nicht besteht.

In der zweiten Zeile sehen wir dann den zugehörigen Latch-Bit des Channel Info Byte, in Zeile 3 den aktuellen Pegel des GPIO-A und in der letzten Zeile den Zustand des Flip-Flop-Bits.

Betätigt man jetzt den Taster SB1 auf dem Breakout-Board, werden wir auf dem LCD sehen, dass die „Sense Information" plötzlich null anzeigt. Nach dem Loslassen des Tasters kehrt Sense wieder auf eins zurück.

Wenn man Taster S3 auf dem DemoBoard drückt, wird der Ausgang PIO-A „getoggelt": Wenn der Zustand vorher 0 war, wird er 1, war er 1, so wird er 0. Wenn der Taster SB1 nicht gedrückt ist, wird die LED ein- und wieder ausgeschaltet.

In der Arduino-Version ist auch die Chip-Funktion 2 implementiert, die die LED an GPIO-A blinken lässt.

**DS2406/TSOC-6**

Wenn die Zwei-GPIO-Version des Chips angeschlossen ist und auch der direkte Versorgungs-Chip verwendet wird, können wir folgendes Display sehen, wenn wir die Chip-Funktion wählen:

```
DS2406P+     pwr: yes
Latch: A:1 / B:1
Sense: A:1 / B:1
F-F Q: A:1 / B:1
```

Die Informationen in einzelnen Zeilen sind identisch, nur gibt es zwei Spalten für GPIO-A und GPIO-B.

Die Funktionalität ist ähnlich wie bei der 1-Bit-Version, nur werden halt zwei PIOs bedient. Bei der Betätigung des Tasters S3 auf dem DemoBoard wird mit den LEDs an PIO-A und PIO-B quasi „binär gezählt":

| S3 gedruckt # | PIO-A Ausgang | PIO-B Ausgang | LED1 | LED2 |
|---|---|---|---|---|
| 0 | 1 | 1 | aus | aus |
| 1 | 0 | 1 | an | aus |
| 2 | 1 | 0 | aus | an |
| 3 | 0 | 0 | an | an |

Wie man der Tabelle entnehmen kann, sind zu Beginn beide LEDs dunkel, beide Ausgänge liegen auf eins. Wenn man Taster S3 betätigt, wird PIO-A auf eins gesetzt, so dass LED1 leuchtet. Beim nächsten Tastendruck verlischt LED1, während LED2 aufleuchtet, beim vierten Tastendruck werden beide LEDs eingeschaltet, beim fünften verlöschen beide und so weiter. Wir haben es mit einem binären 2-Bit-Ringzähler zu tun!

Genauso werden die Pegel von PIO-A und PIO-B periodisch ausgelesen und diese Daten auf dem LCD dargestellt.

Für die Arduino-Version ist auch die Chip-Funktion 2 implementiert. Diese wird die LEDs binär zählen lassen.

Die Chip-Funktion 2 für das PIC-basierte OneWire DemoBoard2020 demonstriert die $I^2C$-Übertragung mit dem DS2406P+.

### 5.10.3. Software

Lese- und Schreibroutinen sind für beide Varianten des GPIO-Chips identisch. Bei dem DS2406 gibt es nur ein GPIO, also ist der Zugriff nur auf PIO-A möglich.

#### 5.10.3.1. GPIO lesen

Wenn der Pegel auf einem PIO gelesen werden soll, müssten wir eigentlich das Channel Info Byte auslesen, wo alle Informationen über den Zustand von GPIO-A (beziehungsweise GPIO-A und GPIO-B) zu finden sind.

Das Auslesen des Channel Info Byte könnte in Assembler so aussehen:

```
;-----------------------------------------------------------------------------
ds2406_read
    call      ow_rst          ;(1) - OneWire Reset

    movlw     H'CC'           ;(2) - SKIP ROM
    movwf     ow_buffer
    call      ow_write

    movlw     H'F5'           ;(3) - Channel Access
    movwf     ow_buffer
    call      ow_write
```

```
    movlw     B'01000100'    ;(4) - Channel Control Byte 1
    movwf     ow_buffer
    call      ow_write

    movlw     H'FF'          ;(5) - Channel Control Byte 2
    movwf     ow_buffer
    call      ow_write

    call      ow_read        ;(6) - read Channel Info Byte
    movf      ow_buffer,0
    movwf     ow_m1

    call      ow_rst         ;(7) - OneWire Reset
    return
;--------------------------------------------------------------------------
```

Die Arduino-Version ist hier zu sehen:

ARDUINO

```
//-------------------------------------------------------------------------
void ds2406_read(void)
{
  OneWireBus.reset();                //(1) - OneWire Reset
  OneWireBus.write(0xCC);            //(2) - Skip ROM
  OneWireBus.write(0xF5);            //(3) - Channel Access
  OneWireBus.write(B01000100);       //(4) - Channel Control Byte 1
  OneWireBus.write(0xFF);            //(5) - Channel Control Byte 2
  ow_mx[1] = OneWireBus.read();      //(6) - Reach Channel Info Byte
  OneWireBus.reset();                //(7) - OneWire Reset
}
//-------------------------------------------------------------------------
```

Nach dem OneWire Reset (1) und Skip-ROM Befehl (2) schicken wir in (3) den Funktionsbefehl Channel Access (F5h). Danach erwartet der Chip zwei Channel Control Bytes, wobei das Channel Control Byte 2 immer FFh sein muss (5). In Schritt (4) schicken wir also 0100 0100b (Channel Control Byte 1) und sagen damit, dass wir:

| | | |
|---|---|---|
| Bits 1-0 | (0100 01**00**b) | CRC nicht verwenden wollen. |
| Bits 3-2 | (0100 **01**00b) | nur am PIO-A interessiert sind. |
| Bit 4 | (010**0** 0100b) | die asynchrone Operation ausgewählt haben. Das ist auch die einzige erlaubte Einstellung für Einkanaloperationen. |
| Bit 5 | (01**0**0 0100b) | keine Schreiboperation durchführen („toggle" nicht erlaubt) |
| Bit 6 | (0**1**00 0100b) | einen Lesezugriff ausüben werden. |
| Bit 7 | (**0**100 0100b) | die Activity Latches nicht initialisieren möchten. |

In Schritt (6) lesen wir das gewünschte Byte aus, so dass wir in (7) die Kommunikation mit dem OneWire-Reset abschließen können.

#### 5.10.3.2. GPIO schreiben - Option 1 (Byte)

Bei der Option 1 wird pro GPIO immer ein Byte abgeschickt. Es wird angenommen, dass dieses Byte entweder 00h oder FFh ist. 00h setzt den Ausgang auf eine logische Null, FFh (dann wieder) auf eins. Weil der Chip aber auf einzelne Bits reagiert, wird der angesprochene PIO achtmal hintereinander auf null oder eins gesetzt.

Eine Änderung des PIO-A-Pegels wird in Assembler so vorgenommen (das Byte wird in der Variablen ow_m2 erwartet):

```
;-------------------------------------------------------------------------
ds2406_write
   call     ow_rst          ;(1) - OneWire Reset

   movlw    H'CC'           ;(2) - ROM command: SKIP ROM
   movwf    ow_buffer
   call     ow_write

   movlw    H'F5'           ;(3) - Function command: Channel Access
   movwf    ow_buffer
   call     ow_write

   movlw    B'10000100'     ;(4) - Channel Control Byte 1 (for PIO-A)
   movwf    ow_buffer
   call     ow_write

   movlw    H'FF'           ;(5) - Channel Control Byte 2
   movwf    ow_buffer
   call     ow_write

   call     ow_read         ;(6) - read Channel Info Byte
   movf     ow_buffer,0
   movwf    ow_m1

   movf     ow_m2,0
   movwf    ow_buffer       ;(7) - neuer Wert für PIO-A
   call     ow_write

   call     ow_rst          ;(8) - OneWire Reset
   return
;-------------------------------------------------------------------------
```

Die Arduino-Variante ist wieder (abgesehen von der Programmiersprache) identisch:

```
;--------------------------------------------------------------------------
void ds2406_write(void)
{
  OneWireBus.reset();              //(1) - OneWire Reset
  OneWireBus.write(0xCC);          //(2) - Skip ROM
  OneWireBus.write(0xF5);          //(3) - Channel Access
  OneWireBus.write(B10000100);     //(4) - Channel Control Byte 1 - only PIO-A
  OneWireBus.write(0xFF);          //(5) - Channel Control Byte 2
  ow_mx[1] = OneWireBus.read();    //(6) - Reach Channel Info Byte
  OneWireBus.write(ow_mx[2]);      //(7) - new value for PIO-A
  OneWireBus.reset();              //(8) - OneWire Reset
}
;--------------------------------------------------------------------------
```

Die Schritte (1) bis (6) sind mit dem Lesevorgang identisch. Der einzige winzige, aber entscheidende Unterschied ist in Schritt (4) versteckt. Dort legen wir im Bit 6 (IM = Initial Mode) fest, dass wir schreiben (IM=0) und nicht lesen (IM=1) wollen: 1**0**00 0100b. Ein zweiter, aber für das Schreiben nicht wichtiger Unterschied ist, dass wir die Activity Latches löschen (Bit 7 = 1).

In diesem Beispiel wurde in Schritt (4) wiederum GPIO-A angesprochen.

Im Vergleich zum Lesevorgang gibt es beim Schreiben einen weiteren Schritt (7). Hier wird der neue Wert für GPIO-A gesendet, der auf dem Speicherplatz ow_m2 erwartet wird. Bei dieser Vorgehensweise ist entscheident, wie das MSB des Bytes ow_m2 aussieht - weil dieses Bit „gewinnt". Der Ausgangspegel wird bei jedem Bit-Empfang angepasst. Würden wir zum Beispiel in Schritt (7) den Wert 01011001b senden, würde bei PIO-A erst eine eins (0101100**1**b) aktiviert und unmittelbar danach eine Null (010110**0**1b), dann wieder eine null (01011**0**01b) und so weiter. Am Ende wird aber den Null aktiv (**0**1011001b) bleiben. Mit Schritt (8) wird die Kommunikation abgeschlossen.

Man kann sagen, dass, wenn nur PIO-A oder nur PIO-B adressiert wird, der Zielwert im MSB des abgeschickten Bytes festgelegt wird.

Wenn aber beide PIOs adressiert werden, legt das MSB den Wert für PIO-B fest, Bit 6 den Wert für PIO-A.

Wenn also das Channel Control Byte in Schritt (4) den Wert 1000 0100b besitzt (PIO-A ist adressiert), ist die Bedeutung des einzelnen Bits der Variable ow_m2 / ow_mx[2] wie folgt definiert:

| Bit 7 | Bit 6 | Bit 5 | Bit 4 | Bit 3 | Bit 2 | Bit 1 | Bit 0 |
|---|---|---|---|---|---|---|---|
| PIO-A | x | x | x | x | x | x | x |

Wenn also das Channel Control Byte in Schritt (4) den Wert 1000 1000b besitzt (PIO-B ist adressiert), ist die Bedeutung des einzelnen Bits der Variable ow_m2 / ow_mx[2] wie folgt definiert:

| Bit 7 | Bit 6 | Bit 5 | Bit 4 | Bit 3 | Bit 2 | Bit 1 | Bit 0 |
|---|---|---|---|---|---|---|---|
| PIO-B | x | x | x | x | x | x | x |

Und letztlich ist, wenn das Channel Control Byte in Schritt (4) der Wert 1000 1100b besitzt (beide PIO adressiert), die Bedeutung des einzelnen Bits der Variable ow_m2 / ow_mx[2] wie folgt definiert:

| Bit 7 | Bit 6 | Bit 5 | Bit 4 | Bit 3 | Bit 2 | Bit 1 | Bit 0 |
|---|---|---|---|---|---|---|---|
| PIO-B | PIO-A | x | x | x | x | x | x |

### 5.10.3.3. GPIO schreiben - Option 2 (Bit)

Die zweite Kommunikationsmöglichkeit befreit die Übertragung von unnötigen Informationen. Dabei zeigen wir auch, wie man die Kommunikation mit dem DS2406 länger „offen" lassen kann, um mehrere Informationen hintereinander abzuschicken, zum Beispiel, um eine LED eine Zeit lang blinken zu lassen oder ein (vereinfachtes) I²C-Protokoll zu implementieren. Deswegen teilen wir die Kommunikation in drei Schritte auf:

1. Kommunikation öffnen
2. Daten Senden
3. Kommunikation schließen.

Jetzt schauen wir, wie die einzelne Kommunikationsbausteine in Assembler aussehen könnten.

**Schritt 1 - Kommunikation Öffnen**

Um die Kommunikation zu öffnen, gehen wir nach bekanntem Muster vor:

```
;------------------------------------------------------------------------
ds2406_open_com
    call      ow_rst          ;(1) - OneWire Reset

    movlw     H'CC'           ;(2) - SKIP ROM
    movwf     ow_buffer
    call      ow_write

    movlw     H'F5'           ;(3) - Channel Access
    movwf     ow_buffer
    call      ow_write

    movlw     B'10011100'     ;(4) - Channel Control Byte 1
```

```
    movwf     ow_buffer
    call      ow_write

    movlw     H'FF'          ;(5) - Channel Control Byte 2
    movwf     ow_buffer
    call      ow_write

    call      ow_read        ;(6) - read Channel Info Byte
    movf      ow_buffer,0
    movwf     ow_m1

    return
;---------------------------------------------------------------------------
```

Die Schritte (1) bis (6) sind mit den schon beschriebenen Schreib- und Lese-Prozeduren identisch, aber wieder mit der Ausnahme von Schritt (4) (aber nur, weil wir hier festlegen, dass wir mit beiden Kanälen (PIO-A und PIO-B) kommunizieren möchten). Das Channel Control Byte ist: 1001 **11**00b, wobei die Kombination „11" bedeutet, dass beide Kanäle abwechselnd angesprochen werden.

Wichtig ist aber, dass am Ende kein OneWire-Reset durchgeführt wird und der Kommunikationskanal offen bleibt.

**Schritt 2 - Daten Senden**
Um die gewünschten Daten an PIO-A und PIO-B zu schicken, verwenden wir die OneWire-Routine „ow_write_bit". Diese Kommunikationsroutine wird selten verwendet, aber ist in diesem Beispiel sinnvoll.

ow_write_bit ist ow_write_byte ähnlich, nur wird statt acht Bits (ein Byte) nur ein Bit über die OneWire-Schnittstelle gesendet.

```
;---------------------------------------------------------------------------
ds2406_w_AB
    movf      ow_m2,0
    movwf     ow_buffer
    call      ow_write_bit     ;PIO-A

    movf      ow_m3,0
    movwf     ow_buffer
    call      ow_write_bit     ;PIO-B
    return
;---------------------------------------------------------------------------
```

Diese Subroutine ds2406_w_AB schickt ein Bit an PIO-A und ein Bit an PIO-B. Wenn das zu versendende Bit eins sein soll, wird in der Variable ow_m2 für PIO-A beziehungsweise ow_m3 für PIO-B der Wert FFh erwartet. Falls eine Null geschickt werden soll, geben wir den Variablen den Wert 00h.

Man kann wieder sagen, dass von dem Byte wieder nur ein Bit wichtig ist; und zwar entweder das LSB, wenn das Software-Interface verwendet wird, oder das MSB, wenn der DS2482-800 (die I²C-zu-OneWire-Brücke) genutzt wird.

Man kann sich fragen, wieso von identischen Softwareteilen ein Bit an PIO-A und gleich danach an PIO-B gesendet werden kann, wenn dazwischen nichts adressiert wird. Dies hat mit den Eigenschaften des DS2406 zu tun: Wenn beide Kanäle adressiert worden sind, werden sie auch abwechselnd mit Daten versorgt. Dabei ist immer das erste empfangene Bit für GPIO-A bestimmt und das nächste für GPIO-B. Dann kommt wieder GPIO-A an die Reihe und so weiter.

### 5.11. GPIO - DS2408

Der GPIO-Baustein DS2408 mit acht I/Os ist ebenfalls relativ einfach zu bedienen.
Wenn der Chip erkannt wird, steht folgende Information auf dem LCD:

```
ROM code(CRC*SN):
33*00-00-00-1B-93-F1
Family code: 29
DS2408: GPIO 8-bit
```

Weil der Chip über acht GPIOs verfügt, bauen wir ein ein wenig umfangreicheres Demo-Modul als nur eines mit LEDs, nämlich eines mit einer 7-Segment-Anzeige mit gemeinsamer Kathode. Diese Anzeige stellt die Ziffern 0...9 viel lesbarer dar als einzelne LEDs.

Außerdem gibt es einen 8-fachen DIP-Schalter, durch den man die Eingangswerte nicht nur lesen, sondern auch beeinflussen kann.

### 5.11.1. Hardware

Die Schaltung ist ein wenig komplizierter, weil man mit dem DS2408S die LEDs nicht direkt ansteuern kann. Deswegen wird in Form des 74HCT245 eine Art „Verstärker" für die LED-Anzeige eingesetzt.

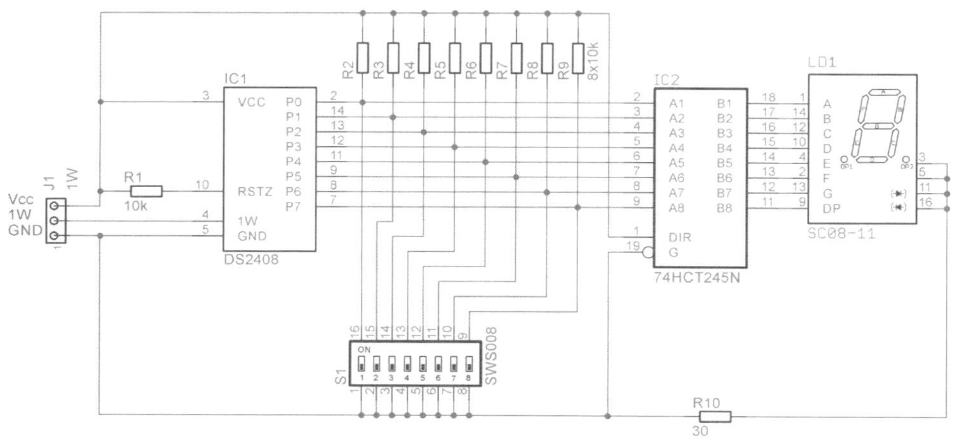


Nach dem Einschalten leuchten alle Segmente der Anzeige, weil Ausgangstransistoren des DS2408 ausgeschaltet sind und die Widerstände R2-R9 (als schwache Pull-Ups) für eine logische Eins auf allen I/O-Leitungen sorgen. Mit dem DIP-Schalter kann man für jede Leitung einzeln eine Null aktivieren, was dann bei einer Leseoperation sichtbar wird.

Durch die 7-Segment-Anzeige spart man die Reihenwiderstände der LEDs; die Anzeige benötigt nur einen Widerstand zur Strombegrenzung, der an der gemeinsamen Kathode angeschlossen ist. Er sorgt leider auch dafür, dass die Helligkeit der einzelnen Segmente davon anhängt, wie viele Segmente gerade leuchten. Für unsere Experimentierzwecke sollte das tragbar sein, aber in einer echten Anwendung müsste man die gemeinsame Kathode direkt an GND anschließen und in jede Segmentleitung zum 74HCT245 einen Widerstand á 150 Ω aufnehmen.

Der Vcc-Pin 3 des DS2408-Chips kann entweder wie im Schaltplan an Vcc oder aber auch an GND angeschlossen werden.

Es wird angenommen, dass die Versorgungsspannung wie bei allem Break-Out-Boards 3,3 V beträgt.

Der Eingang RSTZ des DS2408 ist an Vcc angeschlossen. Damit der Chip stabil arbeiten kann, darf dieser Eingang nicht offen bleiben (falls er wie beim Einschalten als Reset-Eingang konfiguriert ist).

### 5.11.2. Bedienung mit dem DemoBoard

Wenn man die Funktion des Chips wählt, werden erst einmal alle Ausgänge auf eins gesetzt und außerdem der Befehl „Reset Activity Latch" (C3h) ausgeführt, damit wir unseren Versuch mit einem „sauberen" Chip beginnen.

```
DS2408S+    pwr: NO
Sense:      1111 1111
Output:     1111 1111
Activity: 0000 0000
```

In der ersten Zeile sehen wir den Typ des Chips (DS2408S+) und danach die Information, ob der Vcc-Pin auf GND oder Vcc angeschlossen ist (pwr: NO -> GND, pwr: YES -> Vcc). Die zweite Zeile (Sense) kann man mit dem DIP-Schalter beeinflussen, in der dritten Zeile sieht man, was an die Ausgänge gesendet wurde und die letzte Zeile informiert, welche Bits sich seit dem letzten Reset geändert haben.

Wenn Taster S3 betätigt wird (während die Funktion des Chips aktiv ist), schickt die Schleife in der Firmware fortwährend die Werte 0 bis 9 zum DS2408, was in der 7-Segment-Anzeige zu sehen ist. Drückt man nochmals auf den Taster, wird diese Funktion angehalten.

### 5.11.3. Software

Die wichtigsten drei Subroutinen für die Kommunikation mit dem DS2408 sind:
Reset Activity Latch, Byte schicken und Byte lesen.

#### 5.11.3.1. Activity Latches zurücksetzen

Die Funktion, die Activity Latches zurückzusetzen, kann man mit ds2408_rst_act implementieren. Beim PIC sieht das so aus:

```
;----------------------------------------------------------------------------
ds2408_rst_act
   call    ow_rst      ;(1) - OneWire Reset

   movlw   H'CC'       ;(2) - SKIP ROM
   movwf   ow_buffer
   call    ow_write

   movlw   H'C3'       ;(3) - Reset Activity Latches
   movwf   ow_buffer
   call    ow_write

   call    ow_rst      ;(4) - OneWire Reset
   return
;----------------------------------------------------------------------------
```

Die Arduino-UNO-Version ist sehr ähnlich:

```
//---------------------------------------------------------------------------
void ds2408_rst_act(void)
{
   OneWireBus.reset();              // (1) - OnwWire Reset
   OneWireBus.write(0xCC);          // (2) - Skip ROM
   OneWireBus.write(0xC3);          // (3) - Reset Activity Latches
   OneWireBus.reset();              // (4) - OnwWire Reset
}
//---------------------------------------------------------------------------
```

Das ist wirklich sehr überschaubar. Am Anfang (1) wird der OneWire-Reset durchgeführt, gefolgt vom Skip ROM-Befehl (2). Dann, in (3), wird der Funktionsbefehl Reset Activity Latches (C3h) erteilt und wieder ein OneWire-Reset durchgeführt (4).

### 5.11.3.2. GPIO lesen

Die aktuellen Pegel der Eingänge werden genauso ausgelesen wie alle anderen Registerwerte aus dem DS2408. Der Chip besitzt mehrere Register, von denen eines das wichtige „PIO Logic State" ist, da es die aktuellen Pegel der Eingänge widerspiegelt. Dieses Register besitzt die Adresse 0088h.

Mit den folgenden Subroutinen lesen wir der Reihe nach die drei Register PIO Logic State (0088h), PIO Output Latch State Register (0089h) und das PIO Activity Latch State Register (008Ah) aus.

Die PIC-Assembler-Version sieht so aus:

```
;---------------------------------------------------------------------------
ds2408_read_PIO
   call    ow_rst      ;(1)

   movlw   H'CC'       ;(2) - SKIP ROM
   movwf   ow_buffer
   call    ow_write

   movlw   H'F0'       ;(3) - Read PIO Registers
   movwf   ow_buffer
   call    ow_write

   movlw   H'88'       ;(4a) - Register Address - LSB -- PIO Logic State
   movwf   ow_buffer
   call    ow_write
   movlw   H'00'       ;(4b) - Register Address - MSB
   movwf   ow_buffer
   call    ow_write
```

```
    call    ow_read     ;(5) - Read PIO Logic State
    movf    ow_buffer,0
    movwf   ow_m1

    call    ow_read     ;(6) - Read PIO Output Latch
    movf    ow_buffer,0
    movwf ow_m7

    call    ow_read   ;(7) - Read PIO Activity Latch
    movf    ow_buffer,0
    movwf   ow_m6

    call    ow_rst      ;(8) - OneWire Reset
    return
;--------------------------------------------------------------------------
```

Für den Arduino könnte die Funktion so aussehen:

```
//---------------------------------------------------------
void ds2408_read_PIO(void)
{
   OneWireBus.reset();             // (1) - OneWire Reset
   OneWireBus.write(0xCC);         // (2) - Skip ROM
   OneWireBus.write(0xF0);         // (3) - Read PIO Registers
   OneWireBus.write(0x88);         // (4a) - PIO Register Address: LSB
   OneWireBus.write(0x00);         // (4b) - PIO Register Address: MSB
   ow_mx[1] = OneWireBus.read();   // (5) - PIO Logic State
   ow_mx[2] = OneWireBus.read();   // (6) - PIO Output Latch
   ow_mx[3] = OneWireBus.read();   // (7) - PIO Activity Latch
   OneWireBus.reset();             // (8) - OneWire Reset
}
//---------------------------------------------------------
```

Auch hier ist die Vorgehensweise relativ einfach. Nach dem OneWire-Reset (1) und dem Skip-ROM-Befehl (2) wird der Funktionsbefehl F0h für Read PIO Registers erteilt (3). Nach diesem Befehl erwartet der Chip die Adresse, ab der die Register-Map gelesen werden soll. Dies geschieht in zwei Schritten: In (4a) wird der Wert 88h (unteres Byte der Adresse) und in (4b) der Wert 00h (oberes Byte) gesendet. Eigentlich ist das obere Byte immer 00h, doch der Chip erwartet dennoch immer eine 16-Bit-Adresse. Mit Schritt (5) beginnt der Lesevorgang. Erst wird Register 0088h übermittelt, danach in (6) kommt das Register 0089h (Read PIO Logic State) an die Reihe und zum Schluss (7) auch noch das PIO Activity Latch Register. Die Chip-Autoincrement-Funktion stellt die Adresse jeder Anfrage automatisch entsprechend ein. Selbstverständlich können wir weiterlesen, aber uns interessieren ja nur diese drei Register. Deswegen schließen wir mit einem OneWire-Reset (8) den Lesevorgang ab.

### 5.11.3.3. Status Register lesen

Den Status Register auszulesen ist genauso einfach oder genauso kompliziert wie das Lesen der PIO-Register. Nur die Adresse ist anders; statt 0088h wird für das Statusregister die Adresse 008D benutzt. Das Programm in Assembler sieht so aus:

```
;------------------------------------------------------------------------------
ds2408_read_sta
    call    ow_rst      ;(1) - OneWire Reset

    movlw   H'CC'       ;(2) - SKIP ROM
    movwf   ow_buffer
    call    ow_write

    movlw   H'F0'       ;(3) - Read PIO Registers
    movwf   ow_buffer
    call    ow_write

    movlw   H'8D'       ;(4a) - Register Address - LSB -- Status Register
    movwf   ow_buffer
    call    ow_write

    movlw   H'00'       ;(4b) - Register Address - MSB
    movwf   ow_buffer
    call    ow_write

    call    ow_read   ;(5) - Read Status Register
    movf    ow_buffer,0
    movwf   ow_m5

    call    ow_rst      ;(6) - OneWire Reset
    return
;------------------------------------------------------------------------------
```

Wie schon erwähnt, ist der Algorithmus identisch zum vorherigen, nur wird statt drei nur ein Register gelesen (5).

Hier noch die Funktion für den Arduino:

```
//----------------------------------------------------------
void ds2408_read_sta(void)
{
   OneWireBus.reset();              // (1) - OneWire Reset
   OneWireBus.write(0xCC);          // (2) - Skip ROM
   OneWireBus.write(0xF0);          // (3) - Read PIO Registers
   OneWireBus.write(0x8D);          // (4a) - PIO Status Register Address: LSB
   OneWireBus.write(0x00);          // (4b) - PIO Status Register Address: MSB
```

```
    ow_mx[4] = OneWireBus.read(); // (5) - Status Register
    OneWireBus.reset();           // (6) - OneWire Reset
}
//-------------------------------------------------------
```

### 5.11.3.4. Daten an GPIO schicken

Daten an GPIO zu schicken, ist dagegen eine recht komplizierte Angelegenheit, da der Vorgang sehr sicher gestaltet werden soll. Erstens muss man das Byte zweimal schicken - in „Normalform" und anschließend als Komplement, danach soll das Kontrollbyte ausgelesen und nochmals das Byte gesendet. In Assembler könnte diese Prozedur folgendermaßen aussehen:

```
;-----------------------------------------------------------------------------
ds2408_write
    call    ow_rst      ;(1) - OneWire Reset

    movlw   H'CC'       ;(2) - SKIP ROM
    movwf   ow_buffer
    call    ow_write

    movlw   H'5A    '   ;(3) - Channel-Access Write
    movwf   ow_buffer
    call    ow_write

    call    get_char    ;(4) - Data to be send to outputs
    movwf   ow_buffer
    call    ow_write

    call    get_char
    movwf   ow_buffer
    comf    ow_buffer,1 ;(5) -  complement of data to be send to outputs
    call    ow_write

    call    ow_read     ;(6) - Read Data
    movf    ow_buffer,0
    movwf   ow_m1       ;this should be always AAh

    call    ow_read     ;(7) - Read Data
    movf    ow_buffer,0
    movwf   ow_m1       ;read-back

    call    ow_rst      ;(8) - OneWire Reset
    return
;-----------------------------------------------------------------------------
```

Die Arduino-Version ist:

```
//--------------------------------------------------------
void ds2408_write(byte in_cnt)
{
   byte v_byte;

   OneWireBus.reset();              // (1) - OneWire Reset
   OneWireBus.write(0xCC);          // (2) - Skip ROM
   OneWireBus.write(0x5A);          // (3) - Channel-Access Write
   v_byte = get_char(in_cnt);       // (4) - Data to be send to outputs
   OneWireBus.write(v_byte);
   v_byte = ~v_byte;                // (5) - Complement of Data to be send to
                                             outputs
   OneWireBus.write(v_byte);
   ow_mx[0] = OneWireBus.read();  // (6) - Read Byte - shall always be AAh
   ow_mx[0] = OneWireBus.read();  // (7) - Read Byte back
   OneWireBus.reset();              // (8) - OneWire Reset
}
//--------------------------------------------------------
```

Wie immer steht am Anfang (1) ein OneWire-Reset und der Skip-ROM Befehl (2). Die Daten werden mit dem Funktionsbefehl 5Ah (Channel-Access Write) übermittelt (3).

Im Schritt (4) wird das Byte geholt, das an den Ausgang geschickt werden soll. Es geht nur darum, dass ein Zeichen, das die Zahl 0, dann 1, 2... et cetera darstellt, „abgeholt" wird. Dieses wird dann an den DS2408 geschickt. Weil das Protokoll danach noch das Komplement des Byte anfordert, wird das Byte noch mal geholt, das Komplement erstellt (5) und an den DS2408 geschickt. Danach (6) wird das Kontrollbyte gelesen. Es sollte immer AAh sein, was aber in der Subroutine nicht überprüft wird. Im vorletzten Schritt wird das Byte nochmals aus dem DS2408 gelesen (7) und zum Schluss (8) die Kommunikation mit dem OneWire-Reset beendet.

### 5.12. GPIO - DS2413

Den Chip DS2413P kann man ähnlich wie den DS2406P einsetzen. Es stehen zwei GPIOs (PIO-A und PIO-B) zur Verfügung. Die Bedienung der I/Os ist einfacher als beim DS2406 und man sollte, auch weil der DS2413 nur etwa die Hälfte des DS2406 kostet, den DS2413 einsetzen, wenn man kein EPROM benötigt (der DS2406 bietet ja auch 128 Byte EPROM).

### 5.12.1. Hardware

Bei der Schaltung des DS2413 muss man berücksichtigen, dass dieser Chip nur mit parasitärer Versorgung betrieben werden kann. Deswegen sind für die Lese-Operationen die Pull-Up Widerstände R3 und R4 wichtig. Die Pull-Ups R1 (plus LED1) beziehungsweise R2 (plus LED2) alleine böten keine sichere logische Eins!

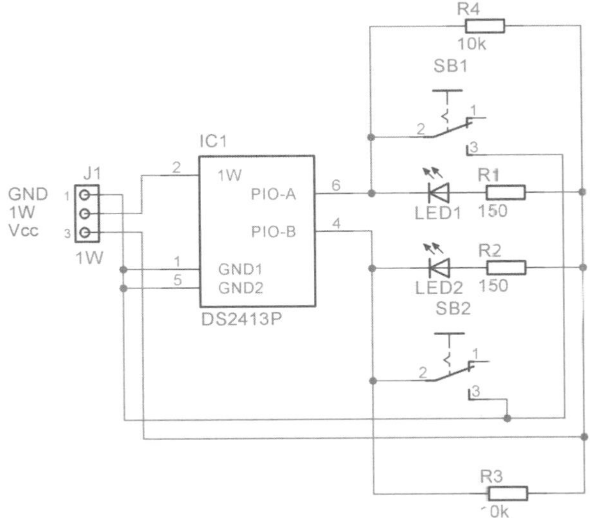


### 5.12.2. Bedienung mit dem DemoBoard

Das DemoBoard erkennt den Chip als Familie 3A und zeigt folgende Informationen an:

```
ROM code(CRC*SN):
C5*00-00-00-4D-F5-5C
Family code: 3A
DS2413: 2-Ports GPIO
```

Für den DS2413 ist in der Firmware auch eine Funktion implementiert, die es ermöglicht, die LEDs anzusteuern und den Zustand der Schalter abzutasten.

Wenn man also die Chipfunktion 1 wählt, wird die Information über die Eingänge in der dritten Zeile Sense für GPIO-A und GPIO-B und genauso der Inhalt des Ausgangsregisters in der vierten Zeile (F-F Q) dargestellt.

```
DS2413
----------------
Sense: A:0 / B:0
F-F Q: A:0 / B:0
```

Mit dem Taster SB1 kann man die Ausgänge wie schon oben beschrieben ändern (11 -> 00 -> 01 -> 10 -> 11 -> und so weiter) und damit die LEDs aktivieren.

Die Chipfunktion 2 ist in der PIC-Version für I²C-Kommunikation ausgelegt und bei der Arduino-Version für die „blinkenden LEDs" - ähnlich wie beim DS2406+.

### 5.12.3. Software

#### 5.12.3.1. GPIO lesen

Das Lesen der Eingänge ist im Vergleich zum DS2406 einfacher, da man beim DS2413 direkt auf die GPIOs zugreifen kann.

Deswegen ist nach dem Funktionsbefehl nur ein einziger weiterer Schritt erforderlich:

```
;-----------------------------------------------------------------------------
ds2413_read
   call     ow_rst          ;(1) - OneWire Reset

   movlw    H'CC'           ;(2) - SKIP ROM
   movwf    ow_buffer
   call     ow_write

   movlw    H'F5'           ;(3) - PIO Access Read
   movwf    ow_buffer
   call     ow_write

   call     ow_read       ;(4) - Read PIO
   movf     ow_buffer,0
   movwf    ow_m1

   call     ow_rst          ;(5) - OneWire Reset
   return
;-----------------------------------------------------------------------------
```

In der Arduino-Welt kann man diese Funktionalität so implementieren:

```
//---------------------------------------------------------------------
void ds2413_read(void)
{
 OneWireBus.reset();                //(1) - OneWire Reset
 OneWireBus.write(0xCC);            //(2) - Skip ROM
 OneWireBus.write(0xF5);            //(3) - PIO Access Read
 ow_mx[1] = OneWireBus.read();      //(4) - Read PIO
 OneWireBus.reset();                //(5) - OneWire Reset
}
//---------------------------------------------------------------------
```

Nach dem OneWire-Reset (1) und dem Skip-ROM-Befehl (2) wird der Funktionsbefehl (3) PIO Read Access (F5h) erteilt. Das war es auch schon. Danach werden die Daten ausgelesen (4) und die Kommunikation beendet (5). Am Ende der Routine ist in den LSB von ow_m1 der aktuelle Zustand von GPIO-A und GPIO-B zu finden.

### 5.12.3.2. GPIO ansteuern

Schreiben ist ein wenig komplizierter als Lesen, aber dennoch relativ überschaubar. Eine mögliche Implementierung des Schreibprotokolls in Assembler könnte so aussehen:

```
;---------------------------------------------------------------------
ds2413_write
    call    ow_rst          ;(1) - OneWire Reset

    movlw   H'CC'           ;(2) - SKIP ROM
    movwf   ow_buffer
    call    ow_write

    movlw   H'5A'           ;(3) - PIO Access Write
    movwf   ow_buffer
    call    ow_write

    movf    ow_m4,0         ;(4-1) - load new value for PIO-A und PIO-B to
                                     W-register
    andlw   B'00000011'     ;(4-2) - set the rest of ow_m4 to 0
    movwf   ow_buffer
    call    ow_write        ;(4-3) - write new value to the PIO-A and PIO-B

    movf    ow_m4,0         ;(4-4) - load new value for PIO-A und PIO-B to
                                     W-register
    andlw   B'00000011'     ;(4-5) - set the rest of ow_m4 to 0
    movwf   ow_buffer
    comf    ow_buffer,1     ;(4-6) - compute complement of ow_m4
    call    ow_write        ;(4-7) - write complement of new value to the
                                     PIO-A and PIO-B
```

```
        call      ow_read       ;(5) - Read Data
        movf      ow_buffer,0
        movwf     ow_m1         ;this should be always AAh

        call      ow_read       ;(6) - Read PIO
        movf      ow_buffer,0
        movwf   ow_m1

        call      ow_rst          ;(7) - OneWire Reset
        return
;-----------------------------------------------------------------------------
```

Am Anfang wird die Kommunikation mit dem OneWire-Reset neu gestartet (1) und danach der Skip-ROM abgeschickt (2). Um die Ausgänge zu beeinflussen, verwenden wir den Funktionsbefehl PIO Access Write (3).

In Schritt (4) werden die neuen Daten (zwei Bits) an GPIO-A und GPIO-B gesendet. Laut Kommunikationsprotokoll des DS2413 muss der Wert zweimal geschickt werden, erst als „normaler" Wert, der an GPIO-A und GPIO-B geschrieben wird, und danach noch als Komplement dieses Wertes. Die ersten sechs Bits des Wertes sollten allesamt null sein, nur die beiden LSB sind für die GPIO-A und GPIO-B vorgesehen.

Der Wert wird in dieser Subroutine auf dem Speicherplatz ow_m4 erwartet. Er wird in Schritt (4-1) in das W-Register geladen, dann werden in Schritt (4-2) die sechs höchsten Bits auf null gesetzt. In Schritt (4-3) werden die beiden LSB an den DS2413 geschickt. Die Schritte (4-4) und (4-5) sind mit den Schritten (4-1) und (4-2) identisch - der neue Wert von ow_m4 wird ins W-Register geladen und die höchsten sechs Bits auf null gesetzt. In Schritt (4-6) wird dann das Komplement erstellt und dieses im Schritt (4-7) an den DS2413 geschickt.

Laut Kommunikationsprotokoll wird dann in (5) die Schreibbestätigung geholt; ein Byte wird gelesen. Wenn der Schreibvorgang erfolgreich war, erhält man den Wert AAh zurück. Danach (6) kann noch der aktuelle Zustand des PIO gelesen und abschließend die Kommunikation beendet werden (7).

In der Arduino-Version sieht das ein wenig einfacher aus, weil man den Wert nicht zweimal laden muss. Deswegen gibt es im Bereich (4) nur fünf statt sieben Teilschritte. Ansonsten verläuft die Prozedur entsprechend, so dass sich eine weitere Erläuterung erübrigt.

Der Code sieht so aus:

```
//--------------------------------------------------------------------------
void ds2413_write(void)
{
  OneWireBus.reset();                    //(1) - OneWire Reset
  OneWireBus.write(0xCC);                //(2) - Skip ROM
  OneWireBus.write(0x5A);                //(3) - PIO Access Write
  ow_mx[4] = ow_mx[2];                   //(4.1) - load the new value for PIO-A
                                                   and PIO-B
  ow_mx[4] = ow_mx[4] & B00000011;       //(4.2) - clear bits 7-2
  OneWireBus.write(ow_mx[4]);            //(4.3) - send the new value for PIO-A
and PIO-B
  ow_mx[4] = ~ow_mx[4];                  //(4.4) - create complement
  OneWireBus.write(ow_mx[4]);            //(4.5) - send the complement of new
                                                   value for PIO-A and PIO-B
  ow_mx[1] = OneWireBus.read();          //(5) - Read Data - shall always be AAh
  ow_mx[1] = OneWireBus.read();          //(6) - Read PIC
  OneWireBus.reset();                    //(7) - OneWire Reset
}
//--------------------------------------------------------------------------
```

## 5.13. RTC

Die Firmware der DemoBoards unterstützt beide verfügbaren RTC-Chips, den DS2417 (Familiencode 27h) und auch die iButton-Version DS1904 mit dem Familiencode 24h. In der Bedienung gibt es bei den beiden Chips keine Unterschiede, unterschiedlich ist lediglich die Bauweise.

### 5.13.1. Hardware

So einfach sieht die Schaltung des DS1904 aus:

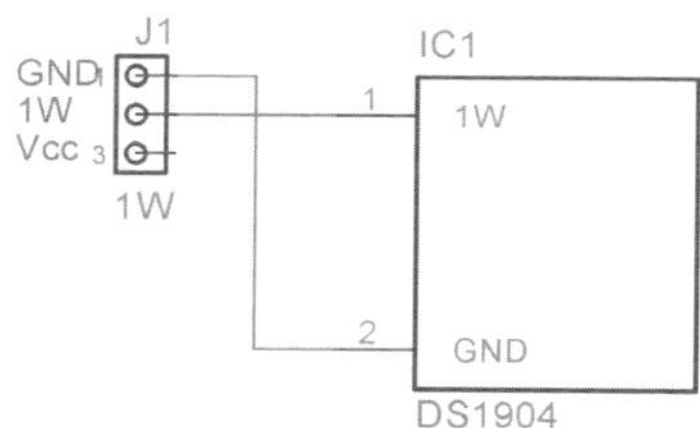


Dazu lässt sich herzlich wenig sagen: Der iButton enthält den notwendigen Quarz und genauso die Stromquelle. Man muss nur GND und die Datenleitung anschließen.

Falls man nicht unbedingt den iButton braucht, kann man auch für den DS2417 entscheiden. Hier braucht man zwar einen externen Quarz und eine Batterie, der Chip kostet mit etwa 2 € aber auch nur ein Fünftel der iButton-Variante mit 10 €. Aber zurück zu den Schaltungen.

Den DS2417P, ausgestattet mit einer Backup-Batterie wie der CR2032 - 3V, kann man sehr einfach an OneWire-Bus anschließen. Taktgeber ist ein Uhrenquarz (32,768 kHz) mit einer Kapazität von 6 pF.

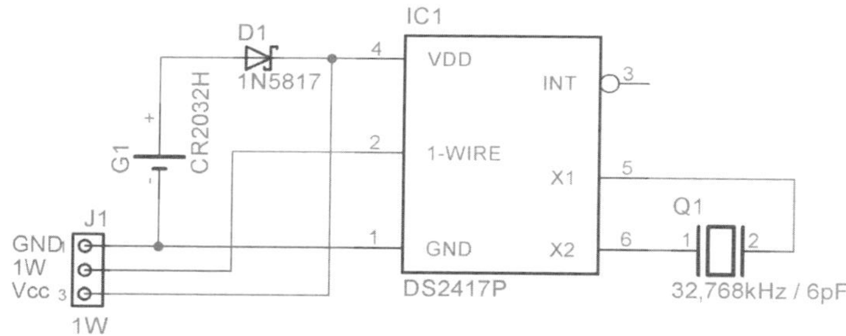


Zum Anschluss braucht man drei Leitungen. Vcc ist erforderlich, da der DS2417-Chip keine parasitäre Versorgung kennt. In diesem Fall ist noch eine Schottky-Diode erforderlich. Man kann aber auf die externe Versorgung (also die Vcc-Leitung) verzichten und ganz auf die Backup-Batterie zur Energieversorgung setzen. In diesem Fall ist die Schottky-Diode nicht erforderlich.

Dann würde die Schaltung so aussehen:

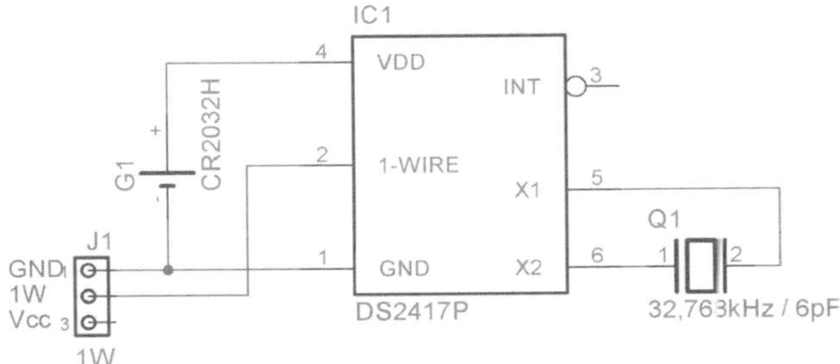


Es klingt zwar „gefährlich" nach Batteriemüll, aber bei einer Stromaufnahme von ungefähr 250 nA dauert es eine kleine Weile, bis die Batterie erschöpft ist - rein rechnerisch gesehen bei einer Batteriekapazität von 210 mAh ungefähr 100.000 Jahre...

### 5.13.2. Bedienung mit den DemoBoards

Wenn sich die SMD-Version (sprich der Chip DS2417) des RTC-Chips am Bus befindet, wird folgende Information dargestellt:

```
ROM code(CRC*SN):
31*00-00-00-42-08-33
Family code: 27
DS2417: RTC/Counter
```

Bei der iButton-Variante sieht die Information etwas anders aus:

```
ROM code(CRC*SN):
E0*00-00-00-4D-D7-6D
Family code: 24
DS1904: RTC/iButton
```

Wenn man jetzt die Chipfunktion 1 wählt, wird das Kontrollregister, der Inhalt des Zählers und die zugehörige Zeitinformation angezeigt:

```
DS2417: RTC
Cntrl Byte: 00001100
CNT(H): 00-09-2C-76
Time:    06-23:00:06
```

An diesem Beispiel sehen wir, dass das Kontrollbyte den Wert 00001100b besitz, was bestätigt, dass der Oszillator läuft (Bit 3 und Bit 2 sind eins).

Außerdem können wir in der letzten Zeile die aktuellen Zeit 23:00:06 ablesen. Die „06" zu Beginn bedeutet, dass ab dem Zählerstand null (als dem Reset) sechs Tage vergangen sind. Und dazu noch 23 Stunden und sechs Sekunden. Der Zählerstand (die zweite Zeile) in hexadezimaler Form lautet 0009 2C76h.

Für die iButton-Version ist die Information identisch, nur zeigt die erste Zeile, dass wir es mit dem Chip DS1904 und nicht dem DS2417 zu tun haben.

```
DS1904: iButton/RTC
Cntrl Byte: 00001100
CNT(H): 00-2F-67-E7
Time:    35-22:59:51
```

Hier sehen wir, dass der Zählerstand 002F67E7h lautet, was einer Zeitspanne von 35 Tagen plus 22:59:51 entspricht (falls der Zähler von 00000000h gezählt hat).
Die einzige Möglichkeit, die Zeit einzustellen, ist mit der DemoBoard-Firmware immer um Mitternacht gegeben, denn der Zähler kann immer nur auf null gestellt werden.

Wenn bei aktiver Chipfunktion 1 der Taster S1 betätigt wird, fragt der Firmware, ob der Zähler tatsächlich auf Null gestellt werden soll:

```
Clear RTC
Really ?
```

Drückt man innerhalb von etwa fünf Sekunden den Taster S1 nochmals, wird der Zähler tatsächlich auf 00000000h zurückgesetzt und beginnt sein Zählwerk erneut.

```
DS2417: RTC
Cntrl Byte: 00001100
CNT(H): 00-00-00-07
Time:    00-00:00:07
```

### 5.13.3. Software

Die Bedienung des RTC-Chips ist wirklich sehr einfach. Wir brauchen nur zwei Funktionsbefehle, um die Kontrollregister und den Zählerstand zu lesen und zu schreiben, nämlich Write Clock (99h) und Read Clock (66h).

Bei Write Clock wird erst das Device Control Byte (das erste übertragene Byte) und dann der Zählerstand (mit dem LSB voran) erwartet. Die Daten werden aber nicht direkt ins Kontroll- oder Zählerregister geschrieben, sondern erst in einen R/W-Puffer (Read / Write Buffer). Erst nach einem OneWire-Reset werden die Daten chip-intern in die zugehörigen

Register geschrieben.

Beim Lesen ist es ähnlich, nur anders herum. Nach dem Read Clock Befehl werden die Registerwerte erst in den R/W-Puffer übernommen und von dort gelesen. Als erstes wird der Kontrollbyte gelesen, dann das niedrigste Byte des Zählers, gefolgt von weiteren zwei Bytes und zum Schluss dem obersten Byte des Zählers.

#### 5.13.3.1. Chip Oszillator starten

Nach dem Einschalten des Chips, wenn zum ersten Mal die Versorgungsspannung angelegt wird, sind die Werte des Zählers und des Kontrollbytes undefiniert. Es ist also sinnvoll, eine Art Initialisierung durchzuführen, indem wir im folgenden Beispiel den Wert 0Ch (0000 1100b) in das Kontrollregister schreiben. Dieser Wert schaltet den Oszillator ein und verbietet Interrupts.

```
;------------------------------------------------------------------------
ds2417_start
    call     ow_rst          ;(1) - OneWire Reset

    movlw    H'CC'           ;(2) - SKIP ROM
    movwf    ow_buffer
    call     ow_write

    movlw    H'99'           ;(3) - Write Clock
    movwf    ow_buffer
    call     ow_write

    movlw    B'00001100'     ;(4) - Device Control Byte
    movwf    ow_buffer
    call     ow_write

    call     ow_rst          ;(5) - OneWire Reset
    return
;------------------------------------------------------------------------
```

Die Arduino-Version der Oszillator-Start-Routine könnte so aussehen:

```
//-------------------------------------------------------
void rtc_osc_start(void)
{
   OneWireBus.reset();            //(1) - OneWire Reset
   OneWireBus.write(0xCC);        //(2) - Skip ROM
   OneWireBus.write(0x99);        //(3) - Write Clock
   OneWireBus.write(B00001100);   //(4) - Write Device Control Byte
   OneWireBus.reset();            //(5) - OneWire Reset
}
//-------------------------------------------------------
```

Wie zu sehen, handelt es sich um eine ganz einfache OneWire-Kommunikationssequenz. Am Anfang (1) werden der OneWire-Reset durchgeführt und der Befehl Skip ROM erteilt (2). Gleich danach (3) erfolgt der Funktionsbefehl 99h (Write Clock), dann kann man schon den neunen Inhalt des Kontrollregisters (4) übermitteln. Abschließend wird die Kommunikation mit dem OneWire-Reset (5) abgebrochen.

#### 5.13.3.2. Zählerinhalt auslesen

Es ist sehr einfach, den Zählerstand von DS2417 / DS1904 auszulesen. In Assembler könnte die zugehörige Routine so aussehen:

```
;-----------------------------------------------------------------------------
ds2417_read_all
    call     ow_rst          ;(1) - OneWire Reset

    movlw    H'CC'           ;(2) - SKIP ROM
    movwf    ow_buffer
    call     ow_write

    movlw    H'66'           ;(3) - function command: Read Clock
    movwf    ow_buffer
    call     ow_write

    call     ow_read         ;(4) - read Device Control Byte
    movf     ow_buffer,0
    movwf    ds2417_cb

    call     ow_read
    movf     ow_buffer,0
    movwf    ow_m1           ;(5.1) - read Counter - LSB

    call     ow_read
    movf     ow_buffer,0
    movwf    ow_m2           ;(5.2)

    call     ow_read
    movf     ow_buffer,0
    movwf    ow_m3           ;(5.3)

    call     ow_read
    movf     ow_buffer,0
    movwf    ow_m4           ;(5.4) - read Counter - MSB

    call     ow_rst          ;(6)
    return
;-----------------------------------------------------------------------------
```

Noch einfacher sieht es in der Arduino-Umgebung aus, da wir für ein Write statt drei nur eine Zeile benötige.

```
//--------------------------------------------------------
void rtc_read_data(void)
{
   OneWireBus.reset();            //(1) - OneWire Reset
   OneWireBus.write(0xCC);        //(2) - Skip ROM
   OneWireBus.write(0x66)         //(3) - Read Clock
   ow_mx[1] = OneWireBus.read();  //(4) - Read Device Control Byte
   ow_mx[2] = OneWireBus.read();    //(5.1) - Read Counter - LSB
   ow_mx[3] = OneWireBus.read();    //(5.2) - Read Counter
   ow_mx[4] = OneWireBus.read();    //(5.3) - Read Counter
   ow_mx[5] = OneWireBus.read();   //(5.4) - Read Counter - MSB
   OneWireBus.reset();              //(6) - OneWire Reset
}
//--------------------------------------------------------
```

Nach der Initialsequenz (OneWire Reset (1) und Skip-ROM (2)) wird gleich der Funktionsbefehl Read Clock (66h) erteilt. Danach kann man aus dem RTC-Chip fünf Bytes auslesen:

- erstens das Device Control Byte (4)
- danach kommt das unterste Byte (Bits 7-0) des 32-Bit-Zählers (5.1)
- in (5.2) kommt das nächsthöhere Zähler-Byte (Bits 15-8),
- dann in (5.3) das dritte Zähler-Byte (Bits 23-16) und schließlich
- in (5.4) das höchstwertige Zähler-Byte mit (Bits 31-24) an die Reihe.

Die Kommunikation wird wie üblich mit dem OneWire-Reset beendet (6).

### 5.13.3.3. Zählerinhalt ändern

Das Schreiben verläuft genauso unkompliziert wie ein Lesevorgang.
Eine Assemblerroutine könnte so aussehen:

```
;-------------------------------------------------------------------
ds2417_clear call
   call     ow_rst        ;(1) - OneWire Reset

   movlw    H'CC'         ;(2) - SKIP ROM
   movwf    ow_buffer
   call     ow_write

   movlw    H'99'         ;(3) - function command: Write Clock
   movwf    ow_buffer
   call     ow_write

   movlw    B'00001100'   ;(4) - write Device Control Byte
```

```
    movwf    ow_buffer
    call     ow_write

    movlw    H'00'          ;(5.1) write Counter - LSB
    movwf    ow_buffer
    call     ow_write

    movlw    H'00'          ;(5.2) write Counter
    movwf    ow_buffer
    call     ow_write

    movlw    H'00'           ;(5.3) write Counter
    movwf    ow_buffer
    call     ow_write

    movlw    H'00'           ;(5.4) write Counter - MSB
    movwf    ow_buffer
    call     ow_write

    call       ow_rst        ;(6) - OneWire Reset
    return
;--------------------------------------------------------------------------
```

Und wieder die zugehörige Arduino-Version:

```
//---------------------------------------------------------
void ds2417_clear(void)
{
   OneWireBus.reset();               //(1) - OneWire Reset
   OneWireBus.write(0xCC);           //(2) - Skip ROM
   OneWireBus.write(0x99);           //(3) - Write Clock
   OneWireBus.write(B00001100);      //(4) - Write Device Control Byte
   OneWireBus.write(0x00);           //(5.1) - Write Counter - LSB
   OneWireBus.write(0x00);           //(5.2) - Write Counter
   OneWireBus.write(0x00);           //(5.3) - Write Counter
   OneWireBus.write(0x00);           //(5.4) - Write Counter - MSB
   OneWireBus.reset();               //(6) - OneWire Reset
}
//---------------------------------------------------------
```

Wie man gleich sieht, ist die Vorgehensweise wirklich mit dem Lesen identisch, nur fließen die Daten in die andere Richtung. Der einzige Unterschied zum Lesen ist ab Schritt (3) zu sehen, denn hier wird der Befehl Device Control Byte (99h) und danach die Daten in der Reihenfolge Device Control Byte (4), niedrigstes bis höchstes Zähler-Byte (5.1 bis 5.4) gesendet. Am Ende erfolgt wieder ein OneWire-Reset (6).

Nach dem OneWire Reset werden die Daten intern aus dem R/W-Puffer des Chips in die zugehörigen Register kopiert.

#### 5.13.3.4. Die Zeitberechnung

Ich möchte nur noch (sehr kurz) auf die Zeitberechnung des 32-Bit-Zählers eingehen. Die Implementierung für das OneWire-DemoBoard2020 in Assembler setzt die in Kapitel 4.4.1 beschriebene Vorgehensweise um. Es sei erwähnt, dass der Assemblercode ungefähr 600 Zeilen zählt. Die zugehörige Subroutine heißt `ds2417_c_time` und ist in der Firmware des DemoBoards zu finden.

Die Implementierung für den Arduino ist deutlich einfacher - wir können in diesem Fall die Vorteile einer höheren Programmiersprache genießen. Die Arduino-Variante arbeitet nicht mit Bits, sondern einfach mit dem 32 Bit langen Wert des Zählers.

Dafür wird die Variable - rtc_counter mit dem Datentyp „long" eingesetzt, die eine Länge von 32 Bit besitzt.

```
//-------------------------------------------------------
void rtc_calc_time(void)
{
   unsigned long v_n4 = 16777216;    //(0.1) - help variable declaration
   unsigned long v_n3 = 65546;       //(0.2) - help variable declaration
   unsigned long v_n2 = 256;         //(0.3) - help variable declaration
   unsigned long v_n1 = 1;           //(0.4) - help variable declaration

  rtc_counter = ow_mx[5] * v_n4 +    //(1) - Fill the rtc_counter variable
                ow_mx[4] * v_n3 +
                ow_mx[3] * v_n2 +
                ow_mx[2] * v_n1;

   rtc_days = rtc_counter / 86400;      //(2.1) - calculate days (using DIV)
   rtc_counter = rtc_counter % 86400;   //(2.2) - rest value after days has
                                                  been calculated (MOD)
   rtc_hrs = rtc_counter / 3600;        //(3.1) - calculate hours (DIV)
   rtc_counter = rtc_counter % 3600;    //(3.2) - rest value after hours has
                                                  been calculated (MOD)
   rtc_min = rtc_counter / 60;          //(4) - calculate the minutes
   rtc_sec = rtc_counter % 60;          //(5) - calculate the seconds
}
//-------------------------------------------------------
```

Eigentlich ist die Berechnung der Zeit in der Arduino-C-Sprache sehr einfach. Erst wird in der Variablen rtc_counter der 32-Bit-Zähler aus dem Chip sozusagen rekonstruiert (1). Beim Arduino muss man nur bisschen vorsichtig mit 32-Bit-Variablen sein, denn würde man einfach schreiben:

```
rtc_counter = ow_mx[5] * 16777216 +     //(1) - Fill the rtc_counter
                                                variable
                  ow_mx[4] * 65536 +
                  ow_mx[3] * 256 +
                  ow_mx[2] * 1;
```

so würde der Compiler die verwendeten Konstanten, wo immer es möglich ist, als Integer-Variablen interpretieren und die zugehörigen mathematischen Operationen auch als Integer durchführen. Das bedeutet, dass spätestens in Zeile 3 (ow_mx[3] * 256) die oberen 16 Bit einfach abgeschnitten und als Null gesetzt würden. Deswegen ist die Deklaration (0.1) bis (0.4) unumgänglich.

In den relativ trivialen Schritten (2) bis (5) werden die Tage, Stunden, Minuten und Sekunden berechnet.

## 5.14. EEPROM

Mit dem OneWire-DemoBoard2020 kann man die EEPROMs DS24B33 / DS1973 (Familiencode: 23h, Größe: 512 Byte) und DS28E07 / DS2431 (Familiencode: 2Dh, Größe: 128 Byte) beschreiben und auslesen.

### 5.14.1. Hardware

Einen Schaltplan zu zeichnen ist an dieser Stelle überflüssig. Die EEPROM-Chips besitzen keinen Vcc-Pin, so dass man nur die Datenleitung an den Bus und GND anschließen muss. Das ist auch schon alles.

### 5.14.2. Bedienung mit den DemoBoards

Die Firmware kann mit zwei verschiedenen EEPROM-Familien arbeiten: DS2431 und DS28E07, beide mit dem Familiencode 2Dh (128 Byte = 1 kbit) und DS24B33 sowie dem zugehörigen iButton in der Version DS1973, die beide den Familiencode 23h (512 Byte = 4 kbit) besitzen.

Bedienung und Funktionen beider Familien sind identisch, nur die Bezeichnung ist immer auf eine Familie bezogen.

Wenn ein Chip der Familie 2Dh erkannt wird, erscheint folgende Informationen:

```
ROM code(CRC*SN):
75*00-00-26-13-D6-9F
Family code: 2D
DS2431/28E07: EEPROM
```

Falls dagegen der DS24B33 oder der DS1973 angeschlossen und erkannt wird, lautet der Displayinhalt:

```
ROM code(CRC*SN):
7F*00-00-01-A0-E0-FC
Family code: 23
DS24B33: EEPROM 4kb
```

Für diese EEPROM-Chips sind die Device-Funktion 1 und auch die Device-Funktion 2 implementiert.

#### 5.14.2.1. Device-Funktion 1 - Daten auslesen

Wenn die Device-Funktion 1 (mit dem Taster S1) aktiviert wird, werden die Daten aus dem EEPROM gelesen und immer vier Bytes auf einmal angezeigt:

```
DS2431/DS28E07: 128B
--------------------
Address: 00 01 02 03
Data   : F4 5B 54 23
```

In der dritten Zeile sieht man die Adresse (00h - FFh) und in der vierten Zeile das zugehörige Byte. Im Bild steht an der Adresse 00h das Byte F4h, an Adresse 01h 5Bh und so weiter. Diese Information bleibt kurz stehen, und dann werden die nächsten vier Bytes ausgelesen und angezeigt:

```
DS2431/DS28E07: 128B
--------------------
Address: 04 05 06 07
Data   : A0 99 15 CE
```

Das geht so weiter, bis die Device-Funktion 1 deaktiviert wird.

Auf diese Art und Weise wird immer der gesamte Speicher gelesen und dargestellt. Dies hat bei den 128-Byte-Bausteinen DS2431/DS28E07 eher wenig Sinn - anderseits können wir sehen, was sich auf den Speicheradressen, die über den EEPROM Bereich hinausgehen, befindet.

#### 5.14.2.2. Device-Funktion 2 - Daten überschreiben

Wenn man die Chip-Funktion 2 mit S4 aktiviert, wird erst einmal gefragt, ob der Inhalt des I²C-EEPROMs in das OneWire-EEPROM kopiert werden soll:

```
DS2431/DS28E07: 128B
--------------------
Copy I2C EEPROM will
Start in 005 seconds
```

Das Display gilt für die Chips der Familie 2Dh; für die Familie 23h ist die erste Zeile entsprechend angepasst.

Jetzt hat man fünf Sekunden Zeit, die Funktion durch Betätigen des Tasters S4 abzubrechen. Falls man das nicht tut, werden 128 Bytes vom I²C-EEPROM in das OneWire-EEPROM kopiert.

Über den laufenden Kopiervorgang wird man im LCD Informiert:

```
DS2431/DS28E07: 128B
--------------------
Copy in progress...
■■■■
```

Ist der Kopiervorgang abgeschlossen, so erscheint „Copy done" im Display:

```
DS2431/DS28E07: 128B
--------------------
Copy done.
■■■■■■■■■■■■■■■■
```

Danach lässt sich die Device-Funktion 2 nur noch durch S4 beenden.

Es sei noch erwähnt, dass der Kopiervorgang auch dann vorgenommen wird, wenn kein I²C-EEPROM angeschlossen ist. In diesem Fall werden die 128 Bytes des OneWire-EE-PROMs mit FFh beschrieben.

### 5.14.3. Software

Schauen wir uns an, wie man die Daten aus dem EEPROM lesen kann und auch wie man das EEPROM beschreibt. Man kann sagen, dass der Lese- und der Schreibezugriff für beide hier beschriebenen EEPROM-Chipfamilien identisch ist. Jedoch kann man beim Schreiben von den größeren Chips aus mehr Platz im Scratchpad gebrauchen. Diese Möglichkeit wird aber von der Firmware des DemoBoards nicht benutzt.

#### 5.14.3.1. EEPROM lesen

Das Lesen ist wirklich trivial. Eine Subroutine, die vier Bytes aus dem EEPROM liest, könnte in Assembler wie folgt aussehen. Die Subroutine erwartet die Adresse, ab welcher die Daten gelesen werden sollten, in der Variablen v_ad0. Die gelesenen Bytes werden auf den Speicherplätzen v_eed0 bis v_eed3 untergebracht:

```
;------------------------------------------------------------------------
oo_eeprom_read
    call      ow_rst          ;(1) - OneWire Reset

    movlw     H'CC'           ;(2) - SKIP ROM
    movwf     ow_buffer
    call      ow_write

    movlw     H'F0'           ;(3) - Read Memory
    movwf     ow_buffer
    call      ow_write
;----------------------------------------
    movf      v_ad0,0         ;(4.1) - EEPROM Address - LSB
    movwf     ow_buffer
    call      ow_write

    movlw     H'00'           ;(4.2) - EEPROM Address - MSB
    movwf     ow_buffer
    call      ow_write
;----------------------------------------
;read 4 bytes
;----------------------------------------
    call      ow_read         ;(5.1) - Read Byte 1
    movwf     v_eed0

    call      ow_read         ;(5.2) - Read Byte 2
    movwf     v_eed1
```

```
    call      ow_read       ;(5.3) - Read Byte 3
    movwf     v_eed2

    call      ow_read       ;(5.4) - Read Byte 4
    movwf   v_eed3

    call      ow_rst        ;(6) - OneWire Reset
    return
;-------------------------------------------------------------------------
```

Dasselbe könnte als Arduino-Funktion so aussehen:

```
//-----------------------------------------------------------
void ow_eeprom_read(void)
{
   OneWireBus.reset();              // (1) - OneWire Reset
   OneWireBus.write(0xCC);          // (2) - Skip ROM
   OneWireBus.write(0xF0);          // (3) - Read Memory
   OneWireBus.write(e_adr_L);       // (4a) - EEPROM Adress LSB
   OneWireBus.write(e_adr_H);       // (4b) - EEPROM Adress MSB
   ow_mx[1] = OneWireBus.read();  // (5.1) - Read Byte 1
   ow_mx[2] = OneWireBus.read();  // (5.2) - Read Byte 2
   ow_mx[3] = OneWireBus.read();  // (5.3) - Read Byte 3
   ow_mx[4] = OneWireBus.read();  // (5.4) - Read Byte 4
   OneWireBus.reset();              // (6) - OneWire Reset
}
//-----------------------------------------------------------
```

Nach dem OneWire-Reset (1) und Erteilung des Skip-ROM Befehls (2) wird mitgeteilt, dass wir EEPROM-Daten lesen möchten. Dies geschieht mit dem Funktionsbefehl F0h - Read Memory (3). Danach erwartet der Chip eine 16 Bit lange Adresse des Speicherplatzes, bei der das Lesen beginnen soll. Auch die Chips der Familie 2Dh (mit 128 Bytes EEPROM Speicherplatz) erwarten zwei Bytes als Adresse, obwohl eigentlich nur sieben Bits (also nicht einmal ein ganzes Byte) reichen würde. Wenn die Adresse übermittelt wird - erst das untere (4.1) und dann das obere Byte (4.2) der Adresse - kann man gleich mit Lesen anfangen.

In (5.1) wird erst einmal das adressierte Byte gelesen, danach die Adresse intern, also automatisch, um eins erhöht, damit beim nächsten Lesezugriff das nächste Byte gelesen werden kann (5.2). In den Schritten (5.1) bis (5.4) werden also sukzessive vier gespeicherte Bytes gelesen. Selbstverständlich könnten wir weiterlesen, da wir aber nur vier Bytes lesen wollen, erfolgt ein OneWire-Reset (6).

#### 5.14.3.2. EEPROM beschreiben

Das Schreiben ist deutlich komplizierter als das Lesen, weil sichergestellt (verifiziert) werden muss, dass keine falschen Daten geschrieben werden. Dennoch ist die Schreibroutine in der Firmware des OneWire-DemoBoards2020 sehr einfach:

```
;-----------------------------------------------------------------------
oo_eeprom_write
    call      oo_ee_fill_buff  ;(1) - Data Preparation
    call      oo_ee_wsp        ;(2) - Write ScratchPad
    call      oo_ee_rsp        ;(3) - Read ScratchPad
    call      oo_ee_csp        ;(4) - Copy ScratchPad
    return
;-----------------------------------------------------------------------
```

Auch die Arduino-Version ist dementsprechend simpel:

```
//----------------------------------------------------------------------
void oo_eeprom_write(void)
{
  i2c_ee_read();                //(1) - Data Preparation
  oo_ee_wsp();                  //(2) - Write Scratchpad
  oo_ee_rsp();                  //(3) - Read Scratchpad
  oo_ee_csp();                  //(4) - Copy Scratchpad
}
//----------------------------------------------------------------------
```

Eigentlich werden hier aber lediglich andere Subroutinen aufgerufen. Die erste Routine - oo_ee_fill_buff (1) ist im Rahmen der OneWire-Kommunikation nicht wirklich interessant (die Arduino-Variante ruft i2c_ee_read() auf, deren Wirkung identisch ist). Es geht nur darum, dass die Daten aus dem I²C-EEPROM ausgelesen werden und in eine Art Mikrocontroller-Puffer geschrieben werden. Der Mikrocontroller-Puffer ist mit den Variablen v_eed0 bis v_eed7 implementiert.

Die aktuelle Zieladresse des EEPROM-Speichers wird in der Variable v_ad0 aufbewahrt. Sie ist gleichzeitig die Adresse, die für das Auslesen des I²C-EEPROMs benutzt wird.)

Die übrigen drei Subroutinen werden wir in den nächsten Kapiteln kennenlernen.

In Schritt (2) werden die vorbereiteten Daten auf das Scratchpad des OneWire-EEPROMs geschrieben.

In dem nächsten Schritt (3) werden notwendige Daten aus dem Scratchpad ausgelesen - zur Konsistenzkontrolle der Daten. Der letzte Schritt (4) kümmert sich um Übertragung der Daten, die sich im Scratchpad befinden, in den Zielbereich des EEPROMs.

### 5.14.3.3. Scratchpad beschreiben

Am Anfang müssen die zu speichernden Daten gemeinsam mit der Adresse, ab welcher die Daten gespeichert werden sollen, in das Scratchpad des Chips geladen werden. Dies geschieht mit dem Funktionscodes 0Fh - Wirte Scratchpad. Wenn wir festlegen, dass das unterste Byte des Adressbereichs in der Variable v_ad0 gespeichert, das oberste immer 00h ist (weil wir immer nur 128 Bytes schreiben möchten) und die Daten selber in den Variablen v_eed0 bis e_eed7 gesichert sind, könnte die zugehörige Assemblerroutine so aussehen (es werden von dieser Routine immer acht Byte in das Scratchpad übertragen):

```
;----------------------------------------------------------------------------
oo_ee_wsp
    call      ow_rst          ;(1) - OneWire Reset

    movlw     H'CC'           ;(2) - SKIP ROM
    movwf     ow_buffer
    call      ow_write

    movlw     H'0F'           ;(3) - Write Scratchpad
    movwf     ow_buffer
    call      ow_write

    movf      v_ad0,0         ;(4.1) - EEPROM Address - LSB
    movwf     ow_buffer
    call      ow_write

    movlw     H'00'           ;(4.2) - EEPROM Address - MSB
    movwf     ow_buffer
    call      ow_write
;---------------------------------------
;write 8 bytes
;---------------------------------------
    movf      v_eed0,0        ;(5.1) - Write Byte 1
    movwf     ow_buffer
    call      ow_write

    movf      v_eed1,0        ;(5.2) - Write Byte 2
    movwf     ow_buffer
    call      ow_write

    movf      v_eed2,0        ;(5.3) - Write Byte 3
    movwf     ow_buffer
    call      ow_write

    movf      v_eed3,0        ;(5.4) - Write Byte 4
    movwf     ow_buffer
    call      ow_write
```

```
        movf        v_eed4,0        ;(5.5) - Write Byte 5
        movwf       ow_buffer
        call        ow_write

        movf        v_eed5,0        ;(5.6) - Write Byte 6
        movwf       ow_buffer
        call        ow_write

        movf        v_eed6,0        ;(5.7) - Write Byte 7
        movwf       ow_buffer
        call        ow_write

        movf        v_eed7,0        ;(5.8) - Write Byte 8
        movwf       ow_buffer
        call        ow_write

        call        ow_reset        ;(6) - OneWrite Reset
        return
;-----------------------------------------------------------------------------
```

In der Arduino-Welt könnte man es so schreiben:

```
//---------------------------------------------------------------------------
void oo_ee_wsp(void)
{
 OneWireBus.reset();                  // (1) - OneWire Reset
 OneWireBus.write(0xCC);              // (2) - Skip ROM
 OneWireBus.write(0x0F);              // (3) - Write Scratchpad
 OneWireBus.write(e_adr_L);           // (4.1) - EEPROM Adress LSB
 OneWireBus.write(e_adr_H);           // (4.2) - EEPROM Adress MSB
 OneWireBus.write(i2c_eeprom[1]);     // (5.1) - Write Byte 1
 OneWireBus.write(i2c_eeprom[2]);     // (5.2) - Write Byte 2
 OneWireBus.write(i2c_eeprom[3]);     // (5.3) - Write Byte 3
 OneWireBus.write(i2c_eeprom[4]);     // (5.4) - Write Byte 4
 OneWireBus.write(i2c_eeprom[5]);     // (5.5) - Write Byte 5
 OneWireBus.write(i2c_eeprom[6]);     // (5.6) - Write Byte 6
 OneWireBus.write(i2c_eeprom[7]);     // (5.7) - Write Byte 7
 OneWireBus.write(i2c_eeprom[8]);     // (5.8) - Write Byte 8
 OneWireBus.reset();                  // (6) - OneWire Reset
}
//---------------------------------------------------------------------------
```

Am Anfang machen wir das, was wir immer machen, nämlich den OneWire-Reset (1) und dann den Skip-ROM-Befehl (2) erteilen. Es folgt in (3) der Funktionsbefehl 0Fh (Write Scratchpad), gefolgt (4.1) vom untersten Byte des Zieladressbereichs im EEPROM. Wichtig ist dabei, dass die drei niedrigsten Bits der Adresse immer 000b sein müssen. Man kann also nicht an einer beliebigen Adresse mit Schreiben beginnen, sondern immer nur an Adressen, die durch 8 teilbar sind, also zum Beispiel:

> 0000 0000 0000 0**000**b - erlaubt, da die Startadresse ist 0000h
> 0000 0000 0000 0**100**b - nicht erlaubt, da die drei LSB nicht gleich null sind
> 0000 0000 0001 1**000**b - erlaubt, da die Startadresse ist 0018h
> usw.

Wie gesagt - danach (in 4.2) wird immer 00h auf die Reise geschickt, als oberstes Byte der Adresse. Dann folgen die acht Bytes (5.1 - 5.8), die geschrieben werden sollen, wobei zuerst das Byte geschickt werden muss, das am Anfang (5.1) des Adressbereichs landet. Wenn beispielsweise die Adresse 0000 0000 0001 1000b lautet, werden die einzelne Bytes wie folgt im EEPROM gespeichert:

| Zieladresse in EEPROM | Inhalt der Variable |
|---|---|
| 0000 0000 0001 1000 | v_eed0 |
| 0000 0000 0001 1001 | v_eed1 |
| 0000 0000 0001 1010 | v_eed2 |
| 0000 0000 0001 1011 | v_eed3 |
| 0000 0000 0001 1100 | v_eed4 |
| 0000 0000 0001 1101 | v_eed5 |
| 0000 0000 0001 1110 | v_eed6 |
| 0000 0000 0001 1111 | v_eed7 |

Am Ende (6) wird der Vorgang wie immer durch ein OneWire-Reset abgeschlossen.

#### 5.14.3.3. Scratchpad auslesen

Bevor wir die Daten wirklich in den EEPROM-Bereich übertragen werden können, müssen noch eine Art Kontrolldaten aus dem Chip ausgelesen werden. Diese finden wir „zuunterst" im Scratchpad-Bereich. Es stehen insgesamt 2 + 1 + 8 Bytes zur Verfügung. Die ersten beiden Bytes repräsentieren die Startadresse, die wir verschickt haben, dann kommt ein Kontrollbyte und der Rest stellt die acht Datenbytes dar, die wir vorher verschickt haben. Eigentlich kann man alle Daten auslesen und vergleichen, ob sie wirklich mit dem, was wir verschickt haben, identisch sind und so Inkonsistenzen ausschließen. Um den Schreibvorgang abzuschließen, brauchen wir aber nur die ersten drei Bytes, weil diese im nächsten Schritt an das EEPROM wieder verschickt werden müssen.

Für die Demo-Zwecke verzichten wir deshalb auf den Vergleich und geben uns mit dem Notwendigsten zufrieden.

```
;-----------------------------------------------------------------------------
;-----------------------------------------------------------------------------
;Read Scratchpad
;-----------------------------------------------------------------------------
;-----------------------------------------------------------------------------
oo_ee_rsp
    call     ow_rst          ;(1) - OneWire Reset

    movlw    H'CC'           ;(2) - SKIP ROM
    movwf    ow_buffer
    call     ow_write

    movlw    H'AA'           ;(3) - Read Scratchpad
    movwf    ow_buffer
    call     ow_write

    call     ow_read         ;(4.1) - Read Byte 1
    movwf    v_eed0

    call     ow_read         ;(4.2) - Read Byte 2
    movwf    v_eed1

    call     ow_read         ;(4.3) - Read Byte 3
    movwf    v_eed2

    call     ow_rst          ;(5) - OneWire Reset
    return
;-----------------------------------------------------------------------------
```

Die entsprechende Routine für Arduino ist:

```
//-----------------------------------------------------------------------------
void oo_ee_rsp(void)
{
  OneWireBus.reset();                  // (1) - OneWire Reset
  OneWireBus.write(0xCC);              // (2) - Skip ROM
  OneWireBus.write(0xAA);              // (3) - Read Scratchpad
  ow_mx[1] = OneWireBus.read();        // (4.1) - Read Byte 1
  ow_mx[2] = OneWireBus.read();        // (4.2) - Read Byte 2
  ow_mx[3] = OneWireBus.read();        // (4.3) - Read Byte 3
  OneWireBus.reset();                  // (5) - OneWire Reset
}
//-----------------------------------------------------------------------------
```

Der Vorgang ist sehr einfach. Wir benötigen aus dem Scratchpad lediglich drei Bytes. Wir fangen mit OneWire-Reset (1) und Skip ROM (2) an und erteilen dann (3) den Funktionsbefehl Read Scratchpad (AAh).

Anschließend beginnen wir mit dem Lesevorgang. In den Schritten (4.1) bis (4.3) werden die drei erforderlichen Bytes gelesen und für die spätere Anwendung gespeichert. Der Vorgang wird mit einem OneWire-Reset abgeschlossen (5).

### 5.14.3.4. Scratchpad in den EEPROM-Bereich kopieren

Und jetzt ist es endlich soweit: Die vorbereiteten und ins Scratchpad geschriebene Daten werden in den EEPROM-Bereich übertragen.

In Assembler könnte eine Subroutine dazu wie folgt aussehen:

```
;---------------------------------------------------------------------------
;Copy Scratchpad
;---------------------------------------------------------------------------
oo_ee_csp
    call      ow_rst          ;(1) - OneWire Reset

    movlw     H'CC'           ;(2) - SKIP ROM
    movwf     ow_buffer
    call      ow_write

    movlw     H'55'           ;(3) - Copy Scratchpad
    movwf     ow_buffer
    call      ow_write

    movf      v_eed0,0        ;(4.1)
    movwf     ow_buffer
    call      ow_write

    movf      v_eed1,0        ;(4.2)
    movwf     ow_buffer
    call      ow_write

    movf      v_eed2,0        ;(4.3)
    movwf     ow_buffer
    call      ow_write

    call      d2              ;(5) - Wait a While

    call      ow_reset        ;(6) - OneWire Reset
    return
;---------------------------------------------------------------------------
```

Die Arduino-Variante kann man hier sehen:

```
//------------------------------------------------------------------------
void oo_ee_csp(void)
{
 OneWireBus.reset();              // (1) - OneWire Reset
 OneWireBus.write(0xCC);          // (2) - Skip ROM
 OneWireBus.write(0x55);          // (3) - Copy Scratchpad
 OneWireBus.write(ow_mx[1]);        // (4.1)
 OneWireBus.write(ow_mx[2]);        // (4.2)
 OneWireBus.write(ow_mx[3],1);      // (4.3)
 delay(200);                        // (5) - just wait a while
 OneWireBus.reset();                // (6) - OneWire Reset
}
//------------------------------------------------------------------------
```

Wir gewöhnen uns an die Vorgehensweise: Nach dem OneWire Reset (1) und dem Skip-ROM-Befehl (2) wird der Funktionsbefehl ausgegeben, diesmal (3) der Copy-Scratchpad Befehl 55h.

Danach erwartet das EEPROM die drei Bytes, die wir eben aus dem Scratchpad gelesen haben. In den Schritten (4.1) bis (4.2) werden diese drei Bytes wieder zurückgeschickt. Bei der Arduino-Version darf der Schritt (4.3), der Strong Pull-Up nicht vergessen werden, ansonsten passiert nichts.

Danach läuft die Übertragung innerhalb des Chips. Deswegen warten wir kurz (5), bevor wir in (6) den Schreibvorgang mit einem OneWire-Reset (6) abschließen.

An dieser Stelle ist zu erwähnen, dass die DemoBoard-Firmware ohne Strong Pull-Up arbeitet. Eigentlich sollte man in Schritt (4.3) den Strong Pull-Up aktivieren, allerdings war bei allen EEPROM Chips, die ich getestet habe, der Schreibvorgang auch ohne Strong Pull-Up immer erfolgreich. Es war aber, wie bei allen unseren Versuchen, auch immer nur ein Chip auf dem OneWire-Bus.

## 5.15. EPROM (OTP)

EPROM oder EEPROM: Es ist wichtig, immer daran zu denken, dass dieses eine „E" Unterschied einen großen Unterschied ausmacht. OneWire-EPROM-Chips sind OTP-Devices, One Time Programmable, also nur einmal programmierbar". Das sagt eigentlich alles: Ist der Speicherbereich des Chips erst einmal programmiert, lässt sich danach nichts mehr ändern. Für Demozwecke unterstützt die Firmware zwei EPROM-Chips, allerdings kann sie nur EPROM-Daten lesen, aber nicht schreiben.

Die unterstützten EPROM Chips sind DS2505 (Familiencode: 0Bh) und DS2502 (Familiencode: 09h). Außerdem kennt der Firmware auch die beiden Varianten DS2502-E48 und DS2502-E64 (beide Familiencode: 89h).

### 5.15.1. Hardware

Die Schaltung ist genauso simpel wie bei EEPROM-Chips, GND auf GND und OneWire auf OneWire...

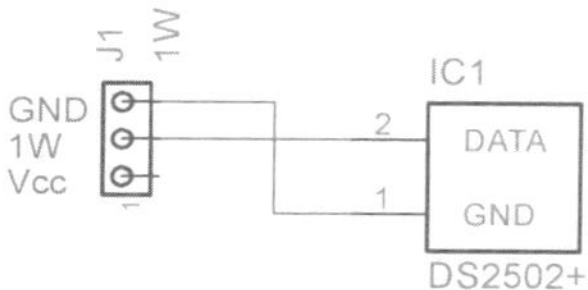


### 5.15.2. Bedienung mit den DemoBoards

Die Bedienung aller vier Chips ist sehr ähnlich. Fangen wir mit dem DS2505 an. Wenn diese EPROM identifiziert worden ist, sehen wir im Display:

```
ROM code(CRC*SN):
98*00-00-03-B1-61-4C
Family code: 0B
DS2505: EPROM 2kB
```

Beim Aktivieren des Chip-Funktion 1 werden die Daten aus dem EPROM-Bereich sukzessive gelesen und im LCD angezeigt:

```
DS2505: 16.384 bit
Addr: 0000 - 0007
Data: 00 01 02 03
      04 05 06 07
```

Es werden immer acht Byte gelesen und dargestellt. Die erste Zeile informiert über den Chip und seine Kapazität. In der zweiten Zeile wird die Adresse (von - bis) angezeigt (im Beispiel 0000h bis 0007h) und in den letzten beiden Zeilen werden jeweils vier Bytes pro Zeile dargestellt, die aus dem EPROM gelesen worden sind.

Diese Daten bleiben ein paar Sekunden sichtbar, dann werden weitere acht Bytes ausgelesen und angezeigt (Adressen 0008h bis 000Fh) und so weiter.

Es werden immer die Daten des Bereichs 0000h bis 07FFh gelesen - das heißt, aus dem gesamten 2kB-Bereich.

Falls Sie mit einem DS2502 experimentieren, unterscheidet sich das „Begrüßungsdisplay" wenig:

```
ROM code(CRC*SN):
4E*00-00-09-03-44-F0
Family code: 09
DS2502: EPROM 128B
```

Man kann die Chip-Funktion 1 wählen und die Daten aus dem EPROM lesen:

```
DS2502: 1.024 bit
Addr: 0000 - 0007 8D
Data: 00 01 02 03
      04 05 06 07
```

CRC

Der einzige Unterschied zum DS2505 ist die in Kreis dargestellt Zahl - ein CRC-Wert, der vom DS2502 (jedoch nicht von DS2505) generiert und immer nach dem Beginn der Kommunikation gelesen wird.

Die Grundinformation ist für beide Mittglieder der 89h-Familie identisch:

```
ROM code(CRC*SN):
1D*5E-70-14-5C-BF-5F
Family code: 89
DS2502-E48/E64
```

Wenn man die Chip-Funktion 1 wählt, wird wie beim „normalen" DS2502 der EPROM-Bereich gelesen. Für die Chips DS2502-E48 und DS2502-E64 gibt es aber auch eine zweite Funktion, die die gelesenen Daten anders darstellt - und zwar so anders, dass sie näher erklärt werden muss:

Für die MAC-48/EUI-48-Ethernet-Adressversion (48 Bit) sieht die Darstellung so aus:

```
DS2502-E48 / Ln: 0A
Project ID: 00001129
Ext ID  :     30F41B
Company ID:   006035
```

Für die FireWire-Version (64 Bit) ist der Teil der „Extension ID" um 16 Bit länger:

```
DS2502-E64 / Ln: 0C
Project ID: 00001128
Ext ID  : 00000550EB
Company ID:   006035
```

Ob es sich um eine E48- oder E64-Version handelt, wird von der Firmware nur auf Basis der Länge entschieden. Falls die Länge 0Ah beträgt, wird angenommen, dass es sich um den DS2502-E48 handelt, ansonsten wird entschieden, dass wir es mit dem DS2502-E64 zu tun haben.

Man kann sagen, dass die E48- und E64-Klone einfach ganz normale DS2502 sind, aber schon vorprogrammiert. Dies erkennt man daran, dass das oberste Bit des Familiencodes gleich eins ist (statt 09h lautet der Familiencode 89h).

### 5.15.3. Software

#### 5.15.3.1. EPROM-Speicher lesen

Die Software, um die Daten auszulesen, ist für DS2505 und DS2502 (alle drei Versionen) identisch - bis auf einen Punkt: Alle DS2502-Chips schicken nach der Initialisierung des Lesevorgangs ein CRC-Byte zurück, die Familie des DS2505 nicht.

Das Lesen dieser EPROM-Chips ist sehr einfach. Folgende Routine liest acht Bytes ab der Adresse, die in den Variablen v_ad1 (oberstes Byte der Adresse) und v_ad0 (unterstes Byte der Adresse) spezifiziert ist.

```
;---------------------------------------------------------------------
ow_eprom_read
    call     ow_rst          ;(1) - OneWire Reset

    movlw    H'CC'           ;(2) - Skip ROM
    movwf    ow_buffer
    call     ow_write

    movlw    H'F0'           ;(3) - Read Memory
    movwf    ow_buffer
    call     ow_write

    movf     v_ad0,0         ;(4.1) - Memory Address - LSB
    movwf    ow_buffer
    call     ow_write

    movf     v_ad1,0         ;(4.2) - Memory Address - MSB
    movwf    ow_buffer
    call     ow_write
;---------------------------------------------------------------------

;CRC based on function code and memory address - DS2502 only
;for DS2502 the CRC have to be obtained on this place
    call     ow_read        ;(5) - Read CRC Byte - DS2502 only
    movwf   v_eed_crc
;---------------------------------------------------------------------
    call     ow_read        ;(6.1) - Read EPROM Memory / Byte 0
    movwf    v_eed0
    call     ow_read        ;(6.2) - Read EPROM Memory / Byte 1
    movwf    v_eed1
    call     ow_read        ;(6.3) - Read EPROM Memory / Byte 2
    movwf    v_eed2
    call     ow_read        ;(6.4) - Read EPROM Memory / Byte 3
    movwf    v_eed3
    call     ow_read        ;(6.5) - Read EPROM Memory / Byte 4
    movwf    v_eed46
    call     ow_read        ;(6.6) - Read EPROM Memory / Byte 5
    movwf    v_eed5
    call     ow_read        ;(6.7) - Read EPROM Memory / Byte 6
    movwf    v_eed6
    call     ow_read        ;(6.8) - Read EPROM Memory / Byte 7
    movwf    v_eed7
```

```
    call      ow_reset        ;(7) - OneWire Reset
    return
;-----------------------------------------------------------------
```

Die Arduino-Version ist übersichtlicher:

```
//--------------------------------------------------------
void ow_eprom_read(void)
{
   OneWireBus.reset();                 //(1) - OneWire Reset
   OneWireBus.write(0xCC);             //(2) - Skip ROM
   OneWireBus.write(0xF0);             //(3) - Read Memory
   OneWireBus.write(e_adr_L);          //(4.1) - Memory Address - LSB
   OneWireBus.write(e_adr_H);          //(4.2) - Memory Address - MSB
   if (ROM_ID[1] == 0x09)
  { ow_mx[0] = OneWireBus.read(); }   //(5) - CRC for DS2502
   if (ROM_ID[1] == 0x89)
  { ow_mx[0] = OneWireBus.read(); }   //(5) - CRC for DS2502-E48 / E64
   ow_mx[1] = OneWireBus.read();       //(6.1) - Read EPROM Memory / Byte 0
   ow_mx[2] = OneWireBus.read();       //(6.2) - Read EPROM Memory / Byte 1
   ow_mx[3] = OneWireBus.read();       //(6.3) - Read EPROM Memory / Byte 2
   ow_mx[4] = OneWireBus.read();       //(6.4) - Read EPROM Memory / Byte 3
   ow_mx[5] = OneWireBus.read();       //(6.5) - Read EPROM Memory / Byte 4
   ow_mx[6] = OneWireBus.read();       //(6.6) - Read EPROM Memory / Byte 5
   ow_mx[7] = OneWireBus.read();       //(6.7) - Read EPROM Memory / Byte 6
   ow_mx[8] = OneWireBus.read();       //(6.8) - Read EPROM Memory / Byte 7
   OneWireBus.reset();                 //(7) - OneWire Reset
}
//--------------------------------------------------------
```

Die Schritte (1) und (2) stellen den üblichen Kommunikationsbeginn dar. Danach (3) wird der Befehl Read Memory (F0h) erteilt, gefolgt von der Adresse des EPROM-Speichers, ab der der Lesevorgang beginnen soll. Erst wird die untere Adresse geschickt (4.1) und danach die obere (4.2).

Der nächste Schritt hängt davon ab, ob wir mit es mit einem DS2505 oder einer der DS2502-Versionen zu tun haben. Die DS2502-Chips schicken in Schritt (5) die aus dem Funktionsbefehl und Adressen Bytes berechnete CRC zurück. Der Wert wird hier gelesen und in der Variable v_eed_crc aufbewahrt. Der Chip DS2505 macht dies nicht und kann deshalb Schritt (5) überspringen.

Die Schritte (6.1) bis (6.8) sind eigentlich identisch und lesen die acht Bytes aus dem EPROM. Dies Werte werden in den Variablen v_eed0 bis v_eed7 gespeichert. In Schritt (6.1) wird das Byte der Adresse v_ad1-v_ad0 gelesen, danach in Schritt (6.2) das nächster Byte der Adresse v_ad1-v_ad0 + 1 und so weiter.

Wenn wir mit dem Lesen fertig sind, wird der OneWire-Reset (7) gesendet. Hätten wir nur ein einziges Byte lesen wollen, so wäre der OneWire-Reset gleich nach dem Schritt (6.1) erfolgt.

#### 5.15.3.2. Kommentar zum E48/E64

Wie schon erwähnt, muss man sich keine zusätzlichen Gedanken machen, wenn man den DS2502-E48 / E64 lesen möchte. Die Lesezugriffe sind vollkommen identisch mit denen beim DS2502.

Um aber die vorprogrammierten Daten interpretieren zu können, muss man wissen, wo man diese findet und was sie bedeuten.

Schauen wir uns den Speicherbereich des DS2502-E48 in tabellarischer Form an.

| Speicherseite | Adresse | Inhalt | Bedeutung | Kommentar |
|---|---|---|---|---|
| 0 - schreibgeschützt | 00h | 0Ah | Datenlänge | Bei allen DS2502-E48-Chips finden wir hier der Wert 0Ah |
| | 01h | 29h | Projekt ID Byte 0 (LSB) | Bei allen DS2502-E48-Chips ist die Projekt-ID gleich |
| | 02h | 11h | Projekt ID Byte 1 | Bei allen DS2502-E48-Chips ist die Projekt-ID gleich |
| | 03h | 00h | Projekt ID Byte 2 | Bei allen DS2502-E48-Chips ist die Projekt-ID gleich |
| | 04h | 00h | Projekt ID Byte 3 (MSB) | Bei allen DS2502-E48-Chips ist die Projekt-ID gleich |
| | 05h | 1Bh | Erweiterung ID Byte 0 (LSB) | Chip-spezifisches Byte |
| | 06h | F4h | Erweiterung ID Byte 1 | Chip-spezifisches Byte |
| | 07h | 30h | Erweiterung ID Byte 2 (MSB) | Chip-spezifisches Byte |
| | 08h | 35h | Company ID Byte 0 (LSB) | Bei allen DS2502-E48-Chips ist die Company-ID gleich |
| | 09h | 60h | Company ID Byte 1 | Bei allen DS2502-E48-Chips ist die Company-ID gleich |
| | 0Ah | 00h | Company ID Byte 2 (MSB) | Bei allen DS2502-E48-Chips ist die Company-ID gleich |
| | 0Bh | 4Ah | CRC - LSB | CRC16 untere Bytes 00h - 0Ah |
| | 0Ch | 02h | CRC - MSB | CRC16 obere Bytes 00h - 0Ah |
| | 0Dh | FFh | nicht verwendet | nicht benutzter Speicher - immer FFh |
| | 0Eh | FFh | nicht verwendet | nicht benutzter Speicher - immer FFh |
| | 0Fh | FFh | nicht verwendet | nicht benutzter Speicher - immer FFh |
| | 10h - 1Fh | FFh | nicht verwendet | nicht benutzter Speicher - immer FFh |
| 1 - nicht geschützt | 20h - 3Fh | FFh | Benutzer-EPROM-Bereich | 256 Byte (Seite 1) des frei verwendbarem EPROM-Speichers |
| 2 - nicht geschützt | 40h - 5Fh | FFh | Benutzer-EPROM-Bereich | 256 Byte (Seite 2) des frei verwendbarem EPROM-Speichers |
| 3 - nicht geschützt | 60h - 7Fh | FFh | Benutzer-EPROM-Bereich | 256 Byte (Seite 3) des frei verwendbarem EPROM-Speichers |

Die Projekt-ID (vom oberen zum unteren Byte) ist für alle DS2502-E48 00h-00h-11h-29h. Erweiterung-ID (vom oberen zum unteren Byte) für den Chip aus dem Beispiel im Buch ist 30h-F4h-1Bh.

Company-ID (vom oberen zum unteren Byte) ist für alle DS2502-E48: 00h-60h-35h.

Der zugehörige CRC16-Code ist für den Beispiel-Chip 02h-4Ah.

Für den DS2502-E64 sieht die Speicherkarte ähnlich aus - nur werden hier ein paar Bytes mehr verwendet:

| Speicherseite | Adresse | Inhalt | Bedeutung | Kommentar |
|---|---|---|---|---|
| 0 - schreibgeschützt | 00h | 0Ch | Datenlänge | Bei allen DS2502-E64-Chips finden wir hier der Wer 0Ch |
| | 01h | 29h | Projekt ID Byte 0 (LSB) | Bei allen DS2502-E64-Chips ist die Projekt-ID gleich |
| | 02h | 11h | Projekt ID Byte 1 | Bei allen DS2502-E64-Chips ist die Projekt-ID gleich |
| | 03h | 00h | Projekt ID Byte 2 | Bei allen DS2502-E64-Chips ist die Projekt-ID gleich |
| | 04h | 00h | Projekt ID Byte 3 (MSB) | Bei allen DS2502-E64-Chips ist die Projekt-ID gleich |
| | 05h | EBh | Erweiterung ID Byte 0 (LSB) | Chip-spezifisches Byte |
| | 06h | 50h | Erweiterung ID Byte 1 | Chip-spezifisches Byte |
| | 07h | 05h | Erweiterung ID Byte 2 | Chip-spezifisches Byte |
| | 08h | 00h | Erweiterung ID Byte 3 | Chip-spezifisches Byte |
| | 09h | 00h | Erweiterung ID Byte 4 (MSB) | Chip-spezifisches Byte |
| | 0Ah | 35h | Company ID Byte 0 (LSB) | Bei allen DS2502-E64-Chips ist die Company-ID gleich |
| | 0Bh | 60h | Company ID Byte 1 | Bei allen DS2502-E64-Chips ist die Company-ID gleich |
| | 0Ch | 00h | Company ID Byte 2 (MSB) | Bei allen DS2502-E64-Chips ist die Company-ID gleich |
| | 0Dh | F9h | CRC - LSB | CRC16 untere Bytes 00h - 0Ch |
| | 0Eh | CAh | CRC - MSB | CRC16 obere Bytes 00h - 0Ch |
| | 0Fh | FFh | nicht verwendet | nicht benutzte Speicher - immer FFh |
| | 10h - 1Fh | FFh | nicht verwendet | nicht benutzte Speicher - immer FFh |

| 1 - nicht geschützt | 20h - 3Fh | FFh | Benutzer EPROM Bereich | 256 Byte (Seite 1) des frei verwendbaren EPROM-Speichers |
|---|---|---|---|---|
| 2 - nicht geschützt | 40h - 5Fh | FFh | Benutzer EPROM Bereich | 256 Byte (Seite 2) des frei verwendbaren EPROM-Speichers |
| 3 - nicht geschützt | 60h - 7Fh | FFh | Benutzer EPROM Bereich | 256 Byte (Seite 3) des frei verwendbaren EPROM-Speichers |

Projekt-ID (vom oberen zum unteren Byte) ist für alle DS2502-E64 00h-00h-11h-28h. Erweiterung-ID (vom oberen zum unteren Byte) für den Chip aus dem Beispiel im Buch ist 00h-00h-05h-50h-EBh.

Company-ID (vom oberen zum unteren Byte) ist für alle DS2502-E64 00h-60h-35h.

Der zugehörige CRC16 Code (MSB-LSB) ist für den Beispiel-Chip CAh-F9h.

## 5.16. DS2413P als OneWire-zu-I²C-Brücke

Wenn man sich entscheidet, eine Brücke von der OneWire- in die I²C Welt zu bauen, sollte es schon seine Gründe haben. Wenn wir zum Beispiel ein System haben, in dem die I²C-Schnittstelle eingesetzt wird und es vielleicht schon eine I²C-zu-One-Wire-Brücke gibt, mag es seltsam klingen, noch eine Brücke „zurück" zu bauen.

Typischerweise könnte ein Grund für eine solche „Rückbrücke" sein, dass wir in einem entfernten Ort eine LED Anzeige ansteuern möchten und dafür keinen passenden OneWire-Chip finden. Oder wir könnten irgendwo in der Ferne einen Temperatursensor haben, der die gemessene Temperatur über einen OneWire „in die Zentrale" schickt, aber auch vor Ort soll der Temperaturwert in einem zweistelligen 7-Segment-Display angezeigt werden. Natürlich möchte man in einem solchen Fall so wenig wie möglich „Strippen" ziehen und den Anzeigewert von der Zentrale zum Display beim Sensor schicken.

Für einen solchen Fall zeigen wir jetzt eine Möglichkeit mit ein paar Variationen.

Zuvor ist noch wichtig zu erwähnen, dass Maxim Integrated einen Chip genau für die Aufgaben zur Verfügung stellt, den DS28E17. Ein wenig problematisch mag das winzige TQFN-Gehäuse mit einer Grundfläche von nur 4x4 cm2 sein, das sich nur schwer mit der Hand verlöten lässt. Glücklicherweise gibt es ein „DS28E17 Evaluation System" zu erwerben zum Experimentieren - mehr dazu in Anlage A.

### 5.16.1. Hardware

Für die Experimente können wir vier verschiedene Platinen bauen, zunächst die erste mit dem OneWire-zu-I²C-Brückenchip DS2413P selbst.

Die zweite Platine ist mit einem I²C-GPIO-Chip PCF8574N und acht LEDs bestückt. Dieser 8-Bit-GPIO-Chip ist sehr einfach zu bedienen und muss nicht konfiguriert werden.

Auf der dritten Platine befindet sich eine zweistellige 7-Segment-LED-Anzeige, die von einem PCF8575C angesteuert wird. Dieser Chip ist zwar kein echter LED-Treiber, sondern eigentlich eine 16-Bit-Version des PCF8574N mit Open-Collector-Ausgängen. Für unsere Experimente (und auch für viele „echte" Anwendungen) ist das aber vollkommen ausreichend.

Die letzte Platine besitzt zwei 7-Segment-Displays, die aber diesmal von einem MCP23017-GPIO angesteuert werden. Dieser Chip ist komplizierter als die beiden anderen Chips und muss auch konfiguriert werden, bevor man ihn verwendet. Deswegen soll kurz gezeigt werden, wie man eine solche Konfiguration bewerkstelligt.

Alle drei „I²C-Demo-Chips" bieten die Möglichkeit, die I²C-Adresse an drei Pins (A2, A1 und A0) extern festzulegen. Der feste Teil der Adresse ist immer 0100, wozu dann die letzten drei Bits im Bereich 000...111 festlegen. Ein Ax Eingang, der auf Vcc angeschlossen ist, legt das zugehörige Bit der I²C Adresse auf 1, verbindet man den Ax Eingang mit GND, wird eine null festgelegt. Die Eingänge dürfen nicht offen bleiben, was für alle drei hier verwendete Chips gilt. Es gibt also acht verschiedene Adressen, die man definieren kann.

| A2 | A1 | A0 | festgelegte I²C-Adresse (0100 A2 A1 A0) | In der Demo verwendeter Chip |
|---|---|---|---|---|
| 0 | 0 | 0 | 0100 000 | PCF8574N |
| 0 | 0 | 1 | 0100 001 | -- |
| 0 | 1 | 0 | 0100 010 | PCF8574C |
| 0 | 1 | 1 | 0100 011 | -- |
| 1 | 0 | 0 | 0100 100 | MCP23017 |
| 1 | 0 | 1 | 0100 101 | -- |
| 1 | 1 | 0 | 0100 110 | -- |
| 1 | 1 | 1 | 0100 111 | -- |

#### 5.16.1.1. Die Brücke mit dem DS2413P

Ein Bridge-Modul ist sehr einfach zu bauen. Wir legen nur fest, dass PIO-A als I²C-SCL (Serial Clock) Leitung und PIO-B als I²C-SDA (Serial Data) verwendet werden.

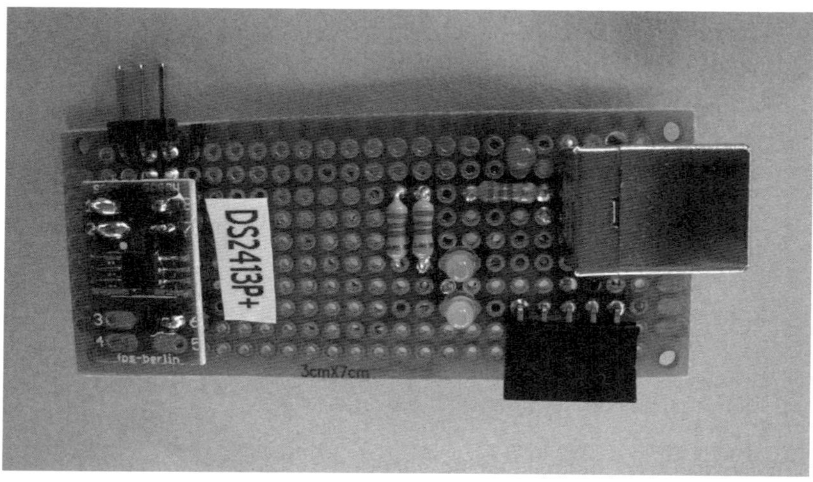


Für eine $I^2C$-Schnittestelle sind Pull-Up-Widerstände obligatorisch. In der Schaltung werden zusätzlich zu den Widerständen LEDs angeordnet (an SCL LED2 und R2 und an SDA LED3 und R3), so dass nicht nur die Leistungen ordnungsgemäße Pegel besitzen, sondern auch gleich anhand blinkender LEDs zu sehen ist, dass auf den Leitungen „etwas los ist". Dieses Vorgehen ist nicht wirklich „$I^2C$-spezifikationskonform", weil eine LEDs zu viel Last für die Schnittstelle darstellt, funktioniert aber prima. Normalerweise würde man nur Pull-Up Widerstände von etwa 4,7 kΩ anschließen.

Die LED1 signalisiert, dass Versorgungsspannung vorhanden ist.

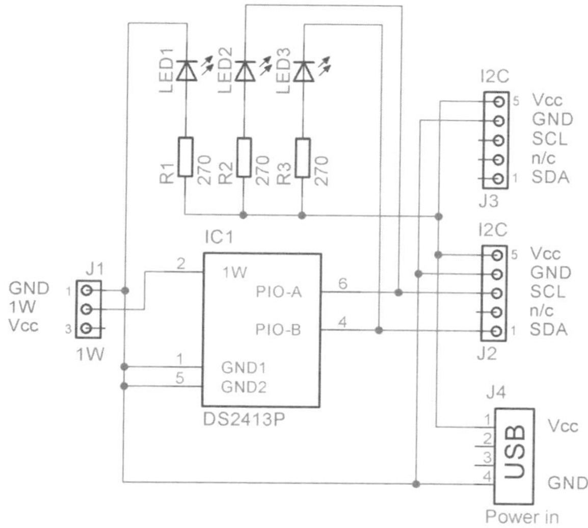


Selbstverständlich kann man alle drei LEDs mit zugehörigen Widerständen (R1-R3) weglassen, aber - wie gesagt - müsste man die beiden 4.7-kΩ-Widerstande als Pull-Up für SDA und SCL anbringen.

Über den USB-Eingang J4 werden nur andere (später angeschlossene) I²C-Platinen mit Energie versorgt. Die Versorgung ist eigentlich unabhängig von der des DemoBoards, weil der Anschluss in der Praxis an Ort und Stelle erfolgen sollte. Die Entfernung zwischen der Hauptplatine, hier dem DemoBoard, und der DS2413P-Bridge kann mehrere hundert Meter betragen!

### 5.16.1.2. Hardware - LED-Board mit PCF8574N

Hier kann man eine Beispielschaltung mit dem PCF8574N sehen, meinem Lieblings-I²C-GPIO-Chip. Das IC ist extrem einfach zu bedienen, man muss nur die LEDs mit einem Byte ansteuern.

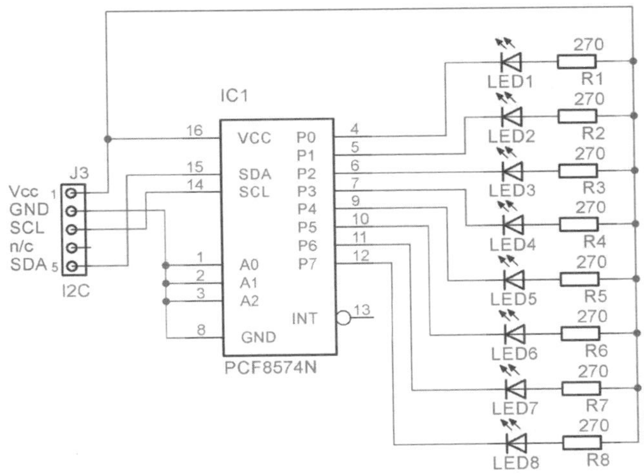


Die Schaltung ist entsprechend einfach. Es sind neben dem PCF8574N-Chip nur die LEDs und ihre Vorwiderstände. Mit den Eingängen A0, A1 und A2 wird die I²C Adresse des PCF8574N auf 0100 000 festgelegt.

Um die Energieversorgung braucht man sich nicht kümmern, da diese über die I²C-Schnittstelle aus der Bridge-Platine erfolgt.

Auf dem Foto kann man eine erweiterte Version sehen kann, in der man die Eingänge auch mit einem DIP-Switch ansteuern könnte - dies wird hier aber nicht benutzt.

### 5.16.1.3. Hardware - 7-Segment-Anzeige mit PCF8575C

Hier geht es hier eigentlich um nichts anderes, als 16 LEDs anzuschließen - diesmal in Form einer zweistelligen 7-Segment-Anzeige, die entfernt „im Feld" angebracht sein könnte, um die lokal gemessene Temperatur lokal anzuzeigen oder zum Beispiel auch eine Zeit in Minuten oder Sekunden ablaufen zu lassen.

Die $I^2C$-Adresse ist mit Eingängen A0, A1 und A2 auf 0100 010 festgelegt.

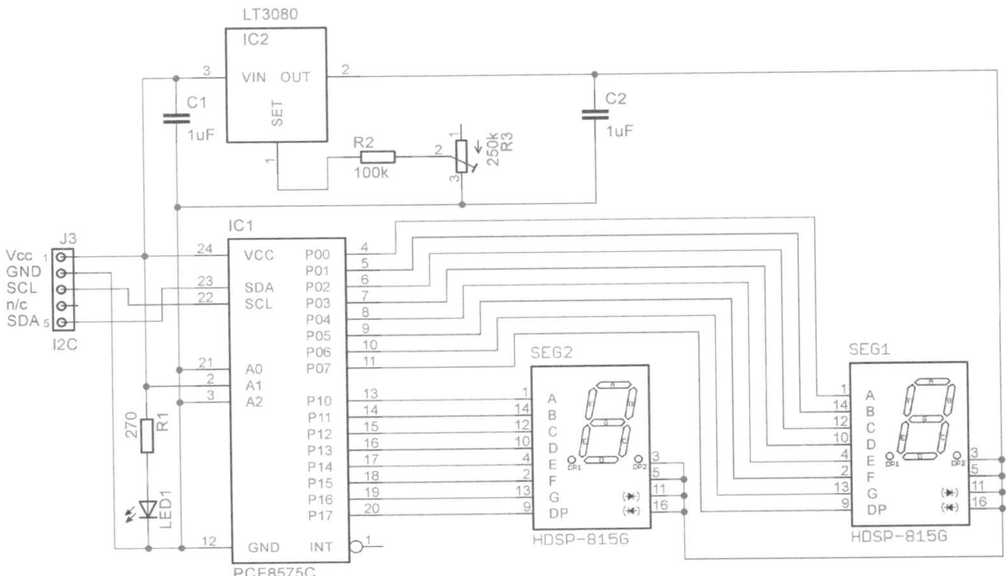


Statt 16 Widerstände zu bestücken, wird hier ein LDO-Spannungsregler des Typs LT3080 eingesetzt, der ungefähr 2,5 V für die LED-Anzeige zur Verfügung stellt. Die genaue Spannung kann man mit R3 im Bereich von ungefähr 1,8...3,0 V je nach gewünschter Helligkeit einstellen. Eigentlich kann man auch andere LED-Anzeigen mit gemeinsamer Anode einsetzen und mit R3 die vom Datenblatt der Anzeige geforderte Spannung einstellen.

Die Version im Foto verfügt über eine separate Einspeisemöglichkeit, falls die Versorgung nicht über die Bridge-Platine erfolgen kann. Mit dem DIP-Schalter ist die I²C-Adresse des Chips einstellbar.

### 5.16.2. Bedienung mit dem DemoBoard

Die Bedienung mit dem DemoBoard ist weniger als einfach, denn eigentlich gibt es keine Bedienung. Man kann die Chip-Funktion 2 aktivieren, dann läuft es, und sonst nichts machen, als die Funktion 2 wieder zu deaktivieren.

Nach der Aktivierung der Chip-Funktion 2 wird folgende Information angezeigt:

```
I2C Addresses:
PCF8574N: 0100 000
PCF8575C: 0100 010
MCP23017: 0100 100
```

Dies ist nur eine Zusammenfassung der von der DemoBoard-Firmware verwendeten I$^2$C-Adressen.

Die Demo ist ebenso einfach: Eine Endlosschleife schickt ein sich dekrementierendes Byte von FFh bis zum 00h an den PCF8574N. Damit kommt eine binäre Zählung zustande.
An die beiden Chips PCF8575C und MCP23017 werden Daten geschickt, die dafür sorgen, dass die Zahlen von 00 bis 99 (und dann wieder zurück von 00) angezeigt werden. Die Zahl wird in jedem Durchlauf inkrementiert. So kommt eine Zählung 00 -> 01 -> 02 -> 03 -> ... -> 98 -> 99 -> 00 -> 01 -> ... zustande.

Was gerade an die Chips geschickt wird, können wir auf dem LCD beobachten:

```
DS2413P+ as 1W->I2C
PCF8574N: 1111 1010b
PCF8575C: 05
MCP23017: 05
```

Das Verhalten ist für beide GPIO-Chips DS2406P und DS2413P identisch. Der einzige Unterschied ist, dass in der ersten Zeile entweder DS2406P+ oder DS2413P+ angezeigt wird.

### 5.16.3. Software

Ich möchte nur kurz die implementierten I$^2$C-Kommunikationsroutinen erläutern, nicht unbedingt die I$^2$C-Beispiele für die GPIOs. Die Kommunikationsroutinen sind deswegen interessant, weil sie auf OneWire aufsetzen. Die I$^2$C-Beispiele selber sind dann reine I$^2$C-Anwendungen, und dabei ist eigentlich egal, was die „untere Schicht" macht - ob man eine OneWire-zu-I$^2$C-Brücke verwendet oder was anderes.

Das implementierte Beispiel setzt bei den Chips feste I$^2$C-Adressen Chips voraus:

```
PCF8574N: 0100 000
PCF8575C: 0100 010
MCP23017: 0100 100
```

Es ist wichtig sich noch mal daran zu erinnern, dass PIO-A als SCL und PIO-B als SDA verwendet wird.

Folgende Subroutinen sind für die Brücke implementiert:

| Subroutine | Parameter | | Funktion |
|---|---|---|---|
| | Input | Output | |
| ds2413_write_bg | ow_m2 = SCL<br>ow_m3 = SDA | - | Diese Routine stellt die Ausgänge PIO-A (als SCL) und PIO-B (als SDA) auf gewünschte Werte. |
| ow_i2c_init | - | - | Initialisierung der I$^2$C-Schnittstelle |
| ow_i2c_start | - | - | Start-Bedingung |
| ow_i2c_stop | - | - | Stopp-Bedingung |
| ow_i2c_send | ow_m4 | - | Ein Byte über I$^2$C abschicken, das Byte ist in der Variable ow_m4 erwartet |

Wie schon früher erwähnt, es ist keine Subroutine vorhanden, die es ermöglichen würde, die Daten über die OneWire-zu-I$^2$C-Brücke aus dem angeschlossenen I$^2$C-Slave-Chip zu lesen.

Die Implementierung ist eine der möglichen des I$^2$C-Protokolls, die wir im Kapitel 5.5.4. (Grundlagen und Implementierung des I$^2$C-Protokolls) kennengelernt haben.

#### 5.16.3.1. SCL und SDA mit DS2413P ansteuern

Diese Subroutine ist Grundlage für alle andren Kommunikationsbausteine. Man muss lediglich zwei Variablen setzen:

- die Variable ow_m2 sollte 00h enthalten, wenn die SCL-Leitung auf null gesetzt werden soll, und FFh, wenn eine eins verlangt wird.
- die Variable ow_m3 muss den Wert 00h besitzen, wenn SDA auf null und FFh, wenn SDA auf eins gesetzt werden soll

Um das zu erreichen, verwenden wir wieder die Routine ds2413_write aus dem Kapitel 5.10.3.2. (GPIO ansteuern). Es muss eine kurze Vorbereitung der Parameter eingebaut werden:

```
;--------------------------------------------------------------------------
ds2413_write_bg
    clrf      ow_m4           ;(1) - Clear temporary buffer
    btfsc     ow_m2,D'000'    ;(2) - set the value for PIO-A / SCL
    bsf       ow_m4,D'000'
    btfsc     ow_m3,D'000'    ;(3) - set the value for PIO-B / SDA
    bsf       ow_m4,D'001'

    goto      ds2413_write    ;(4)
;--------------------------------------------------------------------------
```

Die Aufgabe des Programms ist es, die Variable ow_m4 vorzubereiten. Der Wert für PIO-A / SCL muss in Bit 0 der Variable ow_m4 geschrieben werden, der Wert für PIO-B / SDA muss dann in Bit 1 stehen:

| ow_m4 | SCL (PIO-A) | SDA (PIO-B) |
|---|---|---|
| 0000 0000 | 0 | 0 |
| 0000 0001 | 1 | 0 |
| 0000 0010 | 0 | 1 |
| 0000 0011 | 1 | 1 |

In Schritt (1) wird die Variable ow_m4 komplett auf null gesetzt. Danach wird in Schritt (2) Bit 0 von ow_m4 auf eins gesetzt - wenn Bit 0 der Variablen ow_m2 gleich eins ist. Genauso kümmern sich die zwei Befehle des Schrittes (3) um Bit 1 der Variablen ow_m4. Daraus kann man ersehen, dass nur das niedrigste Bit der Variablen ow_m2 und ow_m3 von Bedeutung ist, während die anderen sieben Bits bei der Auswertung ignoriert werden. Zum Schluss (4) wird die Subroutine ds2413_write aufgerufen, um die Ausgänge PIO-A und PIO-B des DS2413 wunschgemäß anzusteuern.

### 5.16.3.2. I²C-Initialisierung

Bei der Initialisierung geht es nur darum, die beiden I²C-Leitungen auf eins zu stellen. Die Implementierung in Assembler ist dementsprechend einfach:

```
;-----------------------------------------------------------------------
----
ow_i2c_init
    movlw     H'FF'
    movwf     ow_m2              ;(1-1) PIO-A = SCL -> 1
    movlw     H'FF'
    movwf     ow_m3              ;(1-2) PIO-B = SDA -> 1
    call      ds2413_write_bg    ;(1-3) Set the SCL and SDA to required values
    return
;-----------------------------------------------------------------------
```

In Schritt (1-1) wird der Wert FFh in die Variable ow_m2 geschrieben, damit im späteren Verlauf die Leitung SCL auf eins gesetzt wird. Im nächsten Schritt (1-2) wird auch ow_m3 auf FFh gesetzt, als Zeichen dafür, dass SDA auf eins gesetzt werden soll.

Danach (1-3) rufen wir die eben beschriebene Subroutine ds2413_write_bg auf und schließen die Initialisierung damit abgeschlossen.

### 5.16.3.3. Startbedingung

Die Implementierung der Startbedingung ist überschaubar. Es gibt nur zwei Schritte, nämlich erst SDA und dann SCL auf null zu stellen.

```
;-------------------------------------------------------------------
; I2C START condition
; we assume that:SCL = 1
;                SDA = 1
;-------------------------------------------------------------------
ow_i2c_start
    movlw   H'FF'
    movwf   ow_m2               ;(1-1) PIO-A = SCL -> 1
    movlw   H'00'
    movwf   ow_m3               ;(1-2) PIO-B = SDA -> 0
    call      ds2413_write_bg   ;(1-3) Set SCL & SDA
;
    movlw   H'00'
    movwf   ow_m2               ;(2-1) PIO-A = SCL -> 0
    movlw   H'00'
    movwf   ow_m3               ;(2-2) PIO-B = SDA -> 0
    call      ds2413_write_bg   ;(2-3) Set SCL & SDA
;
    return
;-------------------------------------------------------------------
```

Normalerweise wird die Startbedingung immer nur dann kommuniziert, wenn auf dem Bus „Frieden herrscht", wenn also gerade keine Kommunikation stattfindet. Dies ist entweder nach der Initialisierung der Fall oder wenn die vorherige Kommunikation mit einer Stoppbedingung beendet worden war. In beiden Fällen bleiben beide Leitungen SCL und SDA auf eins. Wir können also annehmen, dass am Anfang der Startbedingung gilt: SCL = SDA = 1. In Schritt (1) wird die SDA-Leitung auf null gesetzt und SCL auf eins belassen. Dafür wird die Schrittfolge (2-1) bis (2-3) genutzt, die wir schon bei der Initialisierung kennengelernt haben. Dieses Schritt ist (laut Definition) die Startbedingung selber.

Schritt (2) ist eine Art von Nacharbeitung: SDA wird auf null belassen und SCL auf null gesetzt. Damit ist die Generierung der Startbedingung abgeschlossen. Am Ende liegen beide Leitungen auf null.

#### 5.16.3.4. Stoppbedingung

Bei der Stoppbedingung gehen wir davon aus, dass SCL auf null steht und der Pegel von SDA unbekannt ist.

Deswegen muss man die Leitungen für die eigentliche Stoppbedingung vorbereiten. Eine mögliche Assembler-Implementierung ist hier zu sehen:

```
;-------------------------------------------------------------------
; I2C STOP condition
; we assume that:SCL = 0
;                SDA = unknown
;-------------------------------------------------------------------
```

```
ow_i2c_stop
    movlw     H'00'
    movwf     ow_m2             ;(1-1) PIO-A = SCL -> 0
    movlw     H'00'
    movwf     ow_m3             ;(1-2) PIO-B = SDA -> 0
    call      ds2413_write_bg;(1-3) Set SCL & SDA
;
    movlw     H'FF'
    movwf     ow_m2             ;(2-1) PIO-A = SCL -> 1
    movlw     H'00'
    movwf     ow_m3             ;(2-2) PIO-B = SDA -> 0
    call      ds2413_write_bg   ;(2-3) Set SCL & SDA
;
    movlw     H'FF'
    movwf     ow_m2             ;(3-1) PIO-A = SCL -> 1
    movlw     H'FF'
    movwf     ow_m3             ;(3-2) PIO-B = SDA -> 1
    call      ds2413_write_bg   ;(3-3) Set SCL & SDA
;
    return
;--------------------------------------------------------------------------
```

Schritt (1) stellt die Vorbereitungsphase dar, in der beide Leitungen auf null gesetzt werden. Danach, in Schritt (2), wird die SCL auf Eins gesetzt. Und dann folgt der wichtige Schritt (3), in dem, während SDA auf null ist, SCL auch auf eins gelegt wird. Damit ist die Stoppbedingung generiert und die Routine kann beendet werden.

### 5.16.3.5. Ein Byte über I²C verschicken

Wie wir schon aus der Theorie (Kapitel 5.5.4.) wissen, bedeutet ein Byte zu verschicken, acht einzelne Bits hintereinander abzuschicken und danach ACK / NOT ACK abzufragen. Wir wollen nun mit „Bit schicken" anfangen, wobei es, wie man ahnen mag, zwei Optionen gibt. Das zu sendende Bit kann entweder null oder eins sein.

**Bit 0 schicken**

„Bit=0" kann man in drei Schritten senden, zum Beispiel so:

```
;--------------------------------------------------------------------------
----
;send "bit 0" via I2C
;we assume that:SCL = 0
;             SDA = unknown
;--------------------------------------------------------------------------
----
ow_i2c_send_b0
    movlw     H'00'
    movwf     ow_m2             ;(1-1) PIO-A = SCL -> 0
```

```
    movlw     H'00'
    movwf     ow_m3                ;(1-2) PIO-B = SDA -> 0
    call      ds2413_write_bg;(1-3) Set SCL & SDA
;
    movlw     H'FF'
    movwf     ow_m2                ;(2-1) PIO-A = SCL -> 1
    movlw     H'00'
    movwf     ow_m3                ;(2-2) PIO-B = SDA -> 0
    call      ds2413_write_bg      ;(2-3) Set SCL & SDA
;
    movlw     H'00'
    movwf     ow_m2                ;(3-1) PIO-A = SCL -> 0
    movlw     H'00'
    movwf     ow_m3                ;(3-2) PIO-B = SDA -> 0
    call      ds2413_write_bg      ;(3-3) Set SCL & SDA
;
    return
;---------------------------------------------------------------------------
```

Am Anfang, in den Schritten (1-1) bis (1-3), wird die SDA-Leitung auf null gesetzt. Weil wir immer beide PIO-Ausgänge ansprechen, müssen wir auch definieren, dass PIO-A (SCL) auf null bleiben soll (1-1).

In Schritt (2 - wieder in drei Teilschritten) wird SCL auf eins gesetzt, was den Zeitpunkt festlegt, in dem der Slave-Chip die SDA-Leitung abtasten soll.

Zum Schluss (3-1 bis 3-3) wird dann die SCL-Leitung wieder auf null gesetzt.

**Bit 1 schicken**

Um „Bit=1" zu schicken, gehen wir genauso wie bei Bit=1 vor. Der einzige Unterschied ist, dass in Schritt (1-2) die SDA-Leitung auf eins (statt auf null) gesetzt und im Schritt (2-2) die SDA-Leitung auf eins belassen wird.

```
;---------------------------------------------------------------------------
;send "bit 1" via I2C
; we assume that:SCL = 0
;              SDA = unknown
;---------------------------------------------------------------------------
ow_i2c_send_b1
    movlw     H'00'
    movwf     ow_m2                ;(1-1) PIO-A = SCL -> 0
    movlw     H'FF'
    movwf     ow_m3                ;(1-2) PIO-B = SDA -> 1
    call      ds2413_write_bg      ;(1-3) Set SCL & SDA
;
    movlw     H'FF'
```

```
        movwf    ow_m2           ;(2-1) PIO-A = SCL -> 1
        movlw    H'FF'
        movwf    ow_m3           ;(2-2) PIO-B = SDA -> 1
        call     ds2413_write_bg ;(2-3) Set SCL & SDA
;
        movlw    H'00'
        movwf    ow_m2           ;(3-1) PIO-A = SCL -> 0
        movlw    H'FF'
        movwf    ow_m3           ;(3-2) PIO-B = SDA -> 1
        call     ds2413_write_bg ;(3-3) Set SCL & SDA
;
        return
;---------------------------------------------------------------------
```

**Byte schicken**

Wenn wir schon alle Software-Bausteine vorbereitet haben, können wir auch ein ganzes Byte auf die Reise schicken. Der Assembler-Code ist dann schon mehr als trivial - es wird achtmal dieselbe Sequenz wiederholt, eine Sequenz pro Bit. Zum Schluss wird ACK / NOT ACK abgefragt.

```
;---------------------------------------------------------------------
ow_i2c_send
        btfss    ow_m4,D'007'
        call     ow_i2c_send_b0 ;(1-1) if Bit 7 eq 0 then Send 0
        btfsc    ow_m4,D'007'
        call     ow_i2c_send_b1 ;(1-2) if Bit 7 eq 1 then Send 1
;
        btfss    ow_m4,D'006'
        call     ow_i2c_send_b0 ;(2-1) if Bit 6 eq 0 then Send 0
        btfsc    ow_m4,D'006'
        call     ow_i2c_send_b1 ;(2-2) if Bit 6 eq 1 then Send 1
;
        btfss    ow_m4,D'005'
        call     ow_i2c_send_b0 ;(3-1) if Bit 5 eq 0 then Send 0
        btfsc    ow_m4,D'005'
        call     ow_i2c_send_b1 ;(3-2) if Bit 5 eq 1 then Send 1
;
        btfss    ow_m4,D'004'
        call     ow_i2c_send_b0 ;(4-1) if Bit 4 eq 0 then Send 0
        btfsc    ow_m4,D'004'
        call     ow_i2c_send_b1 ;(4-2) if Bit 4 eq 1 then Send 1
;
        btfss    ow_m4,D'003'
        call     ow_i2c_send_b0 ;(5-1) if Bit 3 eq 0 then Send 0
        btfsc    ow_m4,D'003'
        call     ow_i2c_send_b1 ;(5-2) if Bit 3 eq 1 then Send 1
```

```
;
    btfss     ow_m4,D'002'
    call      ow_i2c_send_b0 ;(6-1) if Bit 2 eq 0 then Send 0
    btfsc     ow_m4,D'002'
    call      ow_i2c_send_b1 ;(6-2) if Bit 2 eq 1 then Send 1
;
    btfss     ow_m4,D'001'
    call      ow_i2c_send_b0 ;(7-1) if Bit 1 eq 0 then Send 0
    btfsc     ow_m4,D'001'
    call      ow_i2c_send_b1 ;(7-2) if Bit 1 eq 1 then Send 1
;
    btfss     ow_m4,D'000'
    call      ow_i2c_send_b0 ;(8-1) if Bit 0 eq 0 then Send 0
    btfsc     ow_m4,D'000'
    call      ow_i2c_send_b1 ;(9-2) if Bit 0 eq 1 then Send 1
;
    call      ow_i2c_ack_rq  ;(10) Ask for ACK
    return
;------------------------------------------------------------------------------
```

Wie wir sehen, startet die gesamte Sende-Sequenz mit dem MSB des Bytes und endet, nachdem das LSB abgeschickt worden ist, mit dem Empfang des ACK/NOT ACK-Bits.
Eine detaillierte Beschreibung wäre an dieser Stelle verfrüht.

# Kapitel 6 • Praxisbeispiele

Dieses Kapitel ist einigen Praxisprojekte gewidmet. Wir werden sehen, wie einfach ist es, die OneWire-Bausteine (mit oder ohne $I^2C$-zu-1-Wire-Brücke) sinnvoll einzusetzen. Es handelt sich um zwei Projekte und einem „Extra":

| Kapitel | Projektname | Kurzbeschreibung |
|---|---|---|
| 6.1. | Elektronisches OneWire-Schloss | ROM-ID-Chip wird als Schlüssel eingesetzt. Das Relais im Schloss wird dann aktiviert, wenn ein bekannter OneWire-Chip angeschlossen und erkannt wird. |
| 6.2. | Temperatur messen | In diesem Kapitel werden wir mehrere Variationen eines Thermometers durchgespielt - mit LED- oder LC-Anzeige und mit einem oder zwei Sensoren. |
| 6.3. | OneWire-Suchalgorithmus | In diesem Kapitel werden wir die Grundlagen der OneWire-Sucher erläutern und ein einfaches Gerät bauen, das die ROM-IDs der angeschlossenen OneWire-Chips auflistet. |

In diesem Kapitel werden wir also keine neue Theorie mehr lernen, sondern ein paar Beispiele durchgehen.

Ich werde das erste Beispiel relativ detailliert beschreiben, um zu zeigen, wie man mit dem DemoBoard eine eigene Schaltung „zaubern" kann. Die restlichen Beispiele stelle ich dann wieder relativ knapp dar, weil die Theorie und damit eigentlich auch die Routinen schon bekannt sind. Es gibt nur eine Ausnahme, das letzte Beispiel „Quad Thermometer", in dem wir uns erst einmal mit dem OneWire-Suchalgorithmus beschäftigen werden.

Die „Gruppe 6.1" umfasst nur ein Projekt, nämlich das Schloss selber. Die Gruppe 2 ist etwas umfangreicher: Außer fünf PIC- und einem Arduino-Projekt für Temperaturmessungen wird hier auch der OneWire-Search-Algorithmus detailliert beschrieben.

## 6.1. Elektronisches OneWire-Schloss

Bei unserem ersten Projekt handelt sich es um ein einfaches elektronisches Schloss. Das Schloss wird von einem PIC-Mikrocontroller (PIC12F1822) mit acht Beinchen gesteuert. Der OneWire-Bus ist softwaremäßig implementiert, so dass wir keinen Bridge-Chip benötigen.

Die Funktion ist einfach: In einem I²C-EEPROM wird zunächst die ROM-ID eines OneWire-Chips gespeichert, zum Beispiel mit dem OneWire-DemoBoard2020). Wenn dann später der richtige OneWire-Chip angeschlossen wird, wird dieses vom Mikrocontroller erkannt und das Relais eingeschaltet. Mit dem Relais kann man zum Beispiel ein Garagentor öffnen oder einen Türöffner betätigen.

Mit dieser Firmware-Version kann man nur einen OneWire-Chip als Schlüssel verwenden, es ist jedoch kein Problem, die Firmware so zu erweitern, dass mehrere (je nach Anwendung oder Familiengröße in der Praxis bis zu 16) Schlüssel verwendet werden können. Bei der Erweiterung lässt sich dem Schloss eventuell auch noch eine „Lernfunktion" beibringen, wobei das Gerät die OneWire-ROM-IDs bei Bedarf lernen kann.

### 6.1.1. Die Schaltung

Das Schloss wird von einem einfachen PIC-Mikrocontroller PIC12F1822 gesteuert. Dieser Mikrocontroller bietet zwar nur sechs I/Os, unterstützt aber hardwaremäßig eine I²C-Schnittstelle. So ist die Bedienung des EEPROMs mit dem ROM-ID des richtigen Schlüssels ein Kinderspiel. Und sechs I/Os sind für diese Anwendung mehr als ausreichend.

Prinzipiell hätte man die ROM-ID des Schlüssels auch direkt im EEPROM des Mikrocontrollers speichern können, aber dann wäre es nicht möglich, die ROM-ID mit einem externen Gerät (bei uns das DemoBoard) zu lesen und zu speichern.

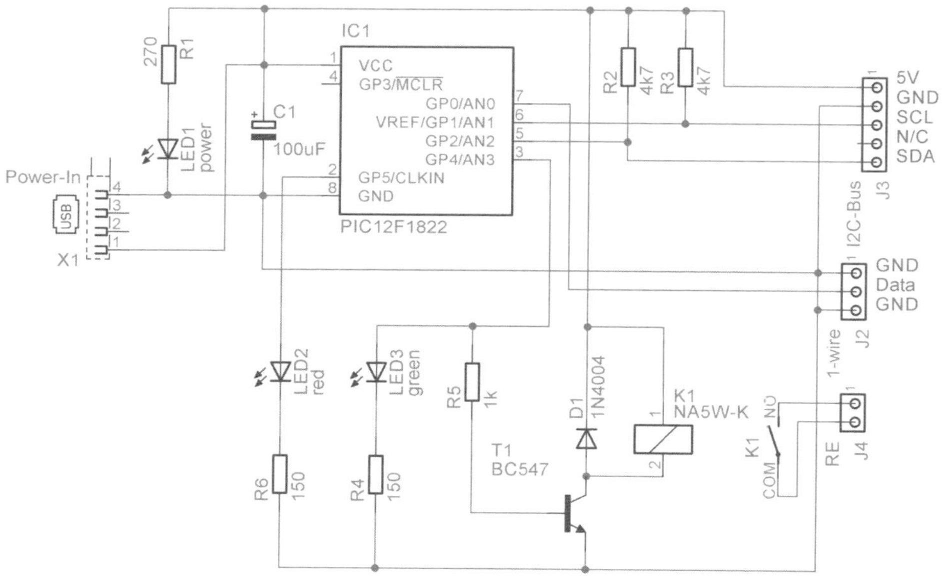


Die Hardware des Mikrocontrollers unterstützt I²C-Kommunikation, was sehr nützlich für die Anbindung des I²C-EEPROM ist. Die I²C-Leitungen sind RA1 (Pin 6) als SCL (Clock) und RA2 (Pin 5) als SDA (Data). Die einzigen noch zuzufügenden Bauteile sind die Pull-up-Widerstände R2 und R3.

Für den OneWire-Bus nutzt die Softwaremäßig Port RA0 (Pin 7).

Das Relais wird von RA4 (Pin 3) über den NPN-Transistor T1 angesteuert. Auf diesem Port ist auch die grüne LED3 als Statusanzeige für das Relais angeschlossen.

Die rote LED2 ist an RA5 (Pin 2) angeschlossen und signalisiert, dass das Relais abgeschaltet ist. Es gibt noch andere Möglichkeiten (blinkende LEDs), die gleich im Kapitel „Bedienung" beschrieben werden.

Als Stromquelle ist ein beliebiges USB-Ladegerät/Adapter möglich, das stabilisierte 5 V und (mindestens) 200 mA liefern kann. LED1 fungiert als Einschaltcontroller.

An I²C-Verbinder J3 wird das EEPROM-Modul, an J2 (OneWire) der OneWire-Schlüssel angeschlossen. An J4, den herausgeführten Schaltkontakten des Relais, schließt man den Verbraucher an.

Als Relais habe ich ein NA5W-K von Fujitsu verwendet, aber man kann natürlich jedes x-beliebige 5-V-Relais nehmen, durch dessen Spule nicht mehr als 100 mA fließen.

### 6.1.2. Die Bedienung

Über «Bedienung" zu sprechen, ist bei diesem Gerät wohl ein wenig übertrieben. Man kann den richtigen oder einen falschen Schlüssel verbinden. Bei einem falschem passiert gar nichts, beim richtigen wird das Relais eingeschaltet. Wenn man den Schlüssel entfernt, wird das Relais wieder ausgeschaltet.

Es gibt nur zwei LEDs zur Anzeige, die folgende Situationen darstellen:

| LED2 - rot | LED3 - grün | Bedeutung | Stage |
|---|---|---|---|
| blinkt sehr schnell | aus | diasI²C-EEPROM ist nicht angeschlossen; der Schloss kann nicht geöffnet werden | [1] |
| blinkt schnell | aus | das I²C-EEPROM ist angeschlossen; kein OneWire-Schlüssel steckt; das Schloss ist zu, kann aber mit richtigem Schlüssel geöffnet werden | [2] |
| blinkt | aus | das I²C-EEPROM ist angeschlossen und auch ein One-Wire Schlüssel steckt, jedoch ist es nicht der richtige Schlüssel (die ROM-ID des OneWire-Schlüssels stimmt mit der im I2C-EEPROM gespeicherten ROM-ID nicht überein) | [3] |
| blinkt | leuchtet | das I²C-EEPROM ist angeschlossen und auch der richtige OneWire-Schlüssel steckt; das Schloss ist geöffnet | [4] |

Auf die Spalte „Stage" werden wir bei der Firmware Beschreibung zurückkommen.

Zur Bedienung des Schlosses ist damit alles gesagt. Eine typische Anwendung wäre, die Schaltung an einem Garagentor anzuschließen, vorausgesetzt natürlich, dieses ist mit einem elektrischen Motor ausgestattet.

### 6.1.3. Die Firmware

In der Firmware gibt es drei wichtige Bereiche:

1. I²C-Kommunikation mit dem EEPROM
2. OneWire-Kommunikation mit dem OneWire-Schlüssel (ROM-ID-Chip)
3. Die Hauptschleife, die folgende Teilaufgaben übernimmt:
    - Steuerung des Relais und der LEDs
    - Vergleich der ROM-IDs mit den Daten aus dem I²C-EEPROM

#### 6.1.3.1. I²C-Kommunikation mit EEPROM

Für die I²C-Kommunikation gehen wir davon aus, dass die Grundbausteine der Kommunikation in Assembler schon verfügbar sind, ähnlich, wie wir die Subroutinen in dem Kapitel 5.5.4. im Kontext der OneWire-zu-I²C-Brücke vorgestellt haben. Selbstverständlich macht diese Schaltung Gebrauch vom Hardware-MSSP-Port des Mikrocontrollers (MSSP = Master Synchronous Serial Port), der als I²C-Master konfiguriert und für die Kommunikation mit dem EEPROM verwendet wird.

Die Funktionen (Subroutinen), die wir für die Kommunikation mit dem EEPROM-Chip benötigen, sind folgende:

| Subroutine | Funktion |
|---|---|
| i2c_start | Start der I²C-Kommunikation |
| i2c_stop | Beenden der I²C-Kommunikation |
| i2c_send | Master schickt ein Byte über die I²C-Schnittstelle |
| i2c_receive | Master empfängt ein Byte über die I²C-Schnittstelle |
| i2c_ack | Bestätigung der Datenübertragung (als Subroutine - immer in Richtung Master zu Slaves) |

Am Anfang muss die MSSP-Schnittstelle initialisiert werden. Der MSSP kann als Master oder Slave betrieben werden und für SPI- oder I²C-Kommunikation konfiguriert werden. Für unsere Zwecke verwenden wir die I²C-Schnittstelle im Master-Mode. Um die Initialisierung kümmert sich die Subroutine i2c_init:

```
;-----------------------------------------------------------------------------
;I2C Interface initialization
;set up I2C BUS for communication as a master for MSSP1
;-----------------------------------------------------------------------------
i2c_init nop
     movlw    B'00101000'  ;see Datasheet Page 260
                           ;bit 3-0 SSPM<3:0>: Synchronous Serial Port Mode
Select bits
                           ;1000 = I2C Master mode, clock = FOSC / (4 *
(SSPADD+1))
     bsf      BSR,D'002'   ;select bank 4
     movwf    SSP1CON1
;set-up I2C speed
     movlw    B'00111111'
     movwf    SSP1ADD
     clrf     SSP1STAT
     clrf     BSR
     return
;-----------------------------------------------------------------------------
```

Vom Register SSP1CON1 wird die Art und Weise der Kommunikation festgelegt und mit dem Inhalt des Registers SSP1ADD dann die Übertragungsgeschwindigkeit. Die Übertragungsrate ist bei dieser Anwendung nicht kritisch, weil immer nur 8 Bytes ausgelesen werden und wir keine großen Datenmengen über die Schnittstelle jagen müssen.

Die anderen Routinen sind noch einfacher. Prinzipiell geht es immer nur darum, die richtigen Bits in den richtigen Registern des Mikrocontrollers zu aktivieren. Jenseits von „prinzipiell" ist es doch ein wenig komplizierter - vor allem, weil man auf die Antwort (ACK) wartet und eine Pause einbeziehen muss, damit die Firmware nicht „einfriert", falls ein Fehler in der I$^2$C-Kommunikation geschieht.

Selbstverständlich kann man die gesamte Firmware (inklusive der I$^2$C-Kommunikationsroutinen) in dem „Download-Paket" zum Buch finden.

Die Subroutine ee_read_8_bytes ermöglicht es, acht Bytes aus dem I$^2$C-EEPROM zu lesen. Diese acht Bytes werden in den Mikrocontroller-Variablen ee_0 bis ee_7 für den späteren Vergleich mit der ROM-ID gespeichert.

Die Subroutine sieht so aus:

```
;-----------------------------------------------------------------------------
ee_read_8_bytes
     call    i2c_start       ;(1) - start the communication
     movlw   B'10100000'
     call    i2c_send        ;(2) - send the address of the I2C EEPROM with
                                    write-indication
     movlw   H'00'
     call    i2c_send        ;(3) - send the starting address of the EEPROM
                                    field for reading (address: 00h)
     call    i2c_stop        ;(4) - end the communication
;---------------------------------------------
     call    i2c_start       ;(5) - start the communication
     movlw   B'10100001'
     call    i2c_send        ;(6) - send the address of the I2C EEPROM with
                                    read-indication
;---------------------------------------------
     call    i2c_receive     ;(7.1.1) - receive the first byte from the
                                        EEPROM (from address 00h)
     movwf   ee_0            ;(7.1.2) - store the byte for later use
     call    i2c_ack         ;(7.1.3) - confirm the transmission
     call    i2c_receive     ;(7.2.1) - receive the first byte from the
                                        EEPROM (from address 01h)
     movwf   ee_1            ;(7.2.2) - store the byte for later use
     call    i2c_ack         ;(7.2.3) - confirm the transmission
     call    i2c_receive     ;(7.3.1) - receive the first byte from the
                                        EEPROM (from address 02h)
     movwf   ee_2            ;(7.3.2) - store the byte for later use
     call    i2c_ack         ;(7.3.3) - confirm the transmission
     call    i2c_receive     ;(7.4.1) - receive the first byte from the
                                        EEPROM (from address 04h)
     movwf   ee_3            ;(7.4.2) - store the byte for later use
     call    i2c_ack         ;(7.4.3) - confirm the transmission
     call    i2c_receive     ;(7.5.1) - receive the first byte from the
                                        EEPROM (from address 04h)
```

```
        movwf   ee_4            ;(7.5.2) - store the byte for later use
        call    i2c_ack         ;(7.5.3) - confirm the transmission
        call    i2c_receive     ;(7.6.1) - receive the first byte from the
                                           EEPROM (from address 05h)
        movwf   ee_5            ;(7.6.2) - store the byte for later use
        call    i2c_ack         ;(7.6.3) - confirm the transmission
        call    i2c_receive     ;(7.7.1) - receive the first byte from the
                                           EEPROM (from address 06h)
        movwf   ee_6            ;(7.7.2) - store the byte for later use
        call    i2c_ack         ;(7.7.3) - confirm the transmission
        call    i2c_receive     ;(7.8.1) - receive the first byte from the
                                           EEPROM (from address 07h)
        movwf   ee_7            ;(7.8.2) - store the byte for later use
        call    i2c_ack         ;(7.8.3) - confirm the transmission
;-----------------------------------------
        call    i2c_stop        ;(8) - stop the I2C communication
        return
;---------------------------------------------------------------------
```

Am Anfang (1) wird die I²C-Kommunikation initialisiert und die I²C-Adresse des EEPROM-Chips (1010 000b) geschickt. Gleichzeitig wird bekanntgegeben, dass wir schreiben möchten - der letzte Bit des Bytes ist gleich null. Es wird also 1010 0000b geschickt (2). Warum sollen wir schreiben, wenn wir eigentlich lesen brauchen? Der Grund ist einfach - erst müssen wir nämlich die Speicheradresse in den EEPROM-Chips schreiben, von dem der spätere Lesevorgang beginnen soll. Deswegen schicken wir im nächsten Schritt (3) 00h. Wir möchten die acht Bytes aus dem Adressbereich 00h bis 07h lesen. In Schritt (4) wird die Kommunikation beendet, in Schritt (5) wird sie aber sofort wieder aufgenommen. In Schritt (6) wird wieder das EEPROM adressiert, diesmal aber mit einer Leseindikation - das letzte Bit in 1010 0001b ist eins.

Alle Schritte danach kümmern sich um das Auslesen der gewünschten Daten. In Schritt (7.1.1) wird der Lesevorgang durchgeführt. Das Byte unter der Speicherplatzadresse 00h wird gelesen und im W-Register des Mikrocontrollers gespeichert. Im nächsten Schritt (7.1.2) wird der Inhalt des W-Registers auf die Speicherposition ee_0 des Mikrocontrollers übertragen und gleich danach (7.1.3) der Empfang des Bytes mit ACK bestätigt. Danach inkrementiert das EEPROM intern die Adresse, so dass bei dem nächsten Zugriff die Speicheradresse 01h abgefragt wird. Aus diesem Grund muss der Speicherplatz nur am Anfang adressiert werden, danach wird nur noch gelesen. Die Schritte (7.2.x) bis (7.8.x) sind also identisch mit (7.1.x), nur in den Schritten (7.x.2) wird immer der folgende Platz des Mikrocontroller-Speichers angesprochen. In Schritt (8) wird die I²C-Kommunikation beendet.

Damit haben wir acht Bytes aus dem EEPROM gelesen und für die spätere Verwendung (dem Vergleich mit der ROM-ID) im Mikrocontroller-Speicher abgelegt.

### 6.1.3.2. OneWire-Kommunikation

Der Datenaustausch mit dem Schlüssel ist sehr einfach. Ausgehend davon, dass sich auf dem Bus maximal ein OneWire-Slave befindet, lesen wir einfach dessen ROM-ID. Falls sich kein Chip auf dem Bus befindet, lesen wir nur FFh.

Die Subroutine, die bei dieser Schaltung zum Einsatz kommt, sieht wie folgt aus:

```
;-----------------------------------------------------------------------
ow_read_rom_id
        call    ow_rst          ;(1) - OneWire Reset

        movlw   H'33'           ;(2) - Read ROM
        movwf   ow_buffer
        call    ow_write

        call    ow_read         ;(3.1) - Read Family ID
        movf    ow_buffer,0
        movwf   ow_ROM_0

        call    ow_read         ;(3.2) - Read ROM-ID
        movf    ow_buffer,0
        movwf   ow_ROM_1

        call    ow_read         ;(3.3) - Read ROM-ID
        movf    ow_buffer,0
        movwf   ow_ROM_2

        call    ow_read         ;(3.4) - Read ROM-ID
        movf    ow_buffer,0
        movwf   ow_ROM_3

        call    ow_read         ;(3.5) - Read ROM-ID
        movf    ow_buffer,0
        movwf   ow_ROM_4

        call    ow_read         ;(3.6) - Read ROM-ID
        movf    ow_buffer,0
        movwf   ow_ROM_5

        call    ow_read         ;(3.7) - Read ROM-ID
        movf    ow_buffer,0
        movwf   ow_ROM_6

        call    ow_read         ;(3.8) - Read CRC
        movf    ow_buffer,0
        movwf   ow_ROM_7
```

```
        call    ow_rst          ;(4) - OneWire Reset
        return
;----------------------------------------------------------------------------
```

Die gelesene ROM-ID wird für den späteren Vergleich mit den Daten aus dem I²C-EEPROM an den SRAM-Speicherpositionen ow_ROM_0 bis ow_ROM_7 gespeichert.

#### 6.1.3.3. Die endlose Hauptschleife

Die Hauptschleife kümmert sich um das periodische Lesen der Daten aus dem EEPROM-Speicher und dem OneWire-Chip. Außerdem steuert sie die Relais und die LEDs an. Die Hauptschleife des Schlosses könnte so aussehen:

```
;----------------------------------------------------------------------------
;Main Loop
;----------------------------------------------------------------------------
;Entry point and Stage [3] Loop
main_loop
        call    relay_off        ;(1) switch off the release
;Stage [4] Loop
main_loop2
        call    ee_read_8_bytes  ;(2) read first 8 bytes from the I2C EEPROM
        movf    ee_0,0
        xorlw   H'FF'
        btfsc   STATUS,Z
        goto    no_eeprom        ;(3) no EEPROM connected --> Stage [2]
;-----------------------------------------------------------------------
        call    rLED_on          ;(4) switch on RED LED
        call    dr2              ;(5) wait a while
        call    ow_read_rom_id   ;(6) Read OneWire ROM ID
        call    rLED_off         ;(7) switch off RED LED
        call    dr2              ;(8) wait a while
;-----------------------------------------------------------------------
        movf    ow_ROM_0,0
        xorlw   H'FF'
        btfsc   STATUS,Z
        goto    no_key           ;(9) - there is no OneWire key connected
;-----------------------------------------------------------------------
;(10) - compare byte by byte the 8 Byte date from I2C EEPROM with ROM-ID
          from the Key
;now we have to compare the 1-wire key ROM-ID with the ID stored in EEPROM
        movf    ow_ROM_0,0
        xorwf   ee_0,0
        btfss   STATUS,Z
        goto    main_loop
```

```
        movf    ow_ROM_1,0
        xorwf   ee_1,0
        btfss   STATUS,Z
        goto    main_loop

        movf    ow_ROM_2,0
        xorwf   ee_2,0
        btfss   STATUS,Z
        goto    main_loop

        movf    ow_ROM_3,0
        xorwf   ee_3,0
        btfss   STATUS,Z
        goto    main_loop

        movf    ow_ROM_4,0
        xorwf   ee_4,0
        btfss   STATUS,Z
        goto    main_loop

        movf    ow_ROM_5,0
        xorwf   ee_5,0
        btfss   STATUS,Z
        goto    main_loop

        movf    ow_ROM_6,0
        xorwf   ee_6,0
        btfss   STATUS,Z
        goto    main_loop

        movf    ow_ROM_7,0
        xorwf   ee_7,0
        btfss   STATUS,Z
        goto    main_loop
;-------------------------------------------------------------
;key match the EEPROM -- Stage [4]
        call    relay_on        ;(11) - MATCH - switch on
        goto    main_loop2      ;(12) - start again the Stage [4]-loop
;------------------------------------------------------------------------------
```

Am Anfang (1) der Hauptschleife wird das Relais ausgeschaltet. Hier wird auch immer wieder begonnen, wenn keine I²C-EEPROM-Platine erkannt, kein OneWire-Schlüssel gefunden oder keine Übereinstimmung zwischen ROM-ID und erwartetem ROM-ID festgestellt wird. Danach (2) werden die ersten acht Bytes des I²C-EEPROMs gelesen und für den späteren Vergleich im SRAM des Mikrocontrollers gespeichert. Es wird geprüft, ob die Speicherposition ee_0 den Wert FFh enthält, was ein Zeichen dafür wäre, dass kein EEPROM angeschlossen ist. Warum? Weil auf der I²C-EEPROM-Adresse (ee_0 entspricht dem Inhalt dieser Adresse) der Familiencode des Schlüssels gespeichert ist, der niemals FFh betragen kann. Wenn also als Familiencode FFh gelesen wird, kann man sicher sein, dass kein externer Speicherbaustein vorhanden oder ein solcher nicht programmiert ist. Für die Funktion des Schlosses spielt das keine Rolle. Falls also kein gültiges EEPROM angeschlossen ist, wird diese Situation als „Stage [1]" bewertet. Die Main-Loop-Schleife für Stage [1] läuft nur bis (3) in die Routine „no_eeprom".

Falls das EEPROM-Modul präsent ist (was eigentlich die Standardsituation sein sollte), wird die rote LED eingeschaltet (4), danach kurz gewartet (5) und die ROM-ID des gegebenenfalls angeschlossenen OneWire-Chips gelesen (6). Gleich danach (7) wird die rote LED ausgeschaltet, wieder kurz gewartet (8) und dann geprüft, ob der Schlüssel „steckt". Falls nicht (was wiederum anhand des Familiencodes erkannt wird), dann wird die Haupt- in eine andere „Neben-Hauptschleife" umgeleitet (9), die „no_key" heißt. Dies wäre die Implementierung der Stage [2], diese Hauptschleife ist für den Fall, dass alles in Ordnung ist, aber im Schloss kein Schlüssel steckt.

Falls wir uns aber an dieser Stelle noch immer in der Hauptschleife befinden, bedeutet dies, dass das I²C-EEPROM angeschlossen und ein OneWire-Chip eingesteckt ist. Jetzt muss nur noch geprüft werden, ob es sich um den richtigen Schlüssel handelt. Dies geschieht im Teil (10), in dem peu a peu die einzelnen Bytes der ROM-ID aus dem Schlüssel mit der im EEPROM gespeicherten ROM-ID verglichen werden. Erst wenn eine Übereinstimmung aller Bytes festgestellt ist, wird in Schritt (11) das Relais eingeschaltet und danach (12) die Stage [4] Schleife wieder begonnen. Und dies so lange, wie die Übereinstimmung gegeben ist.

Wenn während des Vergleiches eine erste Nicht-Übereinstimmung auftritt, wird in Schritt (10) der Vergleich abgebrochen und automatisch die Schleife für Stage [3] wieder begonnen.

Die Schleife für Stage [1] (kein EEPROM vorhanden) sieht so aus:

```
;-----------------------------------------------------------------------
;Main Loop for "NO-EEPROM" -- Stage [1]
no_eeprom
     call    relay_off        ;(1) - close the lock
     call    rLED_on
     call    d1
     call    rLED_off
     call    d1

     call    ee_read_8_bytes  ;(2) - re-read the EEPROM
     movf    ee_0,0
     xorlw   H'FF'
     btfsc   STATUS,Z
     goto    no_eeprom        ;(3) - still no EEPROM - stay in Stage [1]
```

```
        goto    main_loop       ;(4) - EEPROM data found -start main loop
;-------------------------------------------------------------------------------
```

Diese Schleife ist sehr einfach: Nur die rote LED blinkt, während wieder und wieder versucht wird, Daten aus dem EEPROM zu lesen (2). Solange kein EEPROM vorhanden ist , wird die Schleife erneut gestartet (3). Erst wenn ein von FFh abweichendes Byte gelesen wird, wird die Hauptschleife des Programms wieder aufgerufen (4).

Die Schleife für Stage [2] (kein Schlüssel gesteckt) sieht so aus:

```
;-------------------------------------------------------------------------------
;Main Loop for "NO-KEY" -- Stage [2]
no_key
        call    relay_off       ;(1) - close the lock
        call    ow_read_rom_id  ;(2) - read ROM ID
        movf    ow_ROM_0,0
        xorlw   H'FF'
        btfss   STATUS,Z
        goto    main_loop       ;(3) - no key found anymore

        call    ee_read_8_bytes ;(4) - read EEPROM
        movf    ee_0,0
        xorlw   H'FF'
        btfsc   STATUS,Z
        goto    no_eeprom       ;(5) - no EEPROM found anymore

        call    rLED_on
        call    d2
        call    rLED_off
        call    d2
        goto    no_key         ;(6) - repeat the loop
;-------------------------------------------------------------------------------
```

Auch die Schleife für Stage [2] ist nicht sonderlich kompliziert. Zu Beginn (1) wird das Relais (immer wieder, sicherheitshalber) ausgeschaltet, danach (2) erfolgt der Versuch, die ROM-ID eines inzwischen vielleicht eingesteckten Schlüssels zu lesen. Falls einer gefunden wird, startet die Hauptschleife erneut (3). Falls noch immer kein Schlüssel erkannt wird, wird erneut die ROM-ID aus dem I²C-EEPROM gelesen (4), um erkennen zu können, ob auch dieser Chip vielleicht inzwischen entfernt worden ist. Ich dies tatsächlich der Fall, springt das Programm sogleich in die zugehörige Schleife (5). Ist das EEPROM weiterhin verfügbar, blinkt die rote LED und die Schleife startet erneut (6).

Damit ist auch die Beschreibung der Firmware des Schlosses beendet.

## 6.2. Temperatur messen

Wie schon mehrfach erwähnt, ist die Temperaturmessung die am meisten verbreitete Anwendung von OneWire-Chips. Ich möchte deswegen dem Thema Thermometer ein wenig mehr Platz in diesem Kapitel widmen.

Alle vorgestellten Geräte können mit allen Temperatursensoren, die im Buch behandelt wurden, ohne Firmwareanpassung arbeiten. Sie müssen jetzt nicht zurückblättern... es handelt sich um die Sensoren DS18S20, DS1822, DS18B20 und die zugehörigen PAR-Versionen. In den meisten Schaltungen kann man auch den MAX31820 (und -PAR) nutzen, wegen der Betriebsspannung aber nicht in allen.

Wir wollen zwei Thermometer mit 7-Segment-LED-Anzeigen bauen, mit einem OneWire-Chip auf dem Bus.

| Kapitel | Thermometer Typ | Anzeige-Typ | Kurzbeschreibung |
|---|---|---|---|
| 6.2.1. | Thermometer mit einem Sensor | 7-Segment LED-GK | Einfaches Thermometer für Zimmertemperatur und 7-Segment-Anzeige mit gemeinsamer Kathode der Temperatur mit einer Dezimalstelle. |
| 6.2.2. | Thermometer mit einem Sensor | 7-Segment LED-GA | Einfaches Thermometer für Zimmertemperatur und 7-Segment-Anzeige mit gemeinsamer Anode der Temperatur mit einer Dezimalstelle. |

Ein kleines, aber wichtiges Detail: Es wäre eine schlechte Idee, den Sensor direkt auf der Platine oder in ihrer unmittelbaren Nähe zu platzieren. Die Anzeige, aber auch andere Bauelemente erwärmen sich mit der Betriebszeit, auch wenn nicht dramatisch. Die gemessene Temperatur kann dann in der Abhängigkeit von den Bauelementen um 1...3°C höher sein. als sie es tatsächlich ist.

Für beide Thermometer habe ich den aus dem OneWire-DemoBoard2020 bekannten Mikrocontroller PIC18F26K22 gewählt, aber eigentlich kann man alle Mikrocontroller aus dieser Familie nutzen: PIC16F23K22, PIC16F24K22, PIC16F25K22 oder PIC16F26K22. Der Unterschied dieser Controller liegt nur in der Größe des Flash-Speichers, SRAM und EEPROM. Für diese Anwendungen ist auch der kleinste, der PIC18F23K22 mit 8 kB Flash und 512 B SRAM ausreichend. Das EEPROM wird nicht genutzt.

Bei der Beschreibung von einzelnen Thermometer-Variationen werde ich auf eine Bedienungsbeschreibung weitestgehend verzichten, denn es gibt fast nichts, was man bedienen könnte. Einzige Ausnahme ist das letzte Gerät, bei dem die Sensoren eingebracht oder ersetzt werden.

### 6.2.1. Thermometer mit einer 7-Segment-LED-Anzeige mit gemeinsamer Kathode

Wir beginnen mit einem einfachen Thermometer mit 7-Segment-LED-Anzeige an. Die Temperatur wird einmal pro Sekunde gemessen und der Wert mit der Auflösung einer Dezimalstelle angezeigt. Eigentlich ist es nicht sinnvoll, die Temperatur so oft zu messen, da sie sich naturgemäß nur sehr langsam ändert - schaden tut es allerdings auch nicht. Weil die Temperatursensoren präzise arbeiten, ist die angezeigte Temperatur auch in der Dezimalstelle sehr stabil. Das Thermometer reagiert auf jede Temperaturänderung sofort, was man sehr schön sehen kann, wenn man das Gerät beispielsweise in einen Kühlschrank legt. Voraussetzung, Sie lassen die Kühlschranktür für ein Weilchen offen...
Die Temperatur wird so angezeigt:

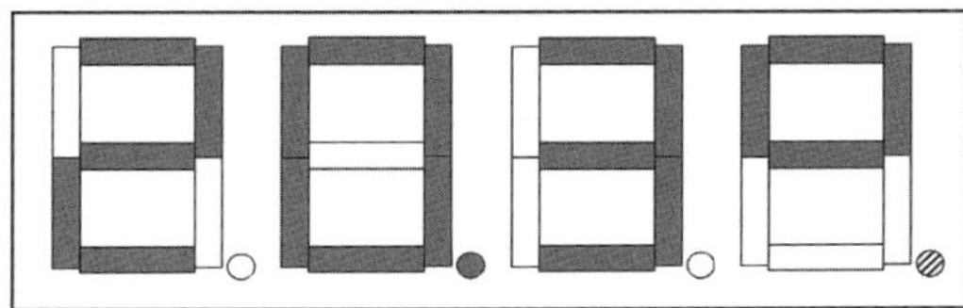

Die ersten drei Stellen der Anzeige zeigen die gemessene Temperatur mit dem Punkt der mittleren Anzeige als Dezimalpunkt. Die letzte Stelle rechts zeigt lediglich das Grad-Zeichen. Der Dezimalpunkt dieser Anzeige blinkt, um zu zeigen, dass das Thermometer „lebt" und die Firmware nicht eingefroren ist. Man kann die letzte Stelle der Anzeige auch weglassen, aber ich finde das Gerät ohne das Grad-Zeichen nicht „rund".

Falls kein Sensor angeschlossen ist (oder der bestehende entfernt wird), wird nur folgendes angezeigt:

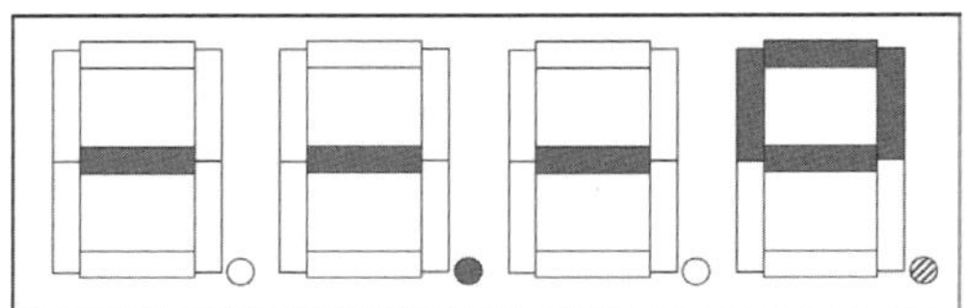

wobei der letzte Punkt weiterhin blinkt. Wenn dann ein Sensor angeschlossen wird, beginnt die Temperaturmessung ganz normal.

Das Thermometer, oder besser gesagt, die aktuelle Firmware Version kann keine negativen Temperaturen darstellen. Das Gerät ist also nicht für die Messung der Außentemperatur geeignet. Dies ist allerdings nur eine Einschränkung der Software.

### 6.2.1.1. Die Schaltung

Bei der Schaltung wird eine 5,0V-Spannungsquelle angenommen. Genau wie beim Demo-Board könnte man ein Smartphone-Ladegerät, den USB-Port eines Laptops oder eine PowerBank verwenden.

Die Kommunikation mit dem Sensor und auch die Ansteuerung der Anzeige erledigt der Mikrocontroller PIC17F23K22. Die Anzeige wird statisch (nicht multiplext) betrieben, wozu der Mikrocontroller gerade ausreichend Ausgänge anbietet.

Für diese Version des Thermometers habe ich die 7-Segment-Displays SC08-11 von Kingbright mit gemeinsamer Kathode benutzt.

Wie man dem Schaltbild entnehmen kann, werden der Dezimalpunkt von LD2 und das „Grad-Zeichen" auf LD4 nicht von Mikrocontroller angesteuert, sondern sind fest an der Betriebsspannung angeschlossen - leuchten also immer.

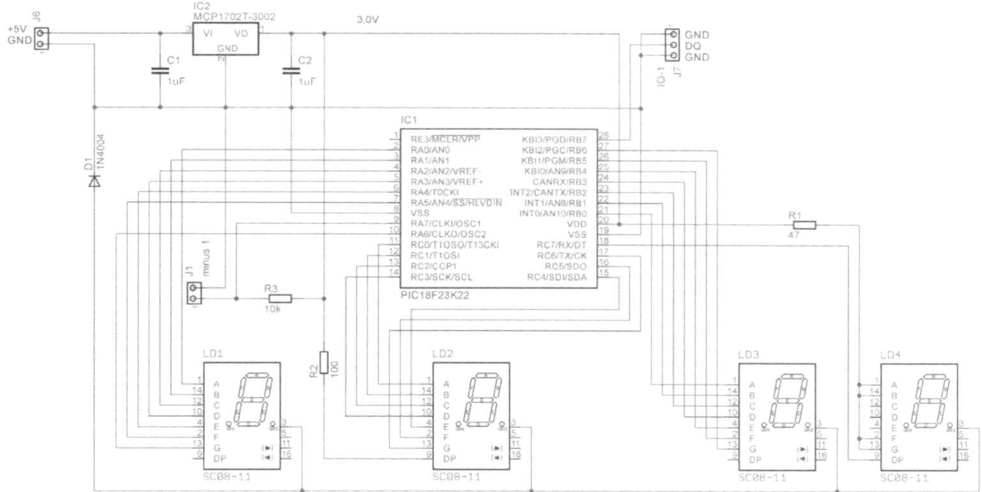


Ein kleines Problem ergab sich, dass ich nicht die zahlreichen (24!) „Pflicht-Widerstände" zwischen Mikrocontroller und LED-Segmenten einsetzen wollte. Zwar wäre das keine Raketentechnik, es geht aber auch anders: Der LDO MCP1702T-3002 verringert die Betriebsspannung des Thermometers von 5,0 V auf 3,0 V. Damit kommt der Mikrocontroller gut klar. Da gleichzeitig der Massepegel für Segmente von D1 um 0,7 V über GND angehoben wird, kann man die LED-Segmente gänzlich ohne Widerstände ansteuern.

Jumper J1 ist für eine Temperaturkorrektur vorgesehen: Steckt man den Jumper, wird die Anzeige der gemessenen Temperatur um 1 Grad verringert. Dieser Offset ist vor allem dann sinnvoll, wenn der Temperatursensor zu nah an der Hautplatine platziert werden muss.

Bei diesem Thermometer kann auch der MAX31820 (-PAR) verwendet werden, da die Betriebsspannung lediglich 3,0 V beträgt.

#### 6.2.1.2. Die Firmware

Die Firmware ist eigentlich nicht wirklich sehr spannend. Die OneWire-Kommunikations- und die Temperaturmessroutinen wurden vom OneWire-DemoBoard2020 übernommen. Es gibt keine großartigen Änderungen gegenüber dem zu vermelden, was schon in den Kapiteln 4 und 5 beschrieben wurde.

Es gibt nur zwei Unterschiede gegenüber dem DemoBoard: Es besteht die Möglichkeit, die gemessene Temperatur um genau 1 Grad zu reduzieren, und selbstverständlich die Ausgabe der Temperatur nicht in einem LCD, sondern in einem 7-Segment-LED-Display. Die Steuerung der Anzeige ist anders, aber was die OneWire-Kommunikation angeht, gibt es keinen Unterschied. Weil die Schaltung keinen Bridge-Chip besitzt, verwendet die Software nur das OneWire-Protokoll.

Die Temperaturkorrektur geschieht in der Subroutine t_correction_m1 und ist sehr einfach:

```
;-----------------------------------------------------------------------------
t_correction_m1
          decf  v_temp1,1
          return
;-----------------------------------------------------------------------------
```

Hier kann man sehen, dass nur der Inhalt der Variable v_temp1 dekrementiert wird. Falls eine andere Korrektur gewünscht wäre, kann man die Subroutine demensprechend anpassen. Wenn wir die gemessene Temperatur zum Beispiel um 2 Grad erhöhen möchten, müsste die Subroutine so aussehen:

```
;-----------------------------------------------------------------------------
t_correction_m1
          incf  v_temp1,1
          incf  v_temp1,1
          return
;-----------------------------------------------------------------------------
```

Der Rest der Firmware ist eigentlich nicht mehr interessant, da wir alles schon kennengelernt haben.

### 6.2.2. Thermometer mit einer 7-Segment-LED-Anzeige mit gemeinsame Anode

Diese Schaltung ist eigentlich identisch mit dem Thermometer aus dem vorherigen Kapitel. Der Unterschied liegt nur in der Anzeige, die eine gemeinsame Anode besitzt - konkret, zwei LB-602VA2 der Firma ROHM.

#### 6.2.2.1. Die Schaltung

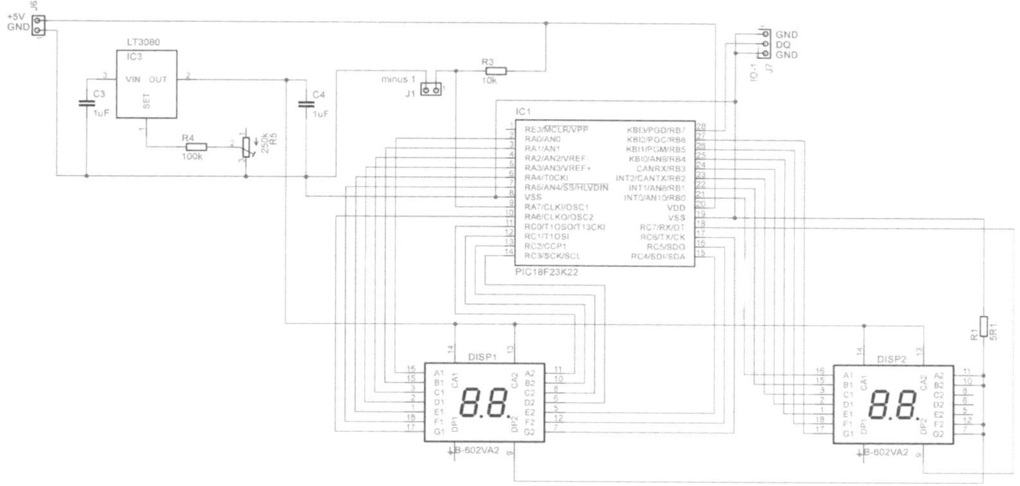


In dieser Schaltung dürfen NICHT die MAX31820-Sensoren genutzt werden, da die Versorgungsspannung des Mikrocontrollers und dadurch auch des Sensors 5,0 V beträgt.

#### 6.2.2.2. Die Firmware

Die Firmware ist fast identisch mit der Version 1. Die kleinen Unterschiede resultieren aus der Tatsache, dass es sich hier um eine Anzeige mit gemeinsamer Anode (statt Kathode) handelt.

## 6.3. OneWire-Suche: Der Algorithmus

Bis jetzt haben wir ein Thema komplett ignoriert – die OneWire-Suche. Ich habe es absichtlich in diesem Kapitel untergebracht, da es sich um ein Komplexes Thema handelt. Deswegen werden wir die nachstehende Theorie gleich mit einem Praxisbeispiel (ein Gerät, das eine Liste von angeschlossenen OneWire Chips darstellt) abrunden.

Es ist wichtig, zunächst zu verstehen, wie die Identifikation des ROM-Codes abläuft. Dieser Prozess ist nicht trivial und soll an einem ausführlichen Beispiel erläutert werden. Wählen wir einmal drei fiktive Chips aus und verkürzen die 1-Wire-Adresse (also den ROM-Code) auf vier Bits (statt 64), was für eine erste Betrachtung ausreicht (und eine Menge Tipparbeit spart).

Nehmen wir an, die drei Slaves besitzen folgende ROM-Codes:

Chip #A: 1000
Chip #B: 1100
Chip #C: 0001

### Der Erste Lauf

Nach dem 1-Wire-Reset schickt der Master den Befehl Search ROM (F0h); die Suche kann beginnen.

### Lauf 1 – Bit 0

Alle Slaves, die sich auf dem Bus befinden, antworten mit dem LSB ihres eigenen ROM-Codes. In unserem Beispiel heißt es, dass die einzelnen Chips folgende Daten senden:

Chip #A: 0 (100**0**)
Chip #B: 0 (110**0**)
Chip #C: 1 (000**1**)

Der Master empfängt: 0

Und gleich danach schicken die Chips das Komplement dieser Bits:

Chip #A: 1 (100**0**)
Chip #B: 1 (110**0**)
Chip #C: 0 (000**1**)

Der Master empfängt wiederum: 0

Weil der Master die Kombination „00" empfangen hat, kann er jetzt nur annehmen, dass sich auf dem Bus zumindest ein Salve befindet, dessen erste Stelle des ROM-Codes (LSB) null ist und gleichzeitig mindestens einer, dessen LSB eins ist.

Jetzt muss der Master entscheiden, ob er weiter mit der „Gruppe 0" oder mit der „Gruppe 1" kommunizieren will. Wir lassen den Master sich für die „Gruppe 0" entscheiden, also eine logische 0 auf den Bus schicken. Das hat in unserem Beispiel die Folge, dass sich der Chip #C an dieser Stelle aus der Betrachtung verabschiedet.

Der Master muss sich merken, dass es auf dem Bit 0 des ROM-Codes einen „Konflikt" gab, also sich Chips mit LSB=0 und LSB=1 gemeldet habe, und dass er sich für die Suche in der Gruppe 0 entschieden hat.

**Lauf 1 – Bit 1**

Nur die Chips #A und #B sind „im Spiel" geblieben. Also melden sich die beiden wieder beim Master:

Chip #A: 0 (10**0**0)
Chip #B: 0 (11**0**0)

Der Master empfängt: 0

Es folgt wieder das Komplement:

Chip #A: 1 (10**0**0)
Chip #B: 1 (11**0**0)

Der Master empfängt: 1

Diesmal hat der Master die Kombination „01" empfangen können, was bedeutet, dass alle Chips die „im Rennen" geblieben sind, an der zweiten Stelle des ROM-Codes eine Null besitzen.

Der Master hat jetzt nicht wirklich eine Wahl und schickt deswegen null auf den Bus. Der Master muss sich merken, dass er in „Richtung 0" gelaufen ist und dass es keinen Konflikt gab.

**Lauf 1 – Bit 2**

Und es geht gleich weiter. Unsere beiden Chips senden weiter, und zwar mit den dritten Bits (Bit 2) des ROM-Codes:

Chip #A: 0 (1**0**00)
Chip #B: 0 (1**1**00)

Der Master empfängt: 0

Und gleich wieder das Komplement:

Chip #A: 1 (1**0**00)
Chip #B: 1 (1**1**00)

Der Master empfängt: 0

Der Master hat wieder die Folge „00" empfangen, was nur bedeuten kann, dass erst einmal noch immer mindestens zwei Chips senden und dass sich auf dem Bus zumindest ein Salve befindet, dessen dritte Stelle des ROM-Codes null ist und gleichzeitig mindestens einer, dessen Bit 2 eins ist.

Der Master muss sich wieder merken, dass es bei Bit 2 einen Konflikt gab, wieder eine Richtung wählen, sagen wir null, und sich diese Tatsache auch merken.

**Lauf 1 – Bit 3**
Nachdem der Master eine Null auf den Bus geschickt hat, reagiert nur noch Chip #A und sendet eine Eins:

Chip #A: 0 (**1**000)

Der Master empfängt: 1

Und das Komplement::

Chip #A: 1 (**1**000)

Der Master empfängt: 0

Damit ist klar, dass das MSB des ROM-Codes des Chips eins ist und dass es dabei keinen Konflikt mehr gab.

So kann der erste Suchlauf abgeschlossen werden. Aus den Informationen der eingeschlagenen „Richtungen", die sich der Master gemerkt hat, kann er den ROM-Code des bis zum Ende kommunizierenden Chips rekonstruieren: Es ist 1000.

Wir und der Master haben damit den ROM-Code des Chips #A kennengelernt.

**Der Zweite Lauf**
Wir haben also einen ROM-Code gefunden, wissen aber auch, dass es auf dem Weg dorthin ein paar Konflikte gegeben hat. Also suchen wir weiter! Es beginnt genauso wie beim ersten Lauf. Der Master schickt ein 1-Wire-Reset und danach den Befehl F0h auf den Bus. Die ROM-Suche beginnt erneut.

**Lauf 2 – Bit 0**
Alle Slaves auf dem Bus schicken wieder das LSB ihres ROM-Codes:

Chip #A: 0 (100**0**)
Chip #B: 0 (110**0**)
Chip #C: 1 (000**1**)

Der Master empfängt: 0

Wie bei dem ersten Lauf folgt dann:

Chip #A: 1 (100**0**)
Chip #B: 1 (110**0**)
Chip #C: 0 (000**1**)

Der Master empfängt: 0

Wie zu sehen, gibt es bis jetzt keinen Unterschied zu Lauf 1, außer der Kleinigkeit, dass der Master jetzt schon weiß, dass es an dieser Stelle im ersten Lauf einen Konflikt gegeben hat. Er weiß aber auch, dass es auch später im Verlauf der Suche noch mindestens einen anderen Konflikt gab. Deswegen geht er wieder weiter in Richtung Null und „eliminiert" damit wieder die Gruppe 1.

**Lauf 2 – Bit 1**
Genauso wie vorher sind weiterhin die Chips #A und #B „im Gespräch mit dem Master". Also läuft es wieder genauso wir in Lauf 1 ab.

Chip #A: 0 (10**0**0)
Chip #B: 0 (11**0**0)

Der Master empfängt: 0

Es folgt wieder das Komplement:

Chip #A: 1 (10**0**0)
Chip #B: 1 (11**0**0)

Der Master empfängt: 1

Der Master geht weiter in Richtung null.

**Lauf 2 – Bit 2**
Es folgt Bit 2. Beide Chips, die noch „im Spiel" sind, schicken wieder ihr Bit 2 auf den Bus.

Chip #A: 0 (1**0**00)
Chip #B: 0 (1**1**00)

Der Master empfängt: 0

Und gleich wieder das Komplement:

Chip #A: 1 (1**0**00)
Chip #B: 1 (1**1**00)

Der Master empfängt: 0

Wie wir sehen, gibt es bis jetzt überhaupt keinen Unterschied zu Lauf 1.Allerdings weiß der Master wieder, dass es an dieser Stelle in Lauf 1 a) einen Konflikt gab, und er weiß auch, dass es in Lauf 1 b) in Richtung 0 ging, und auch, dass es c) danach keinen Konflikt mehr gegeben hat. Deswegen entscheidet er sich jetzt zu Richtung 1.

**Lauf 2 – Bit 3**
Diesmal ist nur der Chip #B übrig geblieben, weil der Master die Eins als Richtung vorgegeben hat. In diesem Moment sendet also nur Chip #B:

Chip #B: 0 (**1**100)

Der Master empfängt: 1
Und im Komplement:

Chip #B: 1 (**1**100)

empfängt der Master: 0

Der Master hat jetzt die Kombination „10" empfangen, was zeigt, dass es keinen Konflikt gibt und, weil es das letzte Bit des verkürzten ROM-Codes, dieser Chip #B auf dem Bus die 1-Wire Adresse (ROM-Code) 1100 besitzt.

Weil es aber unterwegs noch immer einen Konflikt gab, weiß der Master auch, dass noch mehr Chips vorhanden sein müssen und er noch mindestens eine weitere Suchrunde durchführen muss.

**Der dritte Lauf**
Es geht alles von vorne los. Der Maste schickt ein 1-Wire-Reset, gefolgt vom ROM-Search-Befehl (F0h).

**Lauf 3 – Bit 0**
Genauso wie schon zweimal zuvor antworten alle Slaves auf den Befehl mit:

Chip #A: 0 (100**0**)
Chip #B: 0 (110**0**)
Chip #C: 1 (000**1**)

Der Master empfängt: 0

Wie bei dem ersten Lauf folgt das dann:

Chip #A: 1 (100**0**)
Chip #B: 1 (110**0**)
Chip #C: 0 (000**1**)

Der Master empfängt: 0

Wieder liegt ein Konflikt vor, der aber jetzt anders ist: Der Master weiß, dass unterwegs in „Richtung 0" beim letzten Lauf kein Konflikt aufgetreten ist, und sucht nun in Richtung 1. Der Master antwortet also mit einer Eins, was die Chips #A und #B mundtot macht.

**Lauf 3 – Bit 1**
Diesmal antwortet nur der Chip #3:

Chip #C: 0 (00**0**1)

Der Master empfängt: 0

Und gleich danach wieder:

Chip #C: 1 (00**0**1)

Der Master empfängt: 1

Danach ist es klar, dass kein Konflikt auftritt und das zweite Bit (Bit 1) null ist.

Der Rest des Suchlaufs ist klar. Da bis zum Ende nur Chip #C sendet, treten keine Konflikte mehr auf und der Master erfährt den ROM-Code von Chip #C (0001) und weiß gleichzeitig, dass alle Chips auf dem Bus identifiziert wurden.

Um es alles noch deutlicher zu machen, möchte ich gerne das Beispiel graphisch darstellen. Dafür stellen wir uns vor, dass jeder 1-Wire-Slave in einem „Haus" mit einer eindeutigen Adresse wohnt. Diese Adresse ist selbstverständlich sein 1-Wire-Code. Bei der 1-Wire-Suche geht es darum, diese Adresse zu finden.

In unserem Beispiel verwenden wir einen ROM-Code mit einer Länge von vier Bits. Unser „Dorf" ist recht überschaubar, denn insgesamt kann es nicht mehr als 24 = 16 Häuser geben. In diesem Dorf könnten wir einfach alle Häuser ablaufen und nachschauen, ob an der einen oder anderen Adresse jemand wohnt. In der 1-Wire-Welt heißt „schauen ob da jemand wohnt", den Befehl Match ROM zu verwenden. Wenn wir also in unserem Dorf 16-mal den Befehl Match ROM abschicken würden, erhalten wir in unserem Szenario genau drei Antworten, und zwar von unseren Chips #A, #B und #C. Danach wissen wir, welche Häuser bewohnt sind und welche nicht. Die Bevölkerungszählung hätten wir also mit dem Befehl Match ROM Befehl sehr schnell und unkompliziert hinter uns gebracht. Warum also so ein komplizierter Befehl Search ROM? Die Antwort ist relativ einfach, denn wenn wir uns vergegenwärtigen, dass ein ROM-Code 64 Bit lang ist, stellen wir fest, dass unsere schöne kleine 1-Wire-Dorfgemeinschaft in Wirklichkeit eine Mega-Metropole mit potentiell 264 = 18.446.744.073.709.600.000 Häusern ist. Auch wenn klar ist, dass die meisten Häuser unbewohnt sein dürften und 8 Bit der Adresse CRC sind, hätte der Master sehr viel zu tun, wollte er alle Häuser mit dem Befehl Match ROM abklappern.

Dies macht klar, warum der Befehl Search ROM so wichtig ist. Kommen wir zurück zu unserem Dorf mit 16 potentiellen Häusern und stellen sie in einer Zeichnung dar.

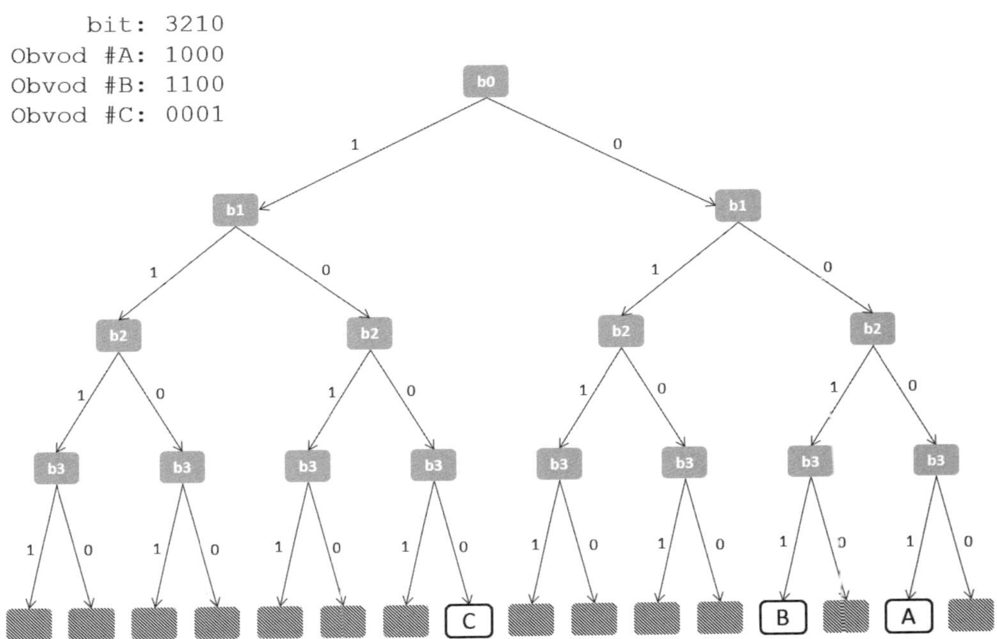


Die grauen Felder auf dem Bild stellen die Kreuzungen dar. Ganz oben ist die „LSB-Kreuzung" (b0). Von jeder Kreuzung aus kann man dann in „Richtung 0" oder „Richtung 1" gehen. Wenn wir uns von der Kreuzung aus in die „0-Richtung" bewegen, gelangen wir zum nächsthöheren Bit, das von der Kreuzung rechts in Richtung 0 angeordnet ist. Wenn wir uns nach links in Richtung 1 bewegen, gelangen wir zum nächsthöheren Bit, das in Richtung 1 platziert ist. Nehmen wir also an der Kreuzung b0 den Pfad 0 , so bewegen wir uns auf die Seite des Dorfes zu, an dessen Ende unsere Chips #A und #B wohnen. Und wenn wir an Kreuzung b0 den Pfad 1 nehmen, so bewegen wir uns auf die Hälfte des Dorfes zu, in der Chip #C wohnt. Damit sehen wir, dass jede Kreuzung das Dorf immer in zwei kleinere Teile aufteilt: „Teil 0", in dem die Chips wohnen, die über den Pfad 0 erreichbar sind, und „Teil 1"...

Die Straßen an den letzten Kreuzungen (das MSB, in unserem Dorf Bit 3) führen schließlich zu Häusern, in denen entweder ein Chip wohnt oder die leer stehen.

Den gesamten Lauf 1 könnte man grafisch so darstellen:

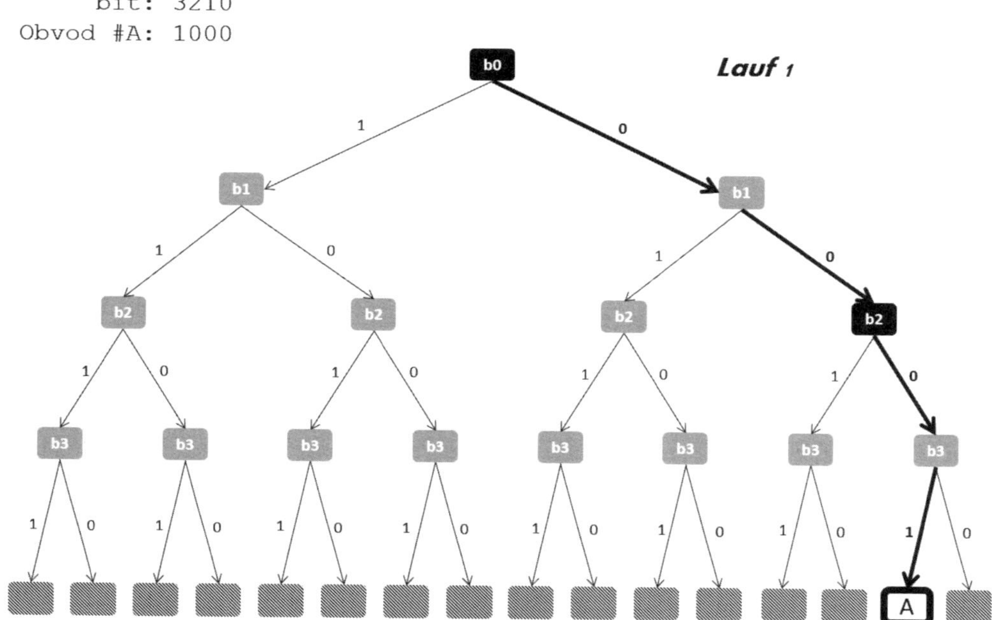


Der Master steht an Kreuzung b0 und ruft: „Hallooooo, ist da jemand?". Weil er aus beiden Richtungen eine Antwort (Ja, ich) erhält, markiert er die Kreuzung rot (Konflikt) und entscheidet sich für eine Richtung, und zwar in unsrem Beispiel die Null, indem er zurückschreit: „Danke, ich laufe jetzt in die Richtung 0 weiter. Damit sind alle im „Teil 1" Wohnenden ausgeschlossen und antworten nicht mehr. Der Master steht auf b1 und ruft wieder „Hallooooo, ist da jemand?". Diesmal erhält er nur eine Antwort aus Richtung 0, muss die Kreuzung also nicht rot markieren. Er antwortet einfach: „Danke, ich komme zu euch." und bewegt auf dem Pfad 0 auf b2 zu. Das ganze wiederholt sich auf b2, wo der Master eine Antwort wieder aus beiden Richtungen erhält. Er markiert b2 rot und läuft auf Pfad 0 weiter. Die letzte dieser Kommunikationen erfolgt auf b3, wo der Master eine Antwort nur von Richtung 1 erhält. Und damit hat er auch schon den Einwohner „Chip #A" entdeckt.

Anhand der Zahl der rot markierten Kreuzungen weiß der Master jetzt, dass es noch mindestens zwei weitere bewohnte Häuser im Dorf gibt. Er kehrt also zur letzten rot-markierten Kreuzung (in unserem Beispiel b2) zurück und läuft den Pfad in der anderen Richtung als zuvor weiter:

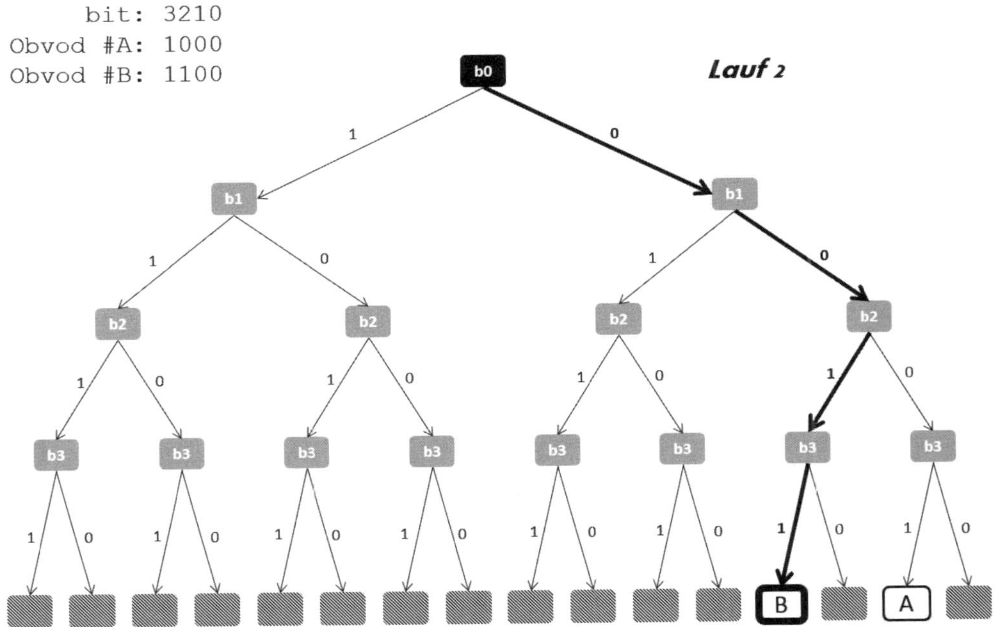


Wichtig ist nur, dabei nicht zu vergessen, die rote Markierung zu löschen, damit er nicht gleich wieder bei Chip #A landet. Auf Kreuzung b3 ruft der Master wieder: „Ist da jemand?" und weil die Antwort jetzt nur aus Richtung 1 kommt, findet er auch problemlos den Einwohner „Chip #B". Jetzt hat der Master schon zwei Einwohner entdeckt, aber da immer noch eine Kreuzung rot markiert ist, muss er weiter suchen.

Der Master kehrt noch mal auf die „niedrigste" rot-markierte Kreuzung zurück und sucht mit derselben Methode weiter:

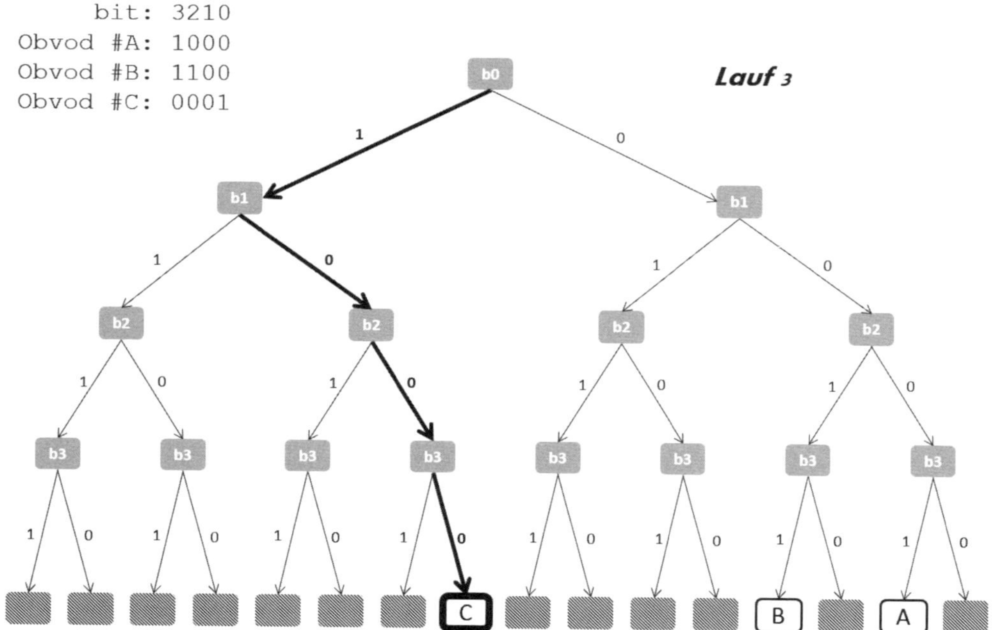


Weil der Master unterwegs zu Chip #C keine weiteren Kreuzungen rot markieren musste, ist ihm klar, dass er alle Dorfeinwohner gefunden hat und die Volkszählung glücklich abgeschlossen ist.

## 6.4. OneWire-Suche: Die Implementierung

Jetzt wird es spannend, denn in diesem Kapitel soll der beschriebene Algorithmus in Assembler implementiert werden. Bevor wir anfangen, muss noch ein Befehl des Dolmetschers namens „OneWire-Triplet" erläutert werden, der die Implementierung des Befehls „Search ROM" ermöglicht.

### 6.4.1. OneWire-Triplet

Warum heißt das Triplet? Die Antwort ist sehr einfach: Ein Triplet stellt einen Rahmen für den Austausch von drei Bytes auf dem OneWire-Bus dar. Die ersten zwei Bytes werden von einem Slave-Chip geliefert (ein Bit des ROM-Codes und das Komplement) und das dritte Byte vom Master, das über die Richtung, in die es weiter gehen soll, Auskunft gibt.

Der Code des Befehls ist 78h und fordert einen Parameter, das „Richtungsbyte" (engl. direction byte). Von diesem Richtungsbyte ist nur das MSB (Bit 7) benutzt. Der Wert dieses Bits definiert, in welche Richtung die Reise geht, falls ein Konflikt erkannt worden ist. Der Master entscheidet immer und zwar nach folgendem Schlüssel die Richtung:

Falls der Master die Kombination „01" empfangen hat, ist es klar, dass alle Slaves auf dem Bus an dieser Stelle des ROM-Codes eine 0 aufweisen. Deshalb ist die Richtung auch gleich „0".

Wenn der Master dagegen „10" erhalten hat, ist die Lage auch klar: Er muss der Richtung 1 folgen, weil alle Slaves an dieser Stelle des ROM-Codes eine Eins aufweisen.

Das Richtungsbyte im Triplet-Befehl ist wichtig für der Fall, dass der Master „00" empfangen hat. Dann nämlich entscheidet das Richtungsbyte beziehungsweise -bit über die weitere Richtung.

Eine Ausnahmesituation stellt es dar, wenn der Master „11" empfangen hat. Dies kann nämlich nur der Fall sein, wenn kein Slave vorhanden ist oder sich keiner meldet, so dass augenscheinlich ein Kommunikationsfehler vorliegt.

Das Ergebnis des Befehls können wir in drei Bits des STATUS-Registers des Brücken-Chips finden:

- das Bit **SBR** (Single Bit Result) enthält das zuerst gelesene Bit
- das Bit **TSB** (Triple Second Bit) enthält das zweite Bit
- das Bit **DIR** (Branch Direction Taken) informiert, in welche Richtung der Master zu gehen gedenkt

Der OneWire-Triplet-Befehl kann auf folgende Art und Weise implementiert werden:

```
;----------------------------------------------------------------------
;1-wire Triplet
;                    used for ROM Search algorithm
;
; content of the Status register is stored in: ds2484_st
;     bit 5 (SBR) is the address bit of the device
;     bit 6 (TSB) is the complement of the device address bit
;     bit 7 (DIR) is the "direction taken bit"
;----------------------------------------------------------------------
ow_triplet
   nop
   call   i2c_start
   movlw  B'00110000'       ;I2C Address of the brdige + write
   call   i2c_send
   movlw  H'78'             ;command: 1-wire Triplet
   call   i2c_send
   movf   v_ow_act_dir,0    ;direction
   call   i2c_send
   call   d55               ;1-wire timing
   call   d55               ;1-wire timing
   call   d55               ;1-wire timing
```

```
        call    d55                 ;1-wire timing
        call    ds2484_st_read2
        return
;---------------------------------------------------------------------------
```

Es muss noch erwähnt werden, dass zur Ermittlung des ROM-Codes eines OneWire-Slave-Chips der OneWire-Triplet-Befehl 64-mal eingesetzt werden muss, also einmal pro Bit des ROM-Codes.

### 6.4.2. Die Implementierung in Assembler

Die implementierte Funktion speichert alle gefunden ROM-Codes im RAM des Mikrocontrollers, und zwar in der Speicherbank 2 (Adressraum 200h - 2FFh). Es gibt keine vom Algorithmus bedingte maximale Anzahl von OneWire-Chips, die angeschlossen werden dürfen, doch in der Implementierung ist ihre Zahl auf 32 beschränkt. Warum 32? Weil 256 Bytes Speicher zur Verfügung stehen und jeder ROM-Code acht Bytes davon in Anspruch nimmt. Damit es nicht komplizierter wird als es sein muss, gehen wir davon aus, dass die Zahl von 32 Chips (oder sogar mehr) in der Praxis eigentlich so gut wie nie vcrkommt.

Das Hauptprogramm des Algorithmus nennt sich ow_rs_execute und stellt den Einstieg in die OneWire-Suche dar. In der folgenden Tabelle sind alle wichtigen Subroutinen des Algorithmus mit kurzer Beschreibung zusammengefasst.

| **Hauptroutinen des OneWire-Suche-Algorithmus** | |
|---|---|
| Subroutine | kurze Beschreibung |
| ow_rom_search | Hauptroutine für die OneWire-Suche. Diese Subroutine stellt auch die Suchergebnisse auf dem LCD dar. |
| ow_rs_execute | Hauprogramm des OneWire-Search-Algorithmus als Einstieg in die Suche. |
| ow_rs_next | Subroutine, die ein Zyklus der OneWire-Suche durchläuft. Am Ende der Bearbeitung ist der ROM-Code eines OneWire-Chips gefunden. Zusätzlich werden auch Informationen gesammelt (und gespeichert), an welchen Bit-Stellen auf dem Weg Konflikte aufgetreten sind und welche Richtung eingeschlagen wurde. |
| ow_rs_byte | Diese Subroutine bearbeitet die Suche für ein Byte (innerhalb von ow_rs_next wird sie achtmal aufgerufen) |
| rom_s_store | Subroutine kümmert sich um das Abspeichern des gefundenen ROM-Codes im RAM des Mikrocontrollers |

**ow_rs_byte**

Das Unterprogram enthält alles, was für die Suche nach einem Byte des ROM-Codes benötigt wird. Kurz zusammengefasst, ruft das Programm acht Mal den OneWire-Triplet-Befehl auf und speichert die Zwischenergebnisse. Es gibt drei Arten von Zwischenergebnissen: das empfangene Byte, die Tatsache, ob (und falls ja, auf welcher Position) ein Konflikt erkannt wurde und drittens die gewählte Richtung.

Jedes empfangene Byte ist schrittweise in der Variablen v_rom_id_c, die Konflikte in der Variablen v_owcc und die gewählte Richtung in der Variablen v_owdc gespeichert.

Das Testen eines Bits des ROM-Codes im Unterprogramm ow_rs_byte sieht so aus (wir testen als Beispiel Bit 2):

```
;---------------------------------------------------------------------------
ow_rs_byte
   clrf  v_rom_id_c
   clrf  v_owcc
;...
;...

;bit 2 ---------------------------------
   movlw    H'FF'
   btfss    v_owdc,D'002'
   movlw    H'00'
   movwf    v_ow_act_dir

   call     ow_triplet
   btfsc    ds2484_st,D'007'    ;DIR (Direction Taken)
   bsf      v_rom_id_c,D'002'

   btfsc    ds2484_st,D'006'    ;TSB (Triple Second Bit)
   btg      v_owcc,D'002'
   btfss    ds2484_st,D'005'    ;SBR (Single Bit Result)
   btg      v_owcc,D'002'

   btfsc    v_owdc,D'002'
   bcf      v_owcc,D'002'
;...
;---------------------------------------------------------------------------
```

Das Unterprogramm ow_rs_byte enthält acht fast identische Teile, ein Teil pro Bit.

Das Programm bereitet eigentlich nur alle Variablen für den Aufruf der Subroutine ow_triplet vor, ruft dann diese Routine auf und wertet sie am Ende aus. Wie im Listing zu sehen, arbeitet das Unterprogramm vor allem mit den beiden Variablen v_owdc und v_owcc. Die Variable v_owcc sammelt die Informationen über Konflikten auf den einzelnen Stellen (deswegen auch die Benennung, denn owcc bedeutet „One Wire Conflict Current"). In unserem Beispiel-Listing wird, wenn ein Konflikt beim Lesen von Bit 2 entstanden ist (der Master hat „00" empfangen), das Bit 2 der Variable v_owcc auf eins gesetzt. In Kürze werden wir sehen, wie diese Information für die Vorbereitung der nächsten Runde genutzt wird.

Die Variable v_owdc (One Wire Direction Curent) besagt, in welche Richtung der Master gelaufen ist. Diese Information wird ebenfalls für die nächste Runde wichtig sein.

Last but not least wird das ermittelte Bit als ein Bestandteil des ROM-Codes in der Variablen v_rom_id_c gespeichert. Im Listing sehen wir, wie diese drei Informationen von Inhalten der Bits DIR, TSB und SBR im STATUS-Register abgeleitet werden.

Wenn die gesamte Subroutine ow_rs_byte durchgelaufen ist, stehen folgende Daten zur Verfügung:

- ein Byte des ROM-Codes eines Slave-Chips
- eine „Liste" von Bits, bei denen ein Konflikt entstanden ist
- für jedes dieser Bits kennen wir die Richtung, in welche der Master gelaufen ist

An dieser Stelle erkennen wir, wie das OneWire-Triplet für die Suche nach einem Byte eingesetzt werden kann.

**ow_rs_next**

Diese Subroutine findet den gesamten ROM-Code eines OneWire-Slave Chips auf dem Bus, und zwar mit Hilfe der Subroutine ow_rs_byte.

Die Subroutine kann man in drei Teile zerlegen.

Am Anfang (Teil 1) wird der 1-Wire-Reset durchgeführt (womit jede Runde beginnt) und mit Hilfe des Dolmetschers der Search-ROM-Befehl (F0h) gesendet. Dieser Abschnitt ist also sehr überschaubar:

```
;-----------------------------------------------------
ow_rs_next
     call     ow_rst
     movlw    H'F0'         ;Search ROM
     movwf    ow_buffer
     call     ow_write
;-----------------------------------------------------
```

Deutlich ist zu sehen, dass auch hier die definierten Dolmetscher-Befehle wiederverwendet werden: Mit ow_rst führen wir den OneWire-Reset durch und mit ow_write schicken wir den Befehl auf den Bus, der in der Variablen ow_buffer steht, also Search ROM (F0h).

Im zweiten Teil wird die Suche durchgeführt, indem achtmal die Subrutine ow_rs_byte aufgerufen wird. Selbstverständlich werden die Ergebnisse nach jedem Aufruf sorgfältig aufbewahrt.

Die Subroutine ist ähnlich aufgebaut wie ow_rs_byte, nur nicht auf Bit-Ebene wie ow_rs_byte, sondern auf Byte-Ebene.

Im Beispiel identifizieren wir Byte 2:

```
;-----------------------------------------------
;...
    movf      v_owd2,0
    movwf     v_owdc
    call      ow_rs_byte
    movwf     ow_ROM_2
    movf      v_owcc,0
    movwf     v_owc2
;...
;-----------------------------------------------
```

In diesem Beispiel sehen wir die schon bekannten Variablen v_owdc und v_owcc und außerdem noch Variablen mit ähnlichen Namen, nur mit einer Ziffer am Ende. Diese Ziffer ist die „Laufnummer" des Bytes, das gerade bearbeitet wird (in unserem Beispiel also 2).

Wie zu sehen, wird vor dem Aufruf von ow_rs_byte die beim letzten Zyklus verwendete Richtung in der „current"-Variablen gespeichert (aus der Variablen v_owd2). Falls es sich um den ersten Zyklus handeln sollte, wird der voreingestellte Wert 00h verwendet.

Nach dem Aufruf werden das gefundene Byte in die zugehörige Variable des zukünftigen ROM-Codes (in unserem Fall in ow_ROM_2) und zusätzlich die Information über entstandenen Konflikten in die dafür vorgesehene Variable v_owc2 für Byte 2 geschrieben.

Der dritte Teil kümmert sich um die Auswertung des Suchdurchlaufs und bereitet jeweils die nächste Runde vor. Dieser Teil ist der komplizierteste von allen, zumindest auf den ersten Blick. Doch in Wirklichkeit ist alles ganz einfach...

Nachdem wir eine Suchrunde abgeschlossen haben, sprich, ein Slave wurde identifiziert, haben wir mit dem ROM-Code selber noch zwei weitere Informationen gesammelt: bitweise Informationen, wo Konflikte entstanden sind und für jedes Bit noch die Informationen, in welcher Richtung die Suche fortgesetzt wurde. Um sich die Konflikte Bit für Bit merken zu können, ist genauso viel Speicher erforderlich wie für den ROM-Code selber, also 64 Bit oder 8 Byte. Diese Information ist in den Variablen v_owc7 bis v_owc0 gespeichert. Um sich die Suchrichtung für jedes Bit zu merken, sind weitere acht Byte in den Variablen v_owd7 bis v_owd0 erforderlich.

Bei der Vorbereitung des nächsten Zyklus muss zunächst der „zuletzt" aufgetretene Konflikt gefunden werden. Zuletzt in Anführungsstrichen, weil es selbstverständlich davon abhängt, von welcher Seite die Konflikte betrachtet werden. Im Sinne unseres Algorithmus ist der „letzte" gleich der „höchste". Je näher der Konflikt am MSB liegt, desto „höher" ist er. Deswegen beginnt die Software, die Variablengruppe v_owd7 bis v_owd0 ab der höchsten Variablen v_owd7 zu untersuchen:

```
;--------------------------------------------------------------
;now find last conflict and change the corresponding direction
;
    movf     v_owd7,0
    movwf    v_owdc
    movf     v_owc7,0
    btfss    STATUS,Z
    goto     ow_rs_next7
;
```

Dieser einfache Code überprüft, ob in der Variablen v_owc7 zumindest eine Eins steckt. Dazu wird der Inhalt der Variablen mit dem Befehl movf v_owc7,0 ins W-Register kopiert. Dies geschieht nur, weil dieser Befehl das Zero-Bit des Status-Registers beeinflusst. Falls eine Null gelesen wurde, wird das Z-Bit auf eins gesetzt (das Ergebnis ist gleich null), falls in der Variablen mindestens eine Eins auftritt, egal, an welcher Stelle, ist das Ergebnis ungleich null. Falls also das Ergebnis gleich null war, wissen wir, dass in den höchsten acht Bits des ROM-Codes kein Konflikt festgestellt worden ist, so dass mit dem „nächsttieferen" Byte fortgefahren werden kann:

```
;
    movf     v_owd6,0
    movwf    v_owdc
    movf     v_owc6,0
    btfss    STATUS,Z
    goto     ow_rs_next7
;
```

Und das geht so weiter. Es gibt genau acht dieser Abschnitte - einer pro Byte - in dem Algorithmus.

Falls wir beim Byte 0 auf keinen Konflikt gestoßen sind, ist es klar, dass die Suche am Ende angelangt ist. Wir können einen 1-Wire-Reset durchführen und das ganze Prozedere beenden:

```
;
    movf     v_owd0,0
    movwf    v_owdc
    movf     v_owc0,0
    btfss    STATUS,Z
    goto     ow_rs_next0
;search finished
    call     ow_rst
    return
;--------------------------------------------------------------
```

Falls es aber „irgendwo unterwegs" noch einen Konflikt gab, muss die Software ab diesem Punkt die nächste Runde vorbereiten. „Ab diesem Punkt" bedeutet, dass die Konflikte immer von oben nach unten kontrolliert werden.

Die zuvor eingeschlagene Richtung an der Stelle des höchsten auftretenden Konflikts wurde in den Variablen v_owd7 bis v_owd0 gespeichert. Jetzt muss an dieser Stelle die Suchrichtung geändert und gleichzeitig alle anderen, darunter liegenden Richtungen auf Null gesetzt werden. Darum kümmern sich die Subroutinen ow_rs_next7 bis ow_rs_next0 zusammen mit ow_rs_nextcb7 bis ow_rs_nextcb0.

Die Unterprogramme ow_rs_nextx arbeiten auf Byte-Ebene und sehen so aus:

```
;-----------------------------------------
ow_rs_next7
    movwf v_owcc
    call  ow_rs_nextc
    movwf v_owd7
    goto  ow_rs_next
;-----------------------------------------
ow_rs_next6
    movwf v_owcc
    call  ow_rs_nextc
    movwf v_owd6
    clrf  v_owd7
    goto  ow_rs_next
;-----------------------------------------
ow_rs_next5
    movwf v_owcc
    call  ow_rs_nextc
    movwf v_owd5
    clrf  v_owd6
    clrf  v_owd7
    goto  ow_rs_next
;-----------------------------------------
ow_rs_next4
    movwf v_owcc
    call  ow_rs_nextc
    movwf v_owd4
    clrf  v_owd5
    clrf  v_owd6
    clrf  v_owd7
    goto  ow_rs_next
;-----------------------------------------
ow_rs_next3
    movwf v_owcc
    call  ow_rs_nextc
```

```
    movwf v_owd3
    clrf  v_owd4
    clrf  v_owd5
    clrf  v_owd6
    clrf  v_owd7
    goto  ow_rs_next
;---------------------------------------------
ow_rs_next2
    movwf v_owcc
    call  ow_rs_nextc
    movwf v_owd2
    clrf  v_owd3
    clrf  v_owd4
    clrf  v_owd5
    clrf  v_owd6
    clrf  v_owd7
    goto  ow_rs_next
;---------------------------------------------
ow_rs_next1
    movwf v_owcc
    call  ow_rs_nextc
    movwf v_owd1
    clrf  v_owd2
    clrf  v_owd3
    clrf  v_owd4
    clrf  v_owd5
    clrf  v_owd6
    clrf  v_owd7
    goto  ow_rs_next
;---------------------------------------------
ow_rs_next0
    movwf v_owcc
    call  ow_rs_nextc
    movwf v_owd0
    clrf  v_owd1
    clrf  v_owd2
    clrf  v_owd3
    clrf  v_owd4
    clrf  v_owd5
    clrf  v_owd6
    clrf  v_owd7
    goto  ow_rs_next
;---------------------------------------------
```

Die Subroutinen ow_rs_nextcbx kümmern sich dann um die Feinarbeit auf Bit-Ebene:

```
;-----------------------------------------
ow_rs_nextc
    btfsc   v_owcc,D'007'
    goto    ow_rs_nextcb7
    btfsc   v_owcc,D'006'
    goto    ow_rs_nextcb6
    btfsc   v_owcc,D'005'
    goto    ow_rs_nextcb5
    btfsc   v_owcc,D'004'
    goto    ow_rs_nextcb4
    btfsc   v_owcc,D'003'
    goto    ow_rs_nextcb3
    btfsc   v_owcc,D'002'
    goto    ow_rs_nextcb2
    btfsc   v_owcc,D'001'
    goto    ow_rs_nextcb1
    goto    ow_rs_nextcb0
;-----------------------------------------
ow_rs_nextcb7
    bsf     v_owdc,D'007'
    movf    v_owdc,0
    return
;-----------------------------------------
ow_rs_nextcb6
    bsf     v_owdc,D'006'
    bcf     v_owdc,D'007'
    movf    v_owdc,0
    return
;-----------------------------------------
ow_rs_nextcb5
    bsf     v_owdc,D'005'
    bcf     v_owdc,D'006'
    bcf     v_owdc,D'007'
    movf    v_owdc,0
    return
;-----------------------------------------
ow_rs_nextcb4
    bsf     v_owdc,D'004'
    bcf     v_owdc,D'005'
    bcf     v_owdc,D'006'
    bcf     v_owdc,D'007'
    movf    v_owdc,0
    return
;-----------------------------------------
```

```
ow_rs_nextcb3
    bsf     v_owdc,D'003'
    bcf     v_owdc,D'004'
    bcf     v_owdc,D'005'
    bcf     v_owdc,D'006'
    bcf     v_owdc,D'007'
    movf    v_owdc,0
    return
;-------------------------------------------
ow_rs_nextcb2
    bsf     v_owdc,D'002'
    bcf     v_owdc,D'003'
    bcf     v_owdc,D'004'
    bcf     v_owdc,D'005'
    bcf     v_owdc,D'006'
    bcf     v_owdc,D'007'
    movf    v_owdc,0
    return
;-------------------------------------------
ow_rs_nextcb1
    bsf     v_owdc,D'001'
    bcf     v_owdc,D'002'
    bcf     v_owdc,D'003'
    bcf     v_owdc,D'004'
    bcf     v_owdc,D'005'
    bcf     v_owdc,D'006'
    bcf     v_owdc,D'007'
    movf    v_owdc,0
    return
;-------------------------------------------
ow_rs_nextcb0
    clrf    v_owdc
    bsf     v_owdc,D'000'
    movf    v_owdc,0
    return
;-------------------------------------------
```

Und das war es erst einmal mit der Theorie!

## 6.5. OneWire-Suche: Die Beispielschaltung

Es ist langsam Zeit für eine praktische Übung. Wir haben zwar die OneWire-Suche kennengelernt, aber sehr oft ist es für die eigene Anwendung hilfreich und vor allem ausreichend, nur die ROM-Codes der einzelnen OneWire-Komponenten zu verwenden und fest in die Software einzubauen. Dafür müsste man aber erst einmal den ROM-Code eines Chips herausfinden. Unsere Beispielschaltung ist deshalb praktischerweise ein einfaches Gerät, um den ROM-Code eines beliebigen OneWire-Chips zu lesen und in einem LCD anzuzeigen. In dem kleinen Gerät verrichtet ein PIC16F1828 die Steuerungsaufgaben.

Danach werden wir demonstrieren, dass für diesen Zweck auch der Mikrocontroller PIC18F13K22 geeignet ist, ohne Schaltplanänderung. Mit dem PIC18FK22 wird (ebenfalls ohne Hardwareänderung) eine Variante beschrieben, die den Search-ROM-Algorithmus durchführt und die ROM-Codes mehrerer Chips anzeigen kann. Die Mikrocontroller besitzen 20 Beinchen und sind zudem „elektrisch" gesehen austauschbar (pinkompatibel nennt man das). Wer Lust auf Experimente hat, baut auf der Platine eine entsprechende IC-Fassung ein und kann mit einer Hardware alle drei Varianten ausprobieren.

Die Schaltung selber ist sehr einfach.

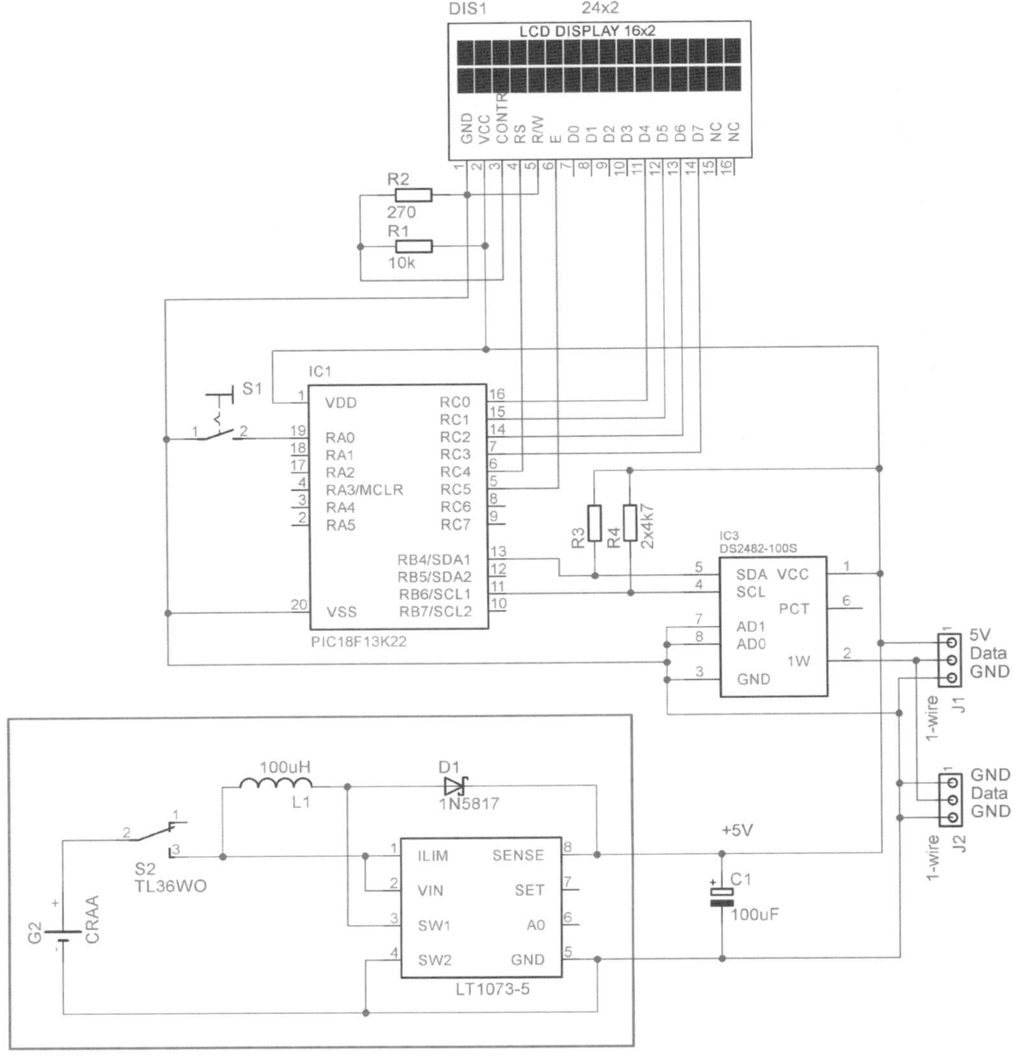

Da es sich beinahe um ein richtiges Messgerät handelt, wäre es schön, es mit einer 1,5-V-Batterie zu versorgen. Weil man für das LCD aber 5 V benötigt, muss der Step-up-Schaltregler LT1073-5 (mit einigen notwendigen Peripheriebauteilen) die Spannung entsprechend anheben. Natürlich kann man auch auf die Batterie verzichten, direkt auf eine 5-V-Spannungsquelle setzen und den Spannungswandler ganz weglassen.

Außer dem Mikrocontroller finden sich in der Schaltung nur die I²C-zu-OneWire-Brücke, die beiden Pull-up-Widerstände R3 und R4 und natürlich das LCD. Man ahnt, der wirklich spannende Teil ist die Software.

Mit der einfachster Version können wir gleich anfangen.

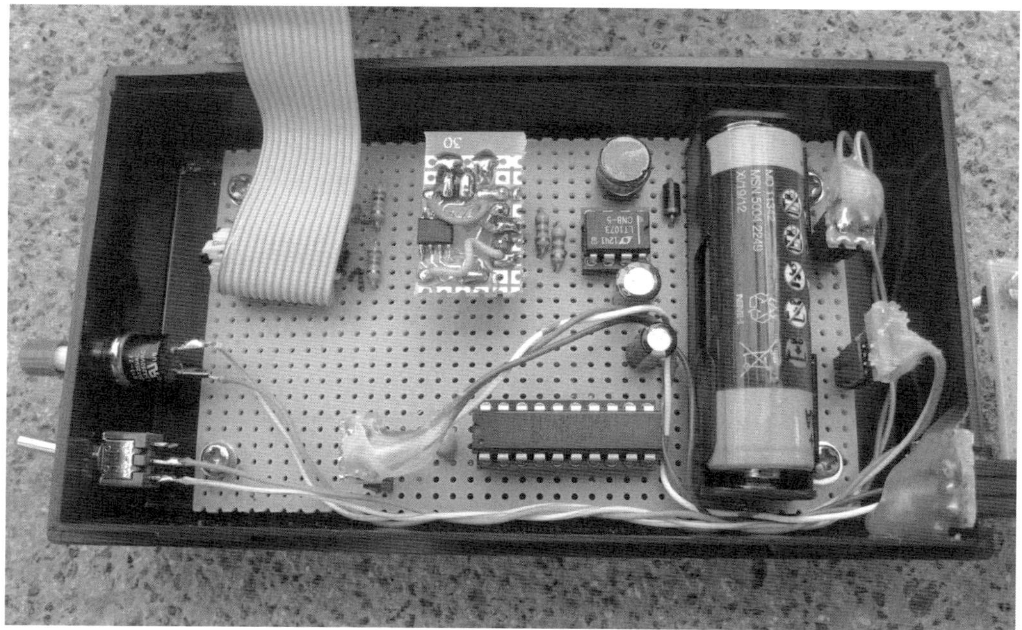

### 6.5.1. Version 1 - ROM-Code-Leser mit PIC16F1828

Version 1 liest den ROM-Code eines 1-Wire-Slave-Chips und zeigt ihn im LCD an. Da hardwaremäßig alle Versionen gleich sind, reicht es, sich im Schaltplan die Mikrocontroller-Bezeichnung PIC16F1828 statt PIC18F13K22 vorzustellen. Der Rest bleibt unberührt, sogar die Pinnummern. Beide Mikrocontroller besitzen 20 Pins und stellen prinzipiell 18 I/Os zur Verfügung.

Die Firmware ist aus Sicht der 1-Wire-Kommunikation bei dieser Version sehr einfach. Eigentlich handelt sich es nur um die uns schon bekannte Subroutine ow_read_rom, die mit Hilfe des Dolmetschers DS2482-100 den ROM-Code aus dem 1-Wire-Chip liest.

```
;------------------------------------------------------------------
ow_read_rom call  ow_rst      ;(1)

    movlw     H'33'           ;(2) Read ROM
    movwf     ow_buffer
    call      ow_write

    call      ow_read         ;(3-1)
    movf      ow_buffer,0
    movwf     ow_ROM_0

    call      ow_read    ;(3-2)
    movf      ow_buffer,0
    movwf     ow_ROM_1

    call      ow_read         ;(3-3)
    movf      ow_buffer,0
    movwf     ow_ROM_2

    call      ow_read         ;(3-4)
    movf      ow_buffer,0
    movwf     ow_ROM_3

    call      ow_read         ;(3-5)
    movf      ow_buffer,0
    movwf     ow_ROM_4

    call      ow_read         ;(3-6)
    movf      ow_buffer,0
    movwf     ow_ROM_5

    call      ow_read         ;(3-7)
    movf      ow_buffer,0
    movwf     ow_ROM_6

    call      ow_read         ;(3-8)
    movf      ow_buffer,0
    movwf     ow_ROM_7

    call      ow_rst          ;(4)
    return
;------------------------------------------------------------------
```

Gleich nach dem 1-Wire-Reset (1) wird der Befehl 33h (also 1-Wire-Read-ROM) auf dem Bus aufgelegt (2). Dann reicht es, achtmal die Subroutine ow_read aufzurufen (3-1 bis 3-8) und damit acht Bytes aus dem Slave-Chip zu lesen. Diese acht Bytes stellen den 1-Wire-

ROM-Code des Chips dar, der auf den 1-Wire-Read-ROM-Befehl reagiert. Weil wir nicht weiter kommunizieren möchten, können wir die begonnene Kommunikation mit einem 1-Wire-Reset wieder beenden (4).

Diese kleine Subroutine ist identisch mit der Subroutine ds1820_read_rom aus der Firmware des DemoBoard2015. An diesem Beispiel können wir gut sehen, wie man die Firmware zum DemoBoard2015 für eigene Anwendungen verwenden kann, weil die Firmware zu Version 1 des ROM-Code-Lesers (02_ROM_ID_R_v1p05.asm) im wesentlichsten nur aus kopierten Teilen der Firmware zum DemoBoard besteht. Ohne es allzu detailliert aufzulisten, müssen nur folgende Teile übernommen werden:

- Variablendeklarationen, die für die Arbeit der zu übernehmenden Subroutine wichtig sind
- Subroutinen mit dem Präfix ds2484_* für die Arbeit mit dem Dolmetscher
- Subroutinen mit dem Präfix ow_* für die Arbeit mit dem 1-Wire Bus
- und, weil wir mit dem 1-Wire-Bus über I²C kommunizieren, auch die Subroutinen mit dem Präfix i2c_* für die Arbeit mit dem I²C-Bus

Der Rest der Firmware kümmert sich nur um die Ansteuerung des LC-Displays und kontrolliert ab und zu den Taster am Eingang RA0. Falls dieser gedrückt wird, wird der ROM-Code erneut eingelesen, was für die Handhabung des Tools nicht schlecht ist. Wenn wir also ROM-Codes mehrerer Slaves erkunden möchten, können wir den ersten anschließen, das Gerät einschalten, ROM-Code notieren, 1-Wire Slave entfernen und den nächsten Slave anschließen, Taste drücken, ROM-Code abschreiben und so weiter.

Nach dem Einschalten wird kurz die Firmware-Version angezeigt, danach direkt der ROM-Code gelesen und auch gleich angezeigt. Danach passiert nichts mehr, bis der Taster S1 erneut betätigt wird oder man das Gerät ausschaltet.
Auf dem Display sieht die Anzeige so aus:

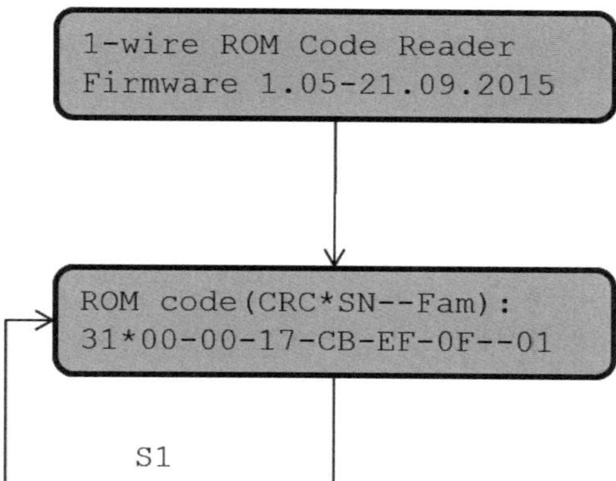


Bei der Anzeige des ROM-Codes steht ganz links das höchstsignifikante Byte und ganz rechts das niedrigste Byte des ROM-Codes, also der als letztes gelesene CRC-Wert (hier

31h) an erster Stelle. Nach dem „Stern"-Zeichen stehen die sechs Bytes der Seriennummer, jeweils durch ein „Minus"-Zeichen getrennt. Nach dem doppelten Minuszeichen, also ganz rechts, steht der Familiencode - in unserem Beispiel 01h (für den DS2401).

Falls sich kein Slave auf dem Bus befindet, werden bei allen Bits nur Einsen gelesen. Am Ende steht auf dem Display nur: FF*FF-FF-FF-FF-FF-FF--FF. Die gleiche Anzeige erhält man auch, wenn die Brücke nicht angeschlossen sein sollte. Die Firmware testet also nicht, ob die Kommunikation mit dem Bridge-Chip klappt oder nicht. Das könnte man sicherlich noch einbauen, aber für eine selbstgenutzte Anwendung würde diese Art der „Autodiagnose" keinen echten Mehrwert bringen und die Firmware nur unnötig komplizieren.

### 6.5.2. Version 2 - ROM-Code-Leser mit PIC18F13K22

Die Beschreibung dieser Version ist sehr kurz - es handelt sich auch hier um einen ROM-Code-Leser mit gleicher Bedienung wie bei der Version 1.

Wie erwähnt, ändert sich die Schaltung, nur muss man sich eine andere Mikrocontroller-Bezeichnung denken, nämlich PIC18F13K22. Der einzige Unterschied ist die angezeigte Version der Firmware (04_ROM_ID_T_v1p12.asm):

```
1-wire ROM Code Reader E
Firmware 1.12-01.10.2015
```

In dem Quellcode findet man selbstverständlich kleinere Abweichungen gegenüber Version 1, die von den unterschiedlichen Mikrocontroller-Familien (PIC16 in Version 1 gegenüber PIC18 in Version 2) bedingt sind, und liegen hauptsächlich in den Deklarationen des Assemblercodes.

### 6.5.3. Version 3 - ROM-Code-Suche mit PIC18F13K22

Die letzte Version ist softwaremäßig die komplizierteste, weil der gesamte ROM-Code-Search Algorithmus implementiert ist. Mit Version 3 ist es möglich, mehrere Slaves an den Bus anzuschließen und ihn nach ROM-Codes zu durchsuchen. Die gefundenen ROM-Codes werden nacheinander angezeigt. Ich muss gestehen, der einzige Grund, warum es diese ROM-Code-Search-Version nur mit dem PIC18F13K22 und nicht auch mit dem PIC16F1828 gibt, ist, dass der PIC16-Controller den Befehl BTG (BTG = Bit Toggle Flag, also die Invertierung eines Bits innerhalb eines Bytes) nicht kennt. Dieser Befehl wird aber im ROM-Code-Search-Algorithmus in der Subroutine ow_rs_byte verwendet.

Was die Codeübernahme aus der Firmware des DemoBoard2015 angeht: Wir benötigen die gleichen Subroutinen wie die anderen beiden Versionen und zusätzlich noch alles, was die ROM-Code-Suche betrifft, also Subroutine ow_rom_execute und alles, was daran hängt.

Die Subroutine ow_rs_execute wurde nur leicht angepasst: Hauptsächlich werden gefundenen ROM-Codes nicht im Mikrocontroller-RAM gespeichert, sondern nur im Display angezeigt. Deswegen läuft die Suche zweimal. Im ersten Durchgang wird nur festgestellt, wie viele 1-Wire-Chips sich auf dem Bus befinden, um später die Anzahl im Display darzustellen. Im zweiten Durchgang wird die Subroutine im „Debug-Modus" verwendet, wobei der Debug-Mode leicht angepasst worden ist, damit nach jedem Zyklus der gefundenen ROM-Code angezeigt wird. Wenn alle gefundenen 1-Wire-Chips ihre ROM-Codes preisgegeben haben, beginnt die Suche erneut - eine endlose Schleife.

Nach dem Einschalten des Geräts wird auch bei dieser Variante kurz die Firmware-Version (04_ROM_ID_T_v2p14.asm) angezeigt:

```
1-wire ROM Code Search
Firmware 2.14-02.10.2015
```

Für den Fall, dass sich auf dem 1-Wire-Bus keine Slaves befinden, wird darüber eine kurze Information ausgegeben:

```
No device found
```

Dann ist es mit der Suche vorbei und das Gerät wartet darauf, dass Taster S1 betätigt oder es ausgeschaltet wird. Falls S1 betätigt wird, wird die Suche wiederholt. Man kann also im eingeschalteten Zustand ein paar Chips anschließen und die Suche mit S1 neu starten.

Falls ein oder mehrere Slaves angeschlossen sind, wird der Fortschritt der Suche (unten: 01/10) erst angezeigt, wenn die Anzahl des Chips und der erste gefundene ROM-Code mit ein paar Zusatzinformationen auf dem Display erscheint. Dann wird ein wenig gewartet und dann die Suche fortgesetzt.

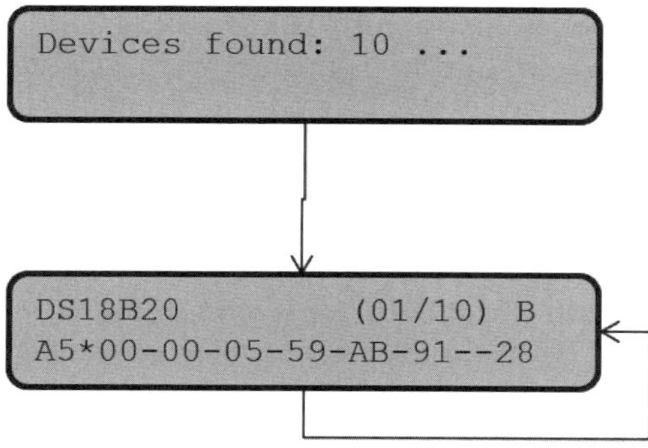


Falls mindestens ein 1-Wire-Slave-Chip auf dem Bus gefunden worden ist, kann man mit dem S1 keine neue Suche mehr starten, sondern in der Endlosschleife nur die Anzeige anhalten. Also falls es beispielsweise zehn Slaves gibt und wir nach jedem Chip in aller Ruhe den ROM-Code notieren wollen, können wir die Anzeige mit S1 anhalten. Solange S1 gedrückt ist, „steht" die Endlosschleife. Erst nach dem Loslassen wird die Anzeigeschleife fortgesetzt.

Was steht eigentlich auf dem LCD? In der erste Zeile wird der Typ des Chips gezeigt (falls er für der Firmware bekannt ist) und danach in Klammern die laufende Nummer des Chips und nach dem Schrägstrich die Gesamtzahl der des gefundenen Chips. Der Buchstabe in der letzten Spalte kann X, W oder B sein und bedeutet folgendes:

- X: es wird gerade nach dem nächsten ROM-Code gesucht
- W: Firmware wartet kurz, nachdem der letzte gefundene ROM-Code angezeigt worden ist, bis die Schleife weiterläuft
- B: Firmware wartet, bis S1 freigegeben wird

Ich hoffe, dass dieses kleines Beispiel genug Anregung für eigene Anwendungen rund um das Suchen und Lesen eines OneWire-Codes bietet.

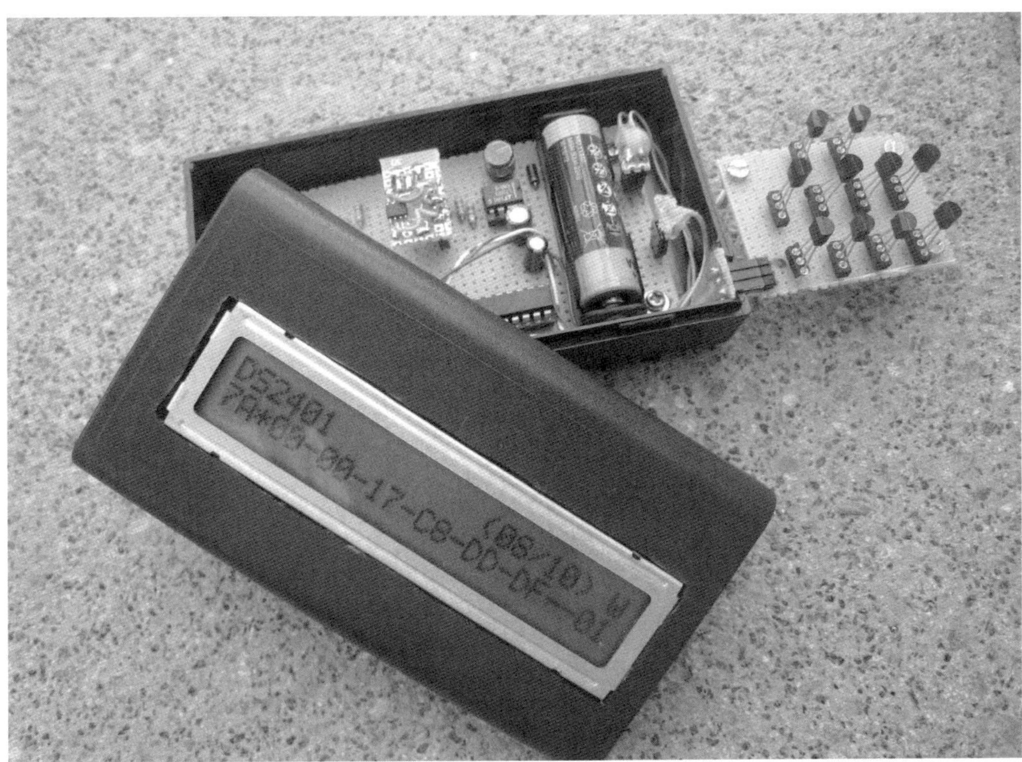

# Kapitel 7 • Anhang A - Maxim Evaluation Kits

Man kann sehr einfach in die Welt der OneWire-Chips einsteigen und ein wenig experimentieren - vorausgesetzt, man nimmt etwas Geld in die Hand und investiert in die Evaluation Boards von Maxim Integrated.

Wir wollen kurz drei dieser Evaluation Kits vorstellen:

| | |
|---|---|
| DS9090EVK | als Einstieg in die Welt der OneWire-Umgebung, |
| DS9092K | sehr ähnlich wie DS9090EVK jedoch auf iButtons orientiert, |
| DS9481R-3C7 | ermöglicht es, EPROM-Bausteine zu programmieren |

Zum Schluss werden wir uns noch mit dem speziellen Kit DS28E17K beschäftigen, das dem Studium der OneWire-zu-I²C-Brücke DS28E17 dient.

Wichtig ist es, die Software OneWireViewer kennenzulernen, weil man mit deren Hilfe auf die OneWire-Chips zugreifen kann - unabhängig davon, welches Kit angeschlossen ist. Ich möchte deswegen ein paar Beispiele mit dem OneWireViewer für Windows zeigen.

**Also los geht's...**
Ich will nichts über die Installation und die notwendigen Treiber und Softwarepakete erzählen, weil sich dies von Zeit zu Zeit ändert und der aktuelle Installationsvorgang immer auf der Internetseite von Maxim Integrated beschrieben wird (http://www.maxim-ic.com/1-wiredrivers).

## 7.1. Evaluation Kits

### 7.1.1. DS9090EVK

Hierbei handelt sich um ein Evaluation Kit für OneWire-Chips für Einsteiger in die Materie. Es besteht aus zwei Teilen und ist für eine ganze Menge von Test-Chips geeignet.
Bei dem ersten Teil mit der Bezeichnung DS9490R# handelt es sich um ein „USB-zu-OneWire-Adapter" in Form eines USB-Sticks. Er ermöglicht es, die OneWire-Chips sehr einfach über USB mit einem PC zu verbinden und von dort zu bedienen. Der Stick ist auch der teuerste Teil des Kits.

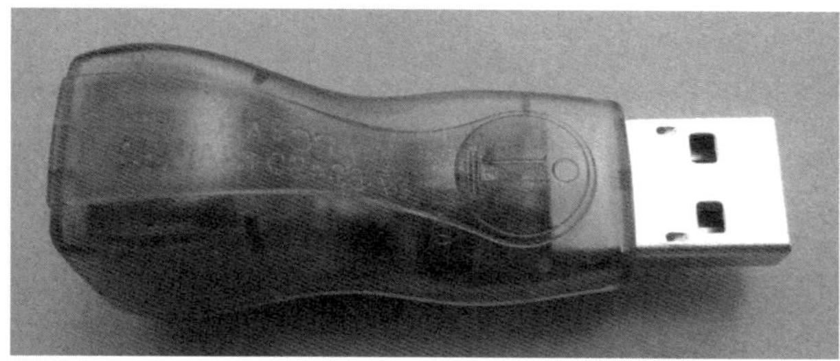

Das Herz des durchsichtigen blauen USB-Sticks ist der Chip DS2490, eine „USB-zu-OneWire-Brücke", die eine sehr einfache Schaltung im Inneren des Chips ermöglicht.

Der zweite Teil ist der Adapter DS9120P+, den man an den USB-Stick DS9490R# anschließt. Er ermöglicht eine direkte Anbindung von OneWire-Chips in TO-92- und TSOC-6-Gehäuse.

Da es sich um generische Module handelt, finden sie sich auch in anderen Sets und Entwicklungskits wieder.

Die Verbindung zwischen dem USB-Teil (DS9490R#) und der Adapterplatine (DS9120P+) wird mit einem RJ11-Kabel hergestellt.

Außer den beiden Teilen finden sich in dem Kit auch folgende OneWire-Chips:

| Chip | Beschreibung | Gehäuse | Anzahl |
|---|---|---|---|
| DS2401P+ | ROM-ID Chip | TSOC-6 | 3 |
| DS2406P+ | GPIO + EPROM | TSOC-6 | 3 |
| DS2411P+ | ROM-ID Chip mit Vcc | TSOC-6 | 3 |
| DS2413P+ | 2-Bit GPIO | TSOC-6 | 3 |
| DS2431P+ | 1024-bit EEPROM | TSOC-6 | 3 |
| DS24B33+ | 4Kb EEPROM | TO-92 | 3 |
| DS28E07P+ | 1024-bit EEPROM | TSOC-6 | 3 |

Wie man sehen kann, stecken die mitgelieferten Chips fast alle in TSOC-6-Gehäusen, nur der DS24B33+ ist in einem TO-92-Gehäuse untergebracht. Neben diesen kann man aber selbstverständlich beliebig andere OneWire-Slaves anschließen.

Zusammengefasst: Das DS9090EVK-Kit besteht aus:

1. **USB-zu-OneWire**-Stick mit der Bezeichnung **DS9490R#**
2. Anschlussadapter für OneWire-Chips in TO-92- und TSOC-6 Gehäusen (Bezeichnung: **DS9120P+**)
3. 21 OneWire-Chips

### 7.1.2. DS9092K

Das iButton-Starter-Kit DS9092K ist mit dem DS9090EVK fast identisch, außer dass es auf iButton-Chips spezialisiert ist und so statt der Adapterplatine DS9120P+ ein iButton-Kabel mit der Bezeichnung DS1402D-DR8 enthält. Das heißt, dass auch in diesem Kit eine USB-zu-OneWire-Brücke DS9490R# steckt und nur die Anschlussvorrichtung anders, für iButtons gestaltet ist.

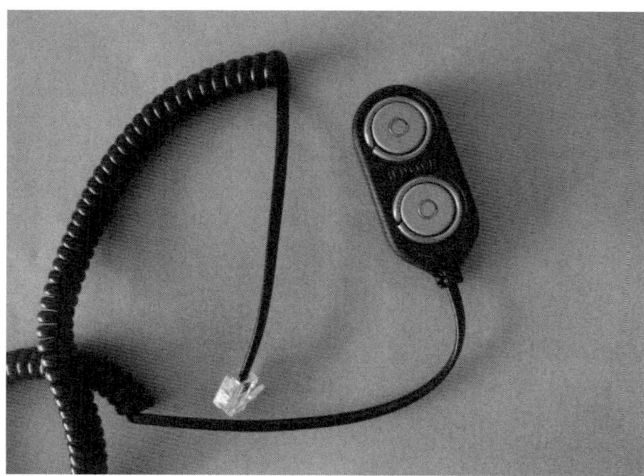

Außerdem findet man in dem Kit ein paar „iButton Key Ring Mounts" (so werden die Halterungen für die iButtons genannt) in verschiedenen Farben und selbstverständlich einige iButton-Chips zum Experimentieren.

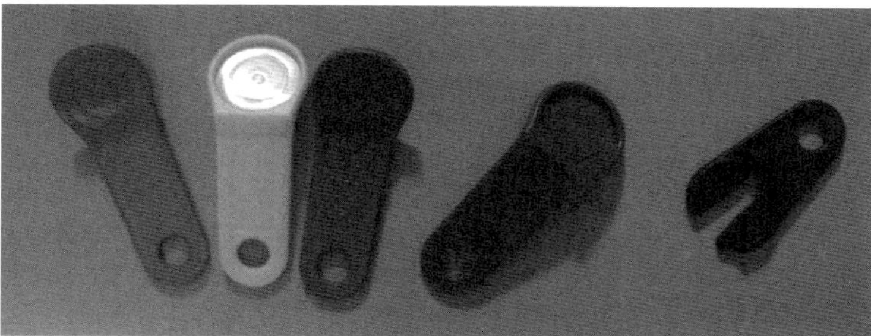

Das Kit enthält folgende iButtons:

| Chip | Beschreibung | Gehäuse | Anzahl |
|---|---|---|---|
| DS1904-F5 | RTC | iButton F5 | 1 |
| DS1971-F3 | 256 Bit EEPROM | iButton F3 | 1 |
| DS1971-F5 | 256 Bit EEPROM | iButton F5 | 1 |
| DS1990-F5 | ROM-ID | iButton F5 | 1 |
| DS1996-F5 | 64 kbit EEPROM | iButton F5 | 1 |

Zusammengefasst: Das Kit DS9090EVK besteht aus:

1. **USB-zu-OneWire**-Stick mit der Bezeichnung **DS9490R#**
2. Anschlussadapter für iButton-Chips (Bezeichnung: **DS1402D-DR8**)
3. Fünf iButton-Chips und als Zubehör iButton Key Ring Mounts in verschiedenen Farben

### 7.1.3. DS9481R-3C7

Der DS9481R-Adapter ist vor allem deswegen interessant, weil man mit ihm die EPROM-Bausteine programmieren kann. Es wird (wie auch der DS9490R) per USB mit dem Rechner verbunden. Über seinen RJ11-Anschluss kann man zum Beispiel die Adapterplatine DS9120P anschließen.

Genauso wie beim Kit DS9090EVK kann man die Software OneWireViewer nutzen, um die verschiedenen Chips zu lesen. Und wie gesagt, kann man im Gegensatz zu den anderen Kits mit dem DS9481R die EPROM-Bausteine auch programmieren, vorausgesetzt, die notwendige Software ist installiert.

Es ist noch erwähnenswert, dass dieses Gerät ungefähr doppelt so teuer ist wie die beiden anderen beschriebenen Kits. Und dazu kommt, dass zum Lieferumfang außer einem USB-Kabel keine weiteren Bauteile gehören, kein Adapter, keine Halterungen, keine OneWire-Chips.

Um mit dem Adapter experimentieren zu können, muss also noch eine Adapterplatine wie DS9120P (aus dem DS9090EVK-Kit) oder für iButtons DS1402D-DR8 (aus dem DS9092K-Kit) besorgt werden. Oder man baut sich einen Adapter „RJ11-zu-TO-p2) selber.

Der Anschluss für einen EPROM-Baustein (DS2502 / DS2505) sollte so aussehen:

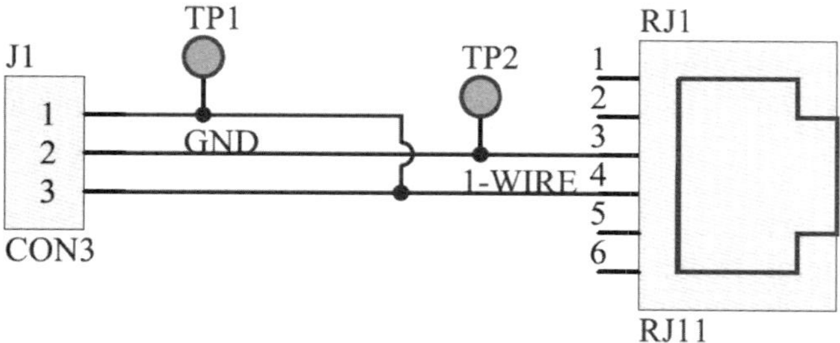


## 7.2. OneWireViewer

Ohne Software geht am Rechner nichts - schauen wir uns also den OneWireViewer an. Diese Software erhält man kostenlos auf der Webseite von Maxim Integrated. Es handelt sich um eine Java-Anwendung, was bedeutet, dass Java am PC installiert sein muss, damit man mit den OneWire-Chips experimentieren kann.

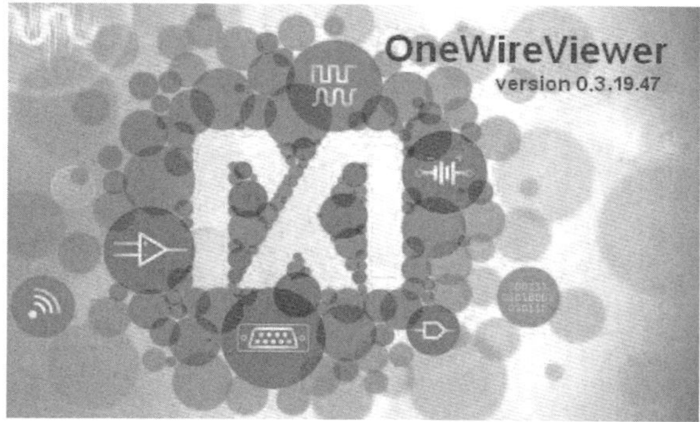


Wie gesagt, möchte ich hier nicht auf die Bedienungsanleitung (die ebenfalls von Maxim heruntergeladen werden kann) eingehen, sondern nur kurz beschreiben, was man mit dem Kit so alles anstellen kann.

Dabei ist es völlig egal, ob es sich um einen DS9090EVK oder DS9092K oder DS9481R-3C7 handelt, die Bedienung und die Möglichkeiten sind identisch - außer, dass man mit dem Kit DS9481R-3C7 auch EPROM-Bausteine programmieren kann.

Die Software erkundigt auf die „Plug-and-play" -Art und, welche OneWire-Chips über den DS9490R# angeschlossen sind und listet diese auf.

(die in diesem Kapitel gezeigten Screenshots zeigen die OneWireViewer-Version 3.19.47)

### 7.2.1. DS2401 - Maxim-Version

Falls kein OneWire-Chip vorhanden ist, sieht man auf der linken Seite immer nur einen Chip:

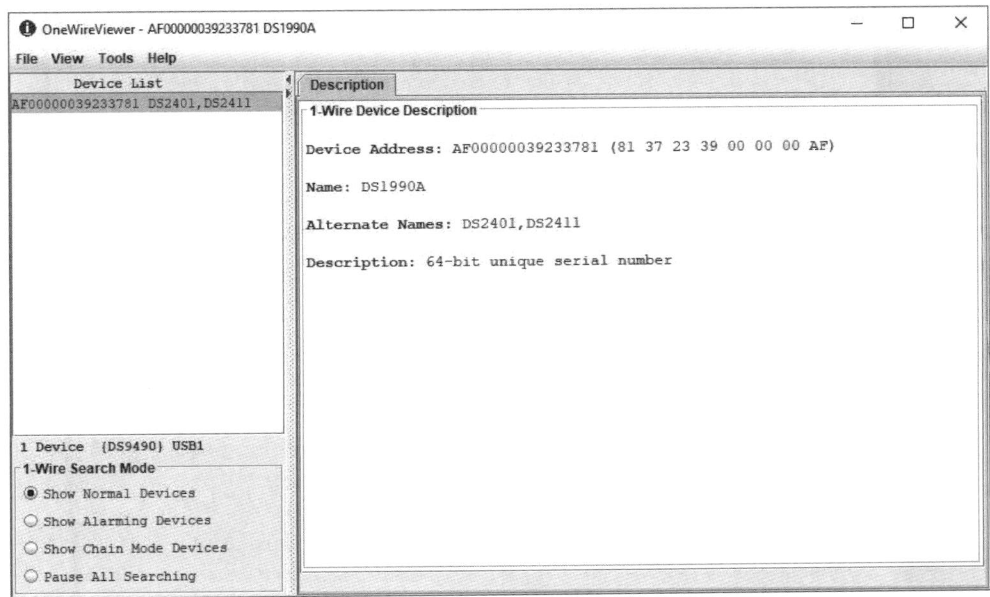


Dabei handelt es sich um den ROM-ID-Chip, der im DS9490R# integriert ist. Dieser Chip wird beim Adapter DS9481R-3C7 nicht aufgeführt, da er nur beim DS9490R# vorhanden ist. Wenn wir also den Adapter DS9481R-3C7 nutzen, ist die Liste leer (wenn kein externer Chip angeschlossen ist).

Auf der rechten Seite werden gegebenenfalls mehrere Reiter angezeigt, abhängig davon, welcher Chip auf der linken Seite ausgewählt worden ist. Der ersten Reiter „Description", der bei allen Chips verfügbar ist, zeigt die ROM-ID, den Typ des Chips und eine Beschreibung an. Im obigen Screenshot kann man sehen, dass der Chip mit der ROM-ID **81**-37-23-39-00-00-00-AF ausgewählt ist und es sich um einen DS1990A, DS2401 oder DS2411 handelt.

In den DS9490R#-Geräten ist immer ein Custom-ROM-ID Chip eingesetzt. Deswegen ist die Familie 81h und nicht die 01h, wie es bei einem DS2401 der Fall wäre.

### 7.2.2. DS2433

Wenn zum Beispiel ein EEPROM-Chip verknüpft wird, sieht man einen Reiter „Memory", wo man entweder das Scratchpad oder den Hauptspeicher lesen und beschreiben kann:

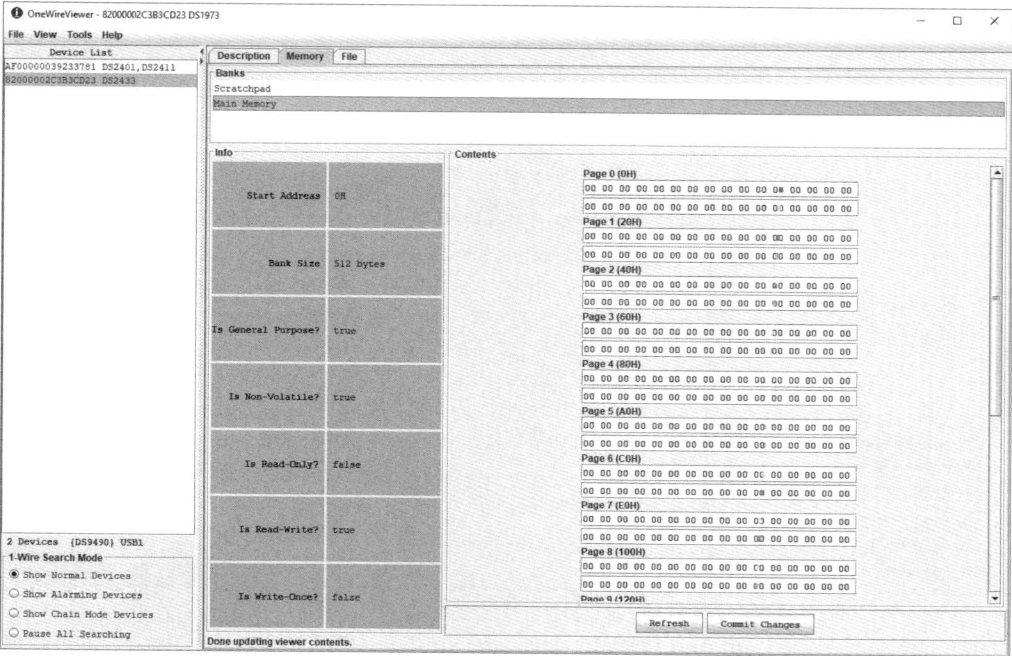


Im Screenshot sind links die Einstellungen und rechts der Inhalt des Speichers zu sehen. In dem Beispiel stehen überall Nullen, was heißt, dass der Speicher noch nie programmiert worden ist.

Die Software ermöglicht es, den Inhalt des Speichers zu modifizieren und die Änderungen zurück in den Chip zu schreiben. Dazu dient der Button „Commit Changes". Falls Änderungen vorgenommen werden, wird die betroffene Zeile gelb dargestellt. Nach der Speicherung werden die Daten wieder vom Chip gelesen und mit dem gewünschtem Inhalt verglichen. Über Erfolg oder Misserfolg wird am Ende des Vorgangs eine Nachricht ausgegeben.

### 7.2.3. DS2406

Für einen DS2406 Chip erscheint zusätzlich zum Memory- auch ein Switch-Reiter:

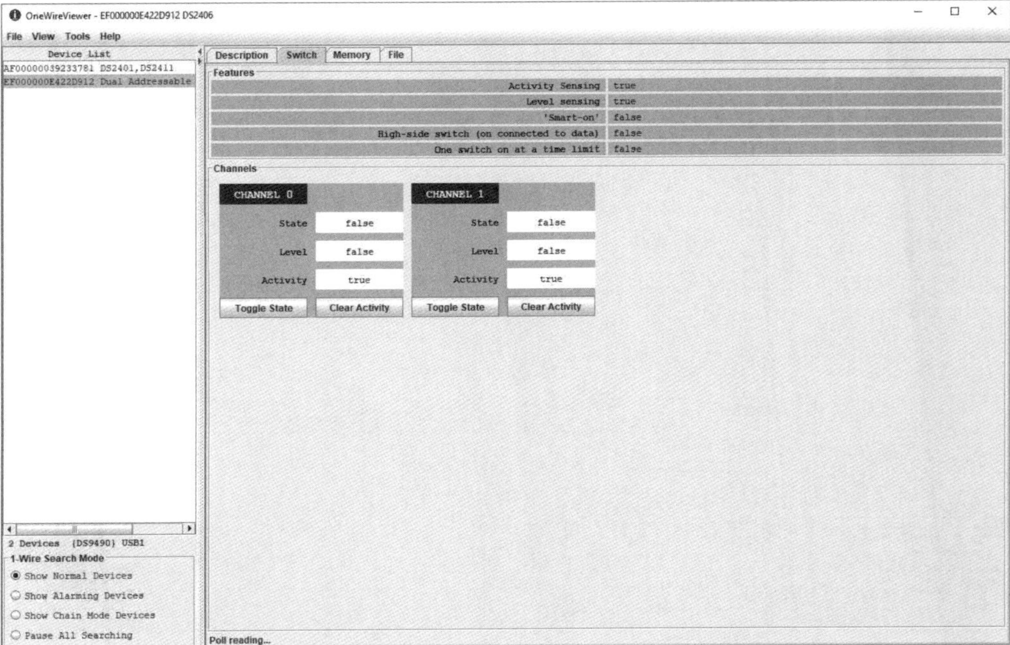


Auf dem Switch-Tab kann man die einzelnen Kanäle bedienen und die zugehörigen Informationen anzeigen.

Es ist auch möglich, die Ausgänge zu beeinflussen, indem man die Buttons „Toggle State" betätigt.

### 7.2.4. DS18B20

Bei einem Thermometer-Chip wird auf Wunsch eine „Real-Time Temperature" angezeigt:

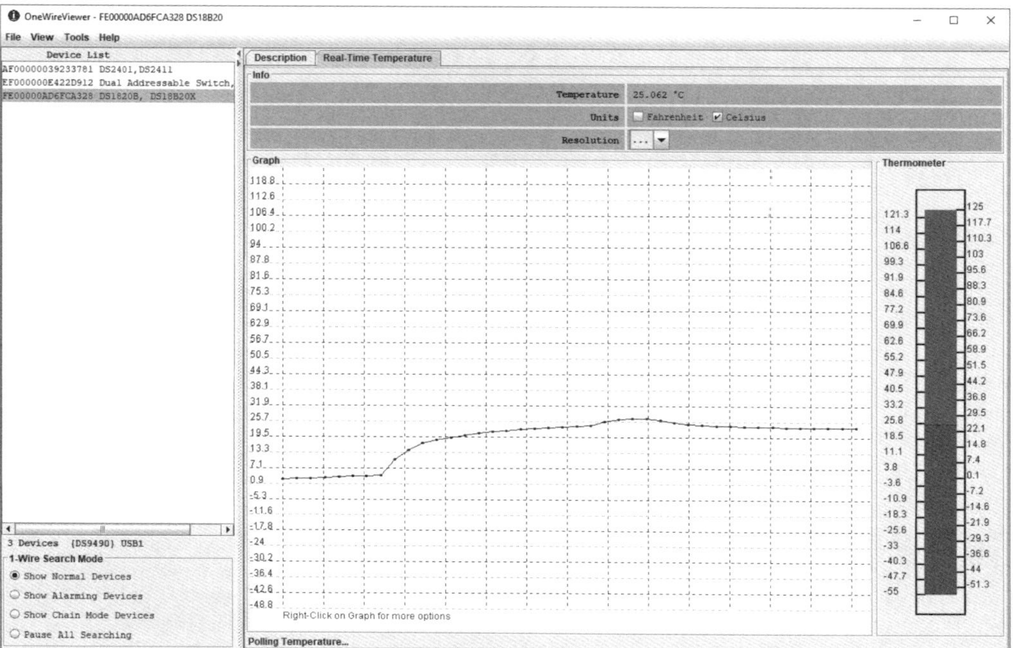


Man kann also bar jeglicher Kenntnisse die Funktionen des einzelnen Chips schön graphisch dargestellt bewundern. Dies ist bei Demonstrationen wirklich hilfreich oder um kennenzulernen, was mit dem einen oder anderen Chip machbar wäre. Um aber die Chips in eigene Anwendungen zu integrieren, ist doch ein wenig mehr Wissen erforderlich.

### 7.2.5. DS2417

Mit dem RTC-Chip (32-Bit-Zähler) DS2417 oder der iButton-Version DS1904 kann man sehr bequem die Zeit und Datum anzeigen und auch einstellen. Zunächst sehen wir unter „Description", dass ein RTC-Chip angeschlossen ist:

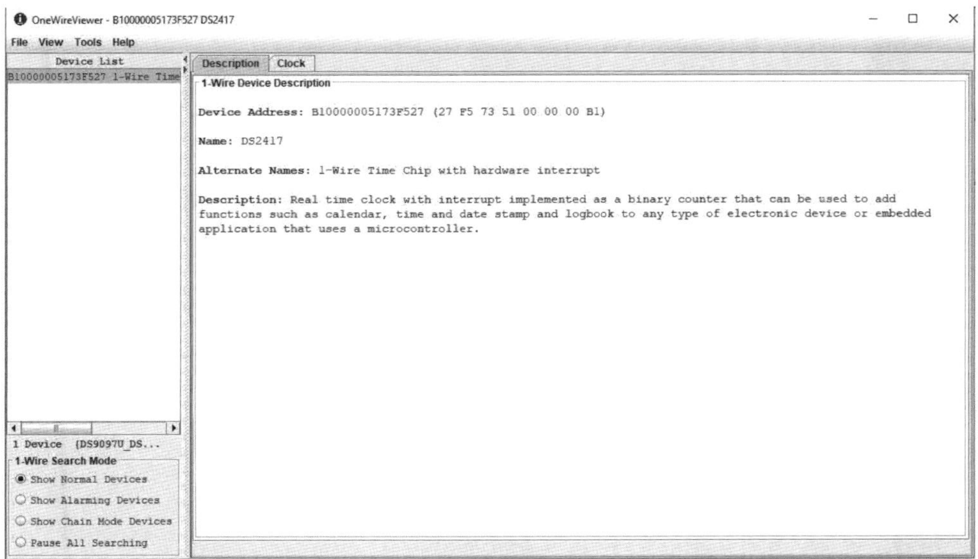


Unter dem Reiter „Clock" können wir das Datum und die Uhrzeit lesen und mit dem PC synchronisieren:

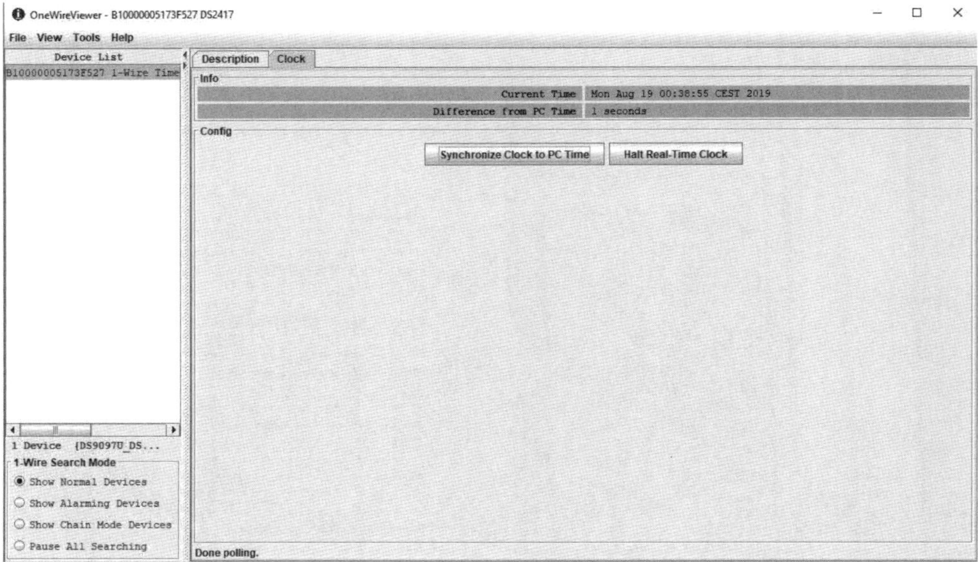

### 7.2.6. DS2505

Wir zeigen zum Beispiel die Programmierung des EPROMs DS2505 mit dem OneWireViewer und dem Evaluation Kit DS9481R-3C7.

Wenn der Speicherchip erkannt wird, sehen wir die Grundinformationen auf dem Bildschirm:

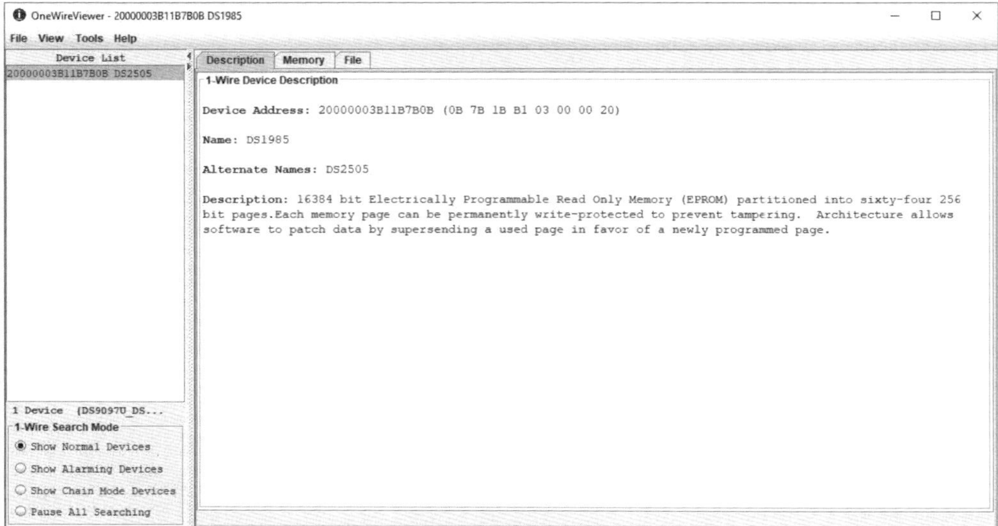


Unter dem Memory-Reiter sehen wir den aktuellen Inhalt des Speichers, der, wie man anhand der FFh-Werte sieht, hier noch gänzlich unberührt ist.

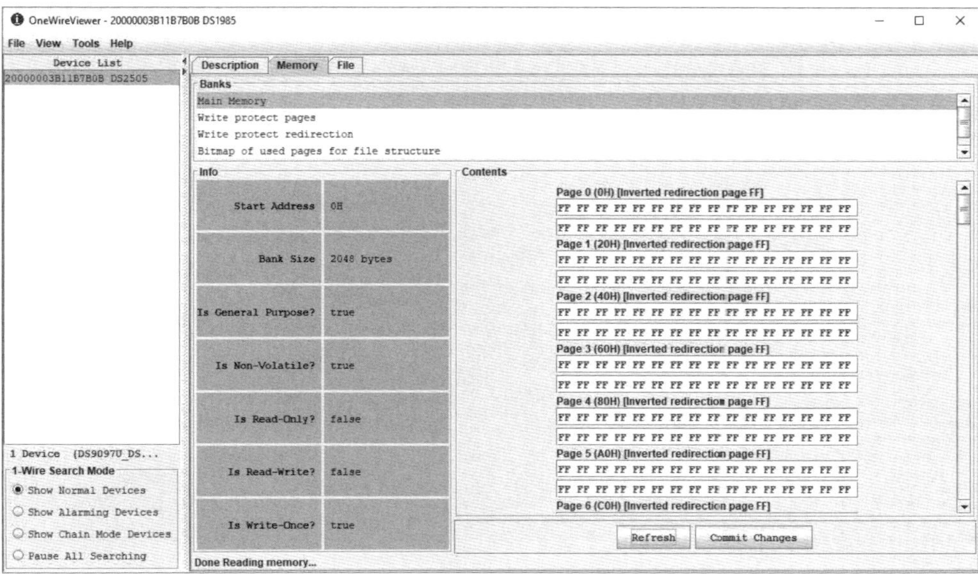

Wir wollen jetzt das der Byte auf der Adresse 04h von FFh auf F5h ändern:

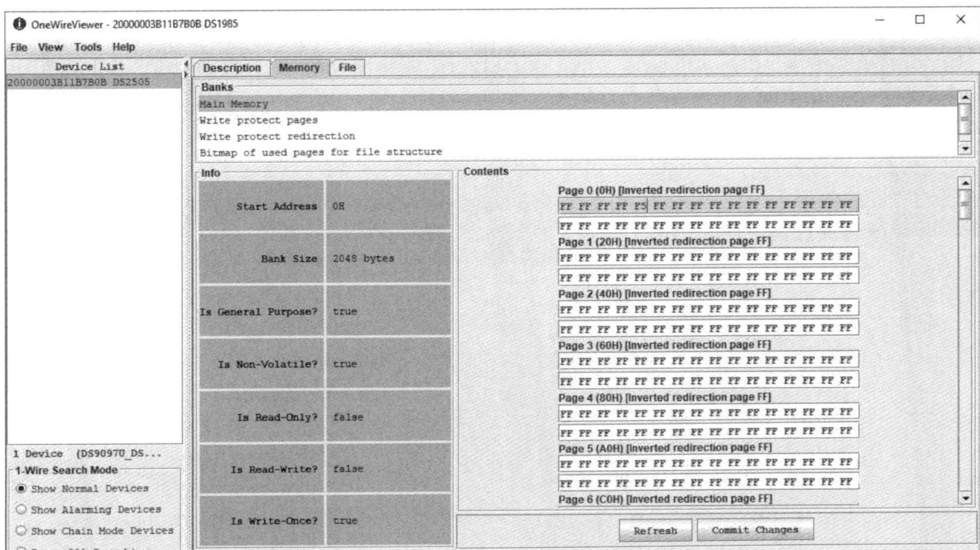


Die Zeile wird jetzt gelb unterlegt, ein Zeichen dafür, dass hier eine Änderung vorgenommen wurde.

Wenn wir die Änderungen mit der Taste „Commit Changes" bestätigen, werden die Änderungen auf den Chip übertragen und die gelbe Markierung verschwindet.

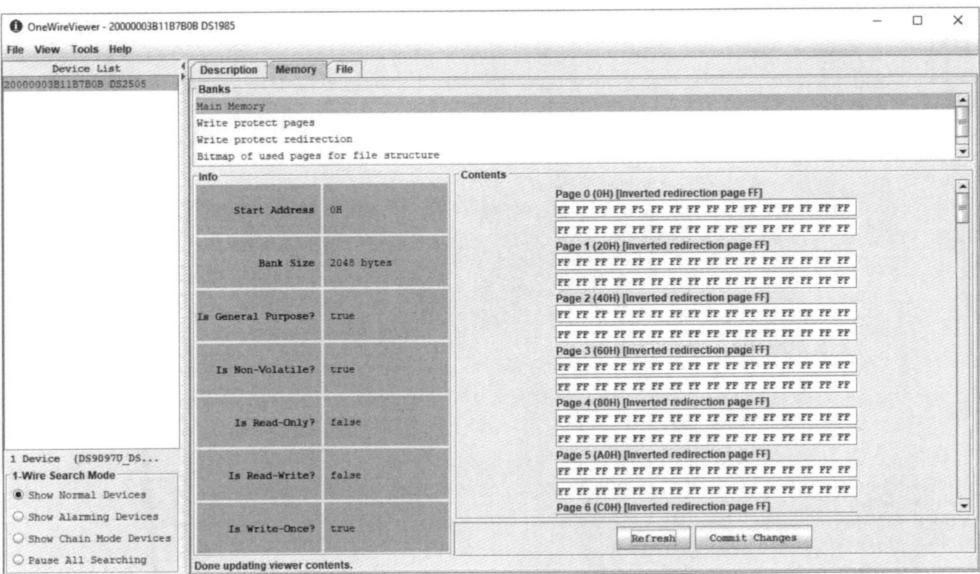

Gerade haben wir auf der Adresse 04h den Wert F5h programmiert. F5h kann man binär als 1111 0101b schreiben. Die Änderung betrifft also zwei Bits, die jetzt null statt eins sind. Dieses Byte können wir noch mal umprogrammieren, allerdings besteht keine Möglichkeit mehr, die Nullen wieder auf eins zurückzusetzen. Wenn wir jetzt aber zum Beispiel den Wert E5h programmieren würden, dann passt es noch, weil E5h = 1110 0101b: Es wird nur eine weitere Eins in eine Null verwandelt.

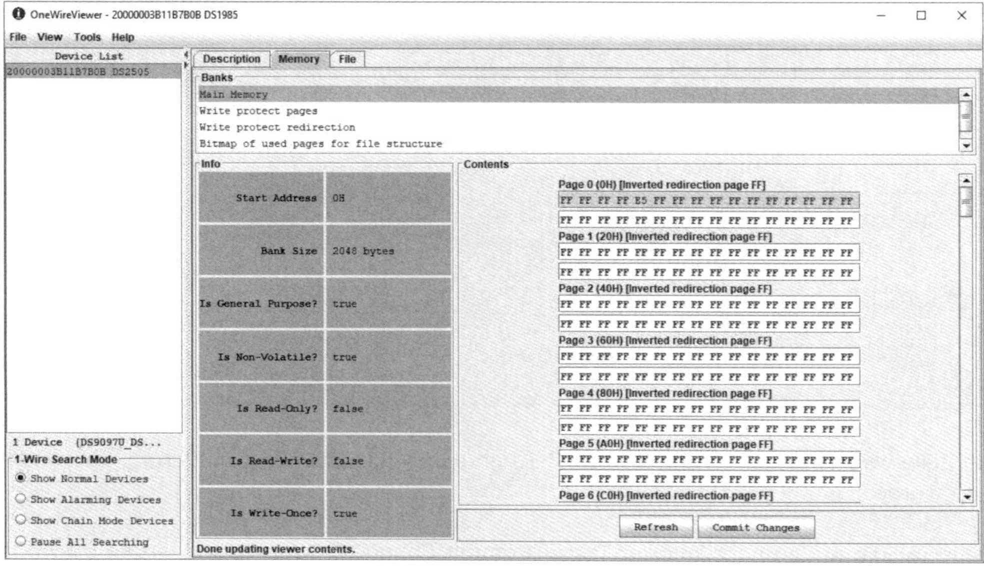


Und jetzt noch die Änderungen bestätigen:

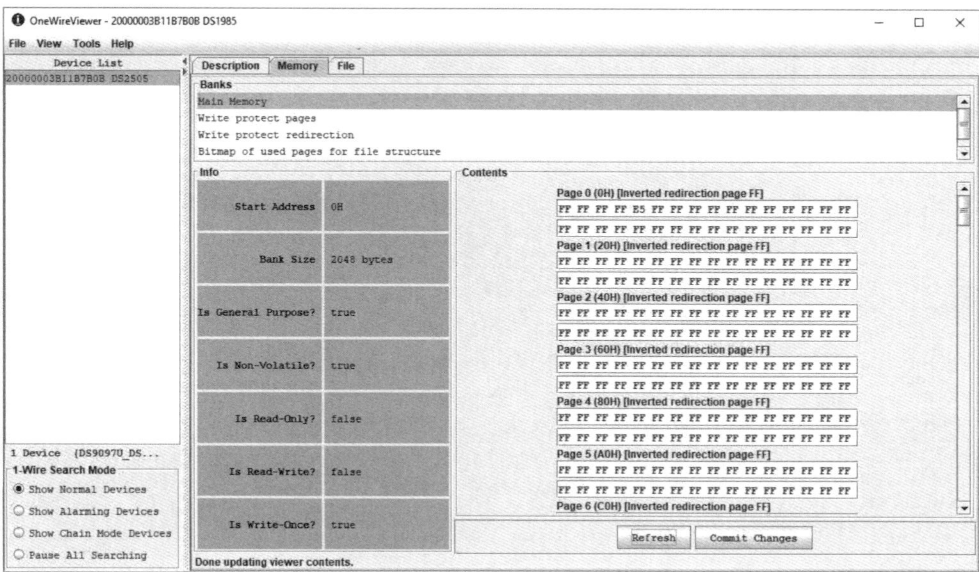

Wenn wir jetzt aber auf dieselbe Adresse den Wert 7Bh schreiben würden (binär dargestellt: 0111 1011b), passiert folgendes:

| | |
|---|---|
| Aktueller Wert: | 1110 0101b = E5h |
| Neuer gewünschter Wert: | 0111 1011b = 7Bh |
| Neuer Wert: | 0110 0001b = 61h |

Im OneWireViewer sieht das so aus:

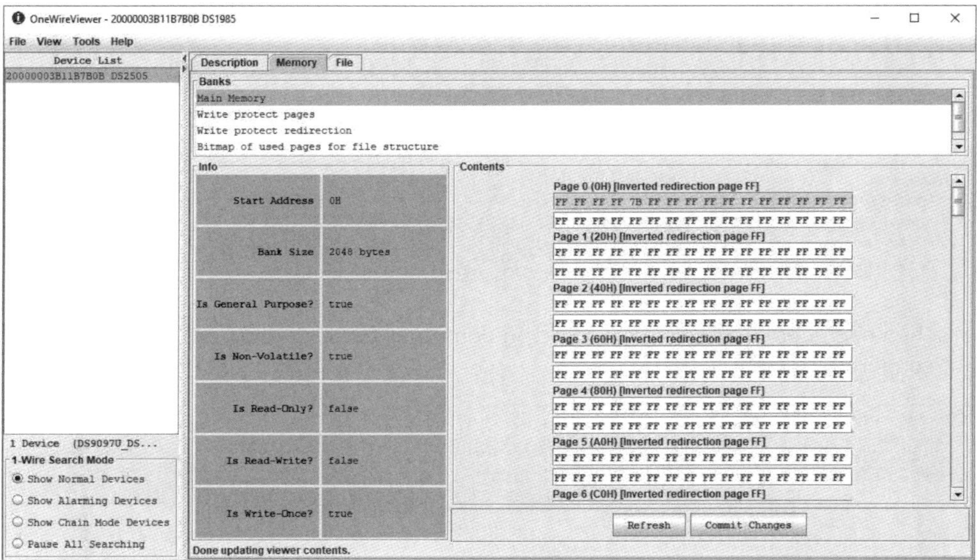


Nach der Bestätigung können wir in der untersten Zeile sehen, dass der gewünschte Wert tatsächlich nicht gleich dem nach dem Update gelesene Wert ist:

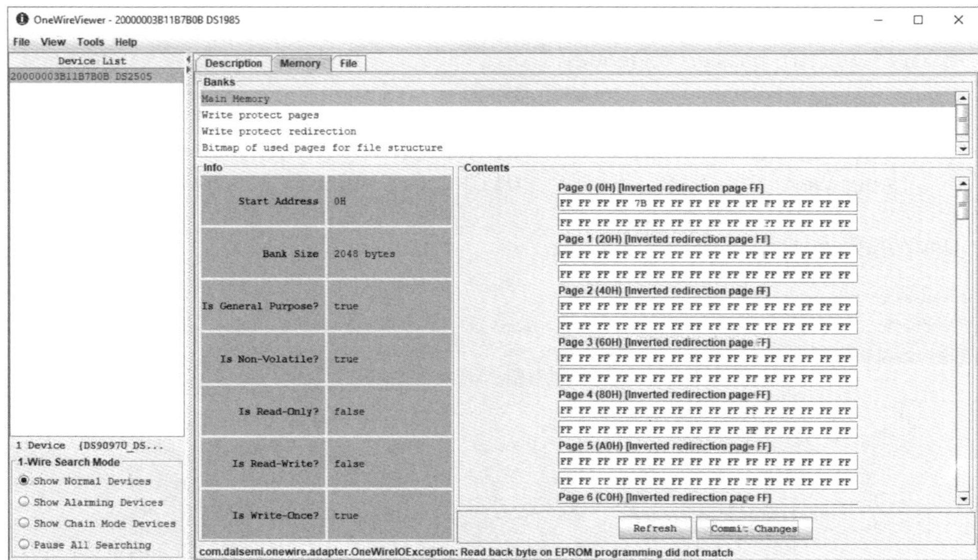


Wir sehen nach dem Refresh sofort, dass an dem Speicherplatz nicht der gewünschte Wert 7Bh, sondern 61h steht:

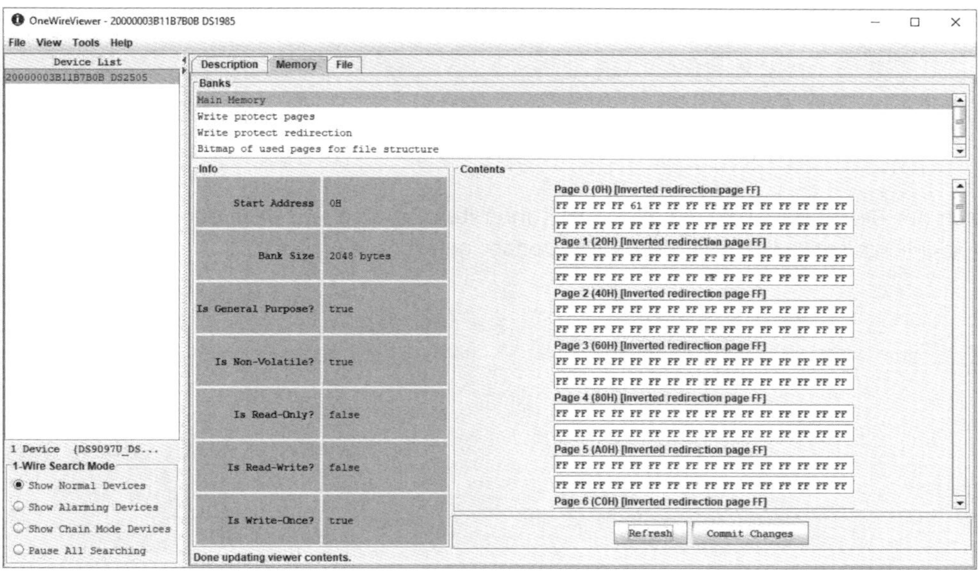


Das ist zwar falsch, aber völlig logisch, weil eine Null nie wieder auf eins zurückgesetzt werden kann. Man kann es sich so vorstellen, dass der tatsächlich gespeicherte Wert immer eine AND-Verknüpfung zwischen gewünschtem Wert und aktuellem Wert der Speicheradresse ist. Nur bei einer zuvor unbeschriebenen Speicherzelle ist es garantiert, dass der gewünschte Wert auch programmiert ist. Denn auch hier gilt, dass „FFh AND egal_was"

immer gleich „egal_was" ist.

### 7.3. DS28E17K

Dieses Kit ist ausschließlich dafür gedacht, mit der OneWire-zu-I²C Brücke DS28E17-Chip zu experimentieren.

Man könnte sagen, dass dieses Evaluation Kit kreativer ist als die beiden soeben vorgestellten. Die Bedienung ist definitiv komplizierter und man muss schon auf Protokollebene wissen, was man tut.

Dieses Kit besteht aus den beiden Platinen:

1. **USB-zu-OneWire**-Adapter mit der Bezeichnung **DS9481P-300#** (Nummer 89-9481P#300)
2. Evaluation-Board mit dem DS28E17 mit der Bezeichnung **DS28E17 EV Kit Board** (Nummer 89-28170#K00)

Auf dem Evaluation-Board ist außer dem DS28E17 auch noch ein Temperatursensor mit I²C-Schnittstelle DS7505 integriert. So kann man, ohne eine Zusatzhardware anschaffen zu müssen, sofort mit den I²C-Experimenten beginnen. Aber selbstverständlich ist es auch möglich, andere I²C-Chips anschließen.

Der DS7505 ist mit seiner Auflösung von 9 Bit softwarekompatibel mit dem Industriestandard LM75. Die verwendete I²C-Adresse des OnBoard-Temperatursensors lautet 1001 000b.

Das USB-zu-OneWire-Board in diesem Set sieht so aus:

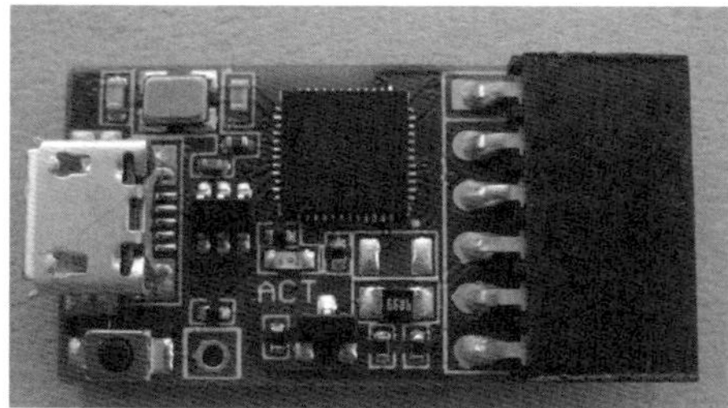


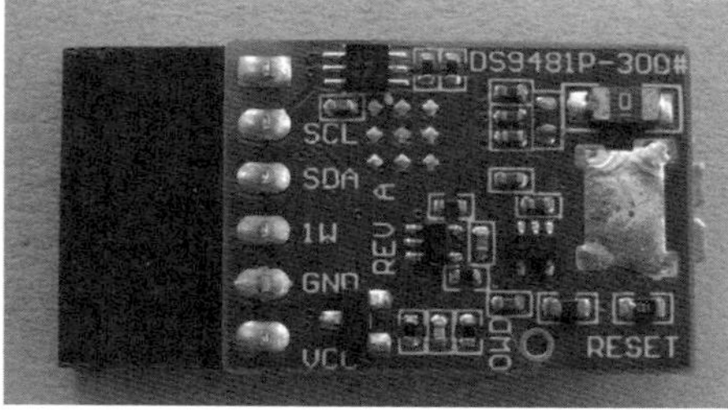


Die DS28E17-Platine enthält den DS28E17 selbst und den erwähnten Temperatursensor:

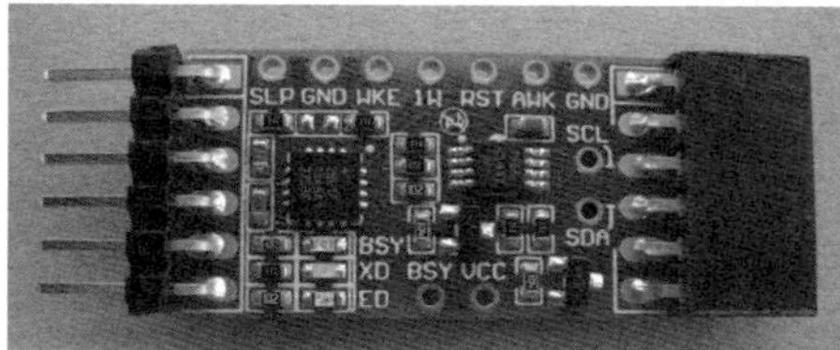

Um auch mit anderen I²C-Chips und entweder mit der Windows-Software von Maxim Integrated oder sogar mit dem OneWire-DemoBoard2020 experimentieren zu können, muss man wissen, wie die Steckverbinder der DS28E17-Platine belegt sind.

Die Pinbelegung von Ein- und Ausgangsverbindern der DS28E17-Platine sieht so aus:

Der Eingang auf der linken Seite wird am USB-zu-OneWire-Adapter angeschlossen, oder später, bei den Experimenten, auch am OneWire-DemoBoard2020. Dabei sind nur drei Leitungen wichtig: OneWire-Data, GND und die Spannungsversorgung Vcc. Der DS28E17 kennt keine Parasitenversorgung, so dass die externe Versorgung zwingend erforderlich ist. Auf der Ausgangsseite brauchen wir, falls zusätzliche I²C-Slave-Chips angeschlossen werden sollen, vier Leitungen: Vcc, GND und dazu die beiden I²C-Busleitungen Clock (I²C SCL) und Data (I²C SDA).

### 7.3.1. DS28E17 (Familiencode: 19h)

Bei dem DS28E17 handelt sich es um eine OneWire-zu-I²C-Bridge. Es ist ein OneWire-Slave, aber für den I²C-Bus den I²C Master. Der Chip kann sehr gut eingesetzt werden, wenn auf einem OneWire-System zusätzlich I²C-Chips angeschlossen werden sollen, zum Beispiel Display-Treiber oder A/D- beziehungsweise D/A-Wandler.

#### 7.3.1.1 Übersicht

Der DS28E17 ist ein interessanter Chip, der sogar in reinen I²C-Topologien seinen Platz finden könnte. In Anwendungen mit I²C könnte es bei längeren Distanzen sinnvoll sein, wenn man diese Kommunikation mit zwei OneWire-Drähten statt mit vier I²C-Drähten umsetzt. Der Chip ist leider nur in einem TQFN-Gehäuse mit einer Grundfläche von 4 x 4 mm2 und - was es für das Hobbylabor noch unbrauchbarer macht - mit unten liegenden Anschlüssen (also ohne „Beinchen") verfügbar. Deshalb sollte man auf ein Entwicklungskit dieses Bausteins zurückgreifen, bei dem der Chip schon auf eine Platine gelötet ist, die man zudem praktischerweise direkt in ein Steckboard stecken kann.

Die Pinbelegung des Chips ist folgende:

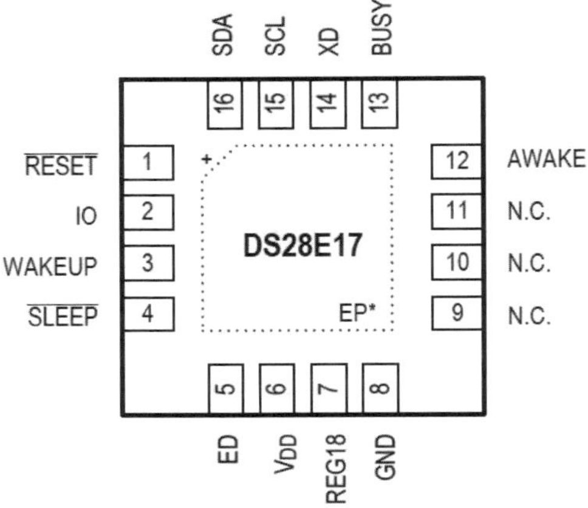


| Pin | Name | Beschreibung |
|---|---|---|
| 1 | RESET | Reset-Eingang - aktiv null. Das Ungewöhnliche an dem Pin ist, dass er nicht nur Eingang, sondern auch Ausgang ist. Falls Reset intern angestoßen wird (z.B. Power-up oder Power-Fail), wird der Pin aktiv auf null gesetzt und kehrt wieder auf eins zurück, wenn die Reset-Verarbeitung abgeschlossen ist. |
| 2 | IO | OneWire-Datenleitung |
| 3 | WAKEUP | Aufwachen von Sleep-Modus. Falls sich der Chip im Schlafmodus befindet, ist es möglich, ihn mit einer steigenden Flanke an diesem Pin aufzuwecken. |

| | | |
|---|---|---|
| 4 | SLEEP | An diesem Eingang kann man mit einer fallenden Flanke den Chip in den Schlafmodus versetzen. |
| 5 | ED | Error Detected - es handelt sich um einen Push-Pull-Pin, der aktiv wird (auf null gesetzt), wenn ein Fehler passiert, zum Beispiel durch einen unbekannten Befehl oder einem CRC-Fehler. |
| 6 | Vdd | Einspeisung: 2,45V bis 3,60V |
| 7 | REG18 | Der interne Spannungsregler benötigt einen externen 1µF-Kondensato. Normalerweise liegt an dem Pin eine Spannung von 1,72 V. |
| 8 | GND | Masse |
| 9 | N.C. | Intern nicht angeschlossen |
| 10 | N.C. | Intern nicht angeschlossen |
| 11 | N.C. | Intern nicht angeschlossen |
| 12 | AWAKE | Push-Pull Ausgang. Der Ausgang ist auf Eins, wenn der Chip aktiv ist und fällt auf Null, wenn der Chip der Schlafmodus eintritt. |
| 13 | BUSY | Push-Pull-Ausgang. Aktiv (null) signalisiert eine $I^2C$-Kommunikation. Der Ausgang ist aktiviert (auf null gesetzt), wenn ein korrekter CRC16 angekommen ist und dies $I^2C$-Kommunikation triggert. Wenn alles übertragen worden ist, kehrt der Ausgang auf eins zurück. Während der Ausgang auf null steht, wird eine eventuelle OneWire-Kommunikation ignoriert. |
| 14 | XD | Push-Pull Ausgang (Expecting Data). Der Ausgang wird aktiviert (auf null gesetzt), wenn ein OneWire-Paket kommuniziert wird, die Übertragung aber noch nicht abgeschlossen ist. Der Ausgang wird deaktiviert (auf eins gesetzt), nachdem CRC16 empfangen worden ist. |
| 15 | SCL | $I^2C$-Taktleitung |
| 16 | SDA | $I^2C$-Datenleitung |

Dennoch oder selbstverständlich ist der DS28E17 ein OneWire-Chip wie alle anderen. Er enthält eine ROM-ID und eine Kommunikation beginnt mit dem ROM-Befehl, gefolgt vom Funktionsbefehl. Eine Übersicht der unterstützen ROM- und Funktions-Befehlen bietet folgende Tabelle:

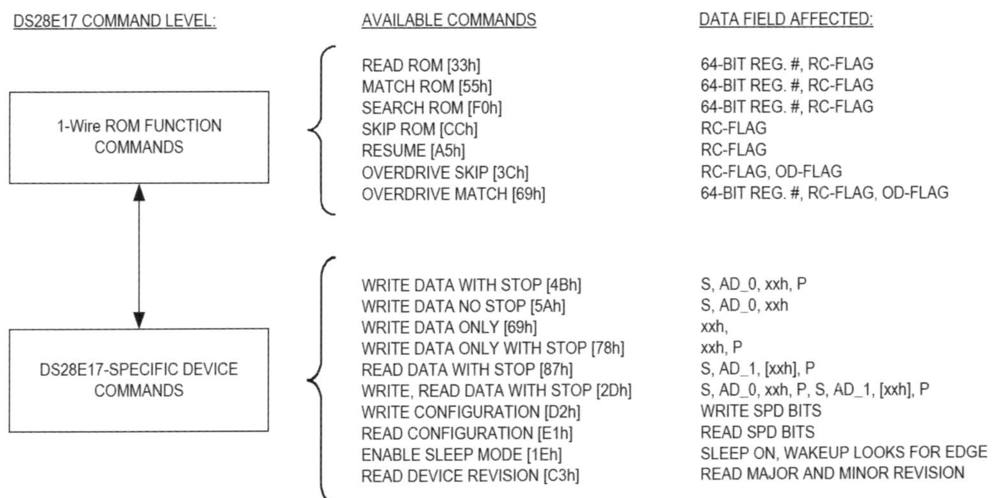


Ich möchte nicht auf alle Befehle eingehen, weil dies den Rahmen eines „Anhangs" sprengen würde. Aber schauen wir uns kurz die Befehle „Write Data with Stop" (4Bh) und „Read Data with Stop" (2Dh) genauer an, die sie in den folgenden Beispielen verwenden.

### 7.3.1.2 Konfigurationsregister

Das Konfigurationsregister ist sehr einfach aufgebaut und definiert nur die Übertragungsfrequenz über den I²C-Bus. Es werden nur die beiden LSB (Bit 1 und Bit 0) verwendet, die anderen Bits sind immer null:

| BIT 7 | BIT 6 | BIT 5 | BIT 4 | BIT 3 | BIT 2 | BIT 1 | BIT 0 |
|---|---|---|---|---|---|---|---|
| 0 | 0 | 0 | 0 | 0 | 0 | SPD | SPD |

Die Bedeutung der beiden Bits ist folgende:

| Bit 1 | Bit 0 | I²C-Übertragungsfrequenz |
|---|---|---|
| 0 | 0 | 100 kHz |
| 0 | 1 | 400 kHz (Power On Default) |
| 1 | 0 | 900 kHz |
| 1 | 1 | nicht erlaubt |

Das Konfigurationsregister kann man mit dem Befehl D2h (Write Configuration Register) beschreiben und seinen Inhalt mit dem Befehl E1h lesen.

#### 7.3.1.2 Status Byte

Der Status-Register informiert über dem aktuellen Stand der I²C-Kommunikation. Es gibt drei Statuswerte, die in Bit 0, Bit 1 und Bit 3 gespeichert sind:

| BIT 7 | BIT 6 | BIT 5 | BIT 4 | BIT 3 | BIT 2 | BIT 1 | BIT 0 |
|---|---|---|---|---|---|---|---|
| 0 | 0 | 0 | 0 | Start | 0 | Address | CRC16 |

**Bit 0 - CRC16:** wenn das Bit null ist, bedeutet dies, dass das letzte empfangene Datenpaket korrekt war, sprich, der empfangene mit dem berechneten CRC16-Wert übereinstimmt. Eine Eins an dieser Stelle deutet auf einen CRC16-Fehler hin.

**Bit 1 - Address:** falls das Bit null ist, hat ein I²C-Slave-Chip die gesendete I²C-Adresse erkannt und mit ACK bestätigt. Falls das Bit eins ist, hat kein I²C-Slave die übermittelte I²C-Adresse bestätigt: die Übertragung ist fehlerhaft.

**Bit 3 - Start:** zeigt, ob der Start der I²C-Kommunikation erfolgreich war (Start = null) oder nicht (Start = eins)

#### 7.3.1.3 Write Byte Status Byte

Wenn alles tadellos abläuft, sollte in diesem Register immer der Wert 00h stehen. Das ist ein Zeichen dafür, dass während der I²C-Kommunikation alle gesendeten Bytes durch den I²C-Slave mit ACK (Acknowledge) bestätigt worden sind.

| BIT 7 | BIT 6 | BIT 5 | BIT 4 | BIT 3 | BIT 2 | BIT 1 | BIT 0 |
|---|---|---|---|---|---|---|---|
| WB7 | WB6 | WB5 | WB4 | WB3 | WB2 | WB1 | WB0 |

Sollte hier ein von 00h abweichender Wert stehen, bedeutet dies, dass ein oder mehrere Bytes vom I²C-Slave nicht bestätigt worden sind (NOT ACK).

Schauen wir kurz auf die Kommunikation. Die allgemeine Struktur der Kommunikation kann man mit folgender Grafik (aus dem Datenblatt) beschreiben:

| INITIALIZATION | | ADDRESSING | FORMED 1-Wire PACKET | | |
|---|---|---|---|---|---|
| 1-Wire Reset | Presence Pulse | ROM Function Command | Device Command, Data, etc. | Delay | Read Bytes |

Man kann sagen, dass alles, was im Bild eher links steht, die OneWire-Kommunikation ist, und alles was rechts ist, in Richtung I²C-Kommunikation geht.

Die **INITIALIZATION** ist der Beginn der OneWire-Kommunikation. Wie wir es kennengelernt haben, wird zunächst der Befehl OneWire-Reset abgesetzt, woraufhin der DS28E17 mit seinem Presence-Impuls antwortet. Danach (im Bereich **ADDRESSING**) wird der ROM-Befehl abgeschickt (es könnte zum Beispiel auch Skip-ROM sein).

Jetzt geht es zum **OneWire PACKET**. Ein OneWire-Paket besteht aus dem Funktions-Befehl über Daten, die über I²C kommuniziert werden sollen bis hin zum CRC16. Nach der

Übertragung aller Daten muss sich der Master ein wenig gedulden, bis die I²C Kommunikation geschlossen ist, um danach (optional!) die Statusinformationen aus dem DS28E17 zu lesen.

Schauen wir uns das OneWire-Paket am Beispiel eines Funktionsbefehls „Write Data with Stop" (4Bh) noch ein wenig detaillierter an:

| Command 4Bh | I²C Slave Address[1] | Write Length[2] | Write Data[3] | CRC16[4] | Delay or Busy Poll[5] | Status[6] | Write Status[7] |
|---|---|---|---|---|---|---|---|

Nach dem ROM-Befehl wird zunächst der Funktionsbefehl 4Bh übermittelt, daraufhin wird die I²C-Slave-Adresse erwartet. Es muss eine 7-Bit-Adresse sein, wobei das letzte Bit des Bytes immer gleich null ist. Wollen wir etwa einen PCF8574 mit der I²C-Adresse 0100 000 ansprechen, sollte 0100 0000b (= 40h) gesendet werden [1]. Dann müssen wir (schon) wissen, wie viele Bytes an den I²C-Slave geschickt werden sollen, weil in Schritt [2] die Anzahl der Bytes für den DS28E17 benannt werden muss. Es ist möglich, 1...255 Bytes hier anzumelden und im folgenden Schritt [3] die Datenbytes aufzuführen. Zum Schluss werden noch die beiden CRC16-Bytes erwartet [4]. Falls der CRC16-Wert in Ordnung ist, beginnt in Schritt [5] endlich die I²C-Kommunikation, in dem die Daten vom DS28E17 an den I²C-Slave übermittelt werden. In dieser Zeit akzeptiert der DS28E17 keine OneWire-Kommunikation und auch der Mikrocontroller sollte sich gedulden, bis die I²C-Übertragung abgeschlossen ist. Zum Schluss kann der Mikrocontroller noch die Statusinformationen aufrufen [6], um zu erfahren, ob die Kommunikation erfolgreich war oder nicht. Dann setzt er den Status zurück [7] und bereitet gegebenenfalls den nächsten Kommunikationsschritt vor. Die beiden letzten Schritte [6] und [7] sind optional.

#### 7.3.1.4 CRC16 Berechnung

Wie wir bereits wissen, generieren die OneWire-Chips die CRC-Kontrollsummen zu verschiedenen Anlässen. In den meisten Fällen kann man einen CRC-Wert als sehr genaue Prüfung der Korrektheit der Datenübertragung einsetzen - kann, aber muss man nicht, denn man kann die CRC-Daten auch einfach ignorieren und annehmen, dass die Kommunikation ordnungsgemäß abgelaufen ist. Damit nimmt man zwar mögliche Fehler in Kauf, vereinfacht aber die Kommunikationssoftware, weil man die CRC-Prüfsumme nicht berechnen (können) muss.

Der DS28E17 ist in dieser Beziehung eine Ausnahme, denn hier **muss** die CRC-Summe berechnet und an den Chip geschickt werden, ansonsten findet keine I²C-Kommunikation statt. Im Protokoll wird sogar nicht die einfache CRC8-, sondern die kompliziertere CRC16-Berechnung verwendet.

Deswegen zeigen wir eine Möglichkeit, die CRC16-Prüfsumme in Assembler zu berechnen. Die hier implementierte Berechnung basiert auf dem Anwendungshinweis AN27 von Maxim Integrated. Ich habe die Methode mit einer Look-up-Tabelle gewählt, was zwar recht viel Programmspeicher erfordert, aber die auch sehr schnell ist.

Die CRC16-Berechnungsergebnisse werden in den beiden 8-Bit-Variablen v_crc16L und v_crc16L gespeichert. Die Initialwerte beider Variablen sind 00h.

Zu Beginn der Berechnungen muss eine Initialisierungsroutine aufgerufen werden, die so aussehen könnte:

```
;---------------------------------------------------------------------------
crc16_init
    movlw   H'00'           ;(1) - put 00h to v_crc16L
    movwf   v_crc16L
    movlw   H'00'           ;(2) - put 00h to v_crc16H
    movwf   v_crc16H
    return
;---------------------------------------------------------------------------
```

Wie man sieht, ist die Initialisierung wirklich sehr einfach. Es wird nur der Wert 00h in Variablen v_crc16H und v_crc16L geschrieben.

Am wichtigsten für die Berechnung sind zwei Look-up-Tabellen. Dort sind die Ergebnisse eigentlich schon vorberechnet, so dass man lediglich, immer auf Basis der zu betrachtenden Daten, den richtigen Index für die Look-up-Tabellen berechnen muss. Eine der beiden Look-up-Tabellen steht für das untere, die andere für das obere Byte.

Die Definition sieht so aus:

```
;-------------------------------------------------------
;1-wire 16-bit CRC look-up table
;based on AN27 (Maxim Integrated / Dallas)
;-------------------------------------------------------
ow_crc16_ltlo
    da   000h, 0c1h, 081h, 040h, 001h, 0c0h, 080h, 041h
    da   001h, 0c0h, 080h, 041h, 000h, 0c1h, 081h, 040h
    da   001h, 0c0h, 080h, 041h, 000h, 0c1h, 081h, 040h
    da   000h, 0c1h, 081h, 040h, 001h, 0c0h, 080h, 041h
    da   001h, 0c0h, 080h, 041h, 000h, 0c1h, 081h, 040h
    da   000h, 0c1h, 081h, 040h, 001h, 0c0h, 080h, 041h
    da   000h, 0c1h, 081h, 040h, 001h, 0c0h, 080h, 041h
    da   001h, 0c0h, 080h, 041h, 000h, 0c1h, 081h, 040h
    da   001h, 0c0h, 080h, 041h, 000h, 0c1h, 081h, 040h
    da   000h, 0c1h, 081h, 040h, 001h, 0c0h, 080h, 041h
    da   000h, 0c1h, 081h, 040h, 001h, 0c0h, 080h, 041h
    da   001h, 0c0h, 080h, 041h, 000h, 0c1h, 081h, 040h
    da   000h, 0c1h, 081h, 040h, 001h, 0c0h, 080h, 041h
    da   001h, 0c0h, 080h, 041h, 000h, 0c1h, 081h, 040h
    da   001h, 0c0h, 080h, 041h, 000h, 0c1h, 081h, 040h
    da   000h, 0c1h, 081h, 040h, 001h, 0c0h, 080h, 041h
```

```
    da    001h, 0c0h, 080h, 041h, 000h, 0c1h, 081h, 040h
    da    000h, 0c1h, 081h, 040h, 001h, 0c0h, 080h, 041h
    da    000h, 0c1h, 081h, 040h, 001h, 0c0h, 080h, 041h
    da    001h, 0c0h, 080h, 041h, 000h, 0c1h, 081h, 040h
    da    000h, 0c1h, 081h, 040h, 001h, 0c0h, 080h, 041h
    da    001h, 0c0h, 080h, 041h, 000h, 0c1h, 081h, 040h
    da    001h, 0c0h, 080h, 041h, 000h, 0c1h, 081h, 040h
    da    000h, 0c1h, 081h, 040h, 001h, 0c0h, 080h, 041h
    da    000h, 0c1h, 081h, 040h, 001h, 0c0h, 080h, 041h
    da    001h, 0c0h, 080h, 041h, 000h, 0c1h, 081h, 040h
    da    001h, 0c0h, 080h, 041h, 000h, 0c1h, 081h, 040h
    da    000h, 0c1h, 081h, 040h, 001h, 0c0h, 080h, 041h
    da    001h, 0c0h, 080h, 041h, 000h, 0c1h, 081h, 040h
    da    000h, 0c1h, 081h, 040h, 001h, 0c0h, 080h, 041h
    da    000h, 0c1h, 081h, 040h, 001h, 0c0h, 080h, 041h
    da    001h, 0c0h, 080h, 041h, 000h, 0c1h, 081h, 040h
;-----------------------------------------------------
ow_crc16_lthi
    da    000h, 0c0h, 0c1h, 001h, 0c3h, 003h, 002h, 0c2h
    da    0c6h, 006h, 007h, 0c7h, 005h, 0c5h, 0c4h, 004h
    da    0cch, 00ch, 00dh, 0cdh, 00fh, 0cfh, 0ceh, 00eh
    da    00ah, 0cah, 0cbh, 00bh, 0c9h, 009h, 008h, 0c8h
    da    0d8h, 018h, 019h, 0d9h, 01bh, 0dbh, 0dah, 01ah
    da    01eh, 0deh, 0dfh, 01fh, 0ddh, 01dh, 01ch, 0dch
    da    014h, 0d4h, 0d5h, 015h, 0d7h, 017h, 016h, 0d6h
    da    0d2h, 012h, 013h, 0d3h, 011h, 0d1h, 0d0h, 010h
    da    0f0h, 030h, 031h, 0f1h, 033h, 0f3h, 0f2h, 032h
    da    036h, 0f6h, 0f7h, 037h, 0f5h, 035h, 034h, 0f4h
    da    03ch, 0fch, 0fdh, 03dh, 0ffh, 03fh, 03eh, 0feh
    da    0fah, 03ah, 03bh, 0fbh, 039h, 0f9h, 0f8h, 038h
    da    028h, 0e8h, 0e9h, 029h, 0ebh, 02bh, 02ah, 0eah
    da    0eeh, 02eh, 02fh, 0efh, 02dh, 0edh, 0ech, 02ch
    da    0e4h, 024h, 025h, 0e5h, 027h, 0e7h, 0e6h, 026h
    da    022h, 0e2h, 0e3h, 023h, 0e1h, 021h, 020h, 0e0h
    da    0a0h, 060h, 061h, 0a1h, 063h, 0a3h, 0a2h, 062h
    da    066h, 0a6h, 0a7h, 067h, 0a5h, 065h, 064h, 0a4h
    da    06ch, 0ach, 0adh, 06dh, 0afh, 06fh, 06eh, 0aeh
    da    0aah, 06ah, 06bh, 0abh, 069h, 0a9h, 0a8h, 068h
    da    078h, 0b8h, 0b9h, 079h, 0bbh, 07bh, 07ah, 0bah
    da    0beh, 07eh, 07fh, 0bfh, 07dh, 0bdh, 0bch, 07ch
    da    0b4h, 074h, 075h, 0b5h, 077h, 0b7h, 0b6h, 076h
    da    072h, 0b2h, 0b3h, 073h, 0b1h, 071h, 070h, 0b0h
    da    050h, 090h, 091h, 051h, 093h, 053h, 052h, 092h
    da    096h, 056h, 057h, 097h, 055h, 095h, 094h, 054h
    da    09ch, 05ch, 05dh, 09dh, 05fh, 09fh, 09eh, 05eh
    da    05ah, 09ah, 09bh, 05bh, 099h, 059h, 058h, 098h
```

```
    da    088h, 048h, 049h, 089h, 04bh, 08bh, 08ah, 04ah
    da    04eh, 08eh, 08fh, 04fh, 08dh, 04dh, 04ch, 08ch
    da    044h, 084h, 085h, 045h, 087h, 047h, 046h, 086h
    da    082h, 042h, 043h, 083h, 041h, 081h, 080h, 040h
;------------------------------------------------------
```

Eingangsdaten für die Berechnung sind immer die aktuellen Werte des CRC16 (sprich v_crc16H und v_CRC16L) und das Byte (Input_Byte), das man aktuell betrachten sollte. Die neuen CRC16-Werte (oberes und unteres Byte) werden durch folgende Formel festgelegt:

Für das obere Byte des CRC16:

```
v_crc16H(neu) = ow_crc16_lthi[Index_H]
wo Index_H = v_crc16L (aktuell) XOR Input_Byte
```

und für das untere Byte des CRC16 - ein wenig, aber nicht viel komplizierter:

```
v_crc16L(neu) = ow_crc16_ltlo[Index_L] XOR v_crc16H (aktuell)
wo Index_L = v_crc16L (aktuell) XOR Input_Byte
```

Eine mögliche Implementierung der Formeln in Assembler könnten so aussehen (wobei angenommen wird, dass, wenn die Subroutine aufgerufen wird, sich das „Input Byte" im W-Register und gleichzeitig in der Variablen ow_buffer befindet):

```
;-------------------------------------------------------------------------
crc16_calc
   movwf    c_tmp           ;(1) - temporary storage of Input Byte
   movf     v_crc16H,0
   movwf    v_temp          ;(2) - save current CRC16-Hi
   call     crc16_new_hi    ;(3) - calculate the new CRC16-MSB
   movf     ow_buffer,0
   movwf    c_tmp           ;(3) - reload old CRC16-MSB to c_tmp
   call     crc16_new_lo    ;(4) - calculate the new CRC16-LSB
   return
;-------------------------------------------------------------------------
```

Wie man sieht, ist die Berechnung eher trivial, vorausgesetzt wir haben zwei leistungsfähige Subroutinen zur Hand. Aber eins nach dem anderen!

Am Anfang (1) wird der Input Byte in eine temporäre Variable gespeichert und danach die erste „starke Subroutine" gerufen, um der MSB des neuen CRC16 zu berechnen (3). Danach wird der Input Byte wiedergeholt (3) und die zweite starke Subroutine (4) gerufen - um den neuen CRC16-LSB zu berechnen. Und das war's auch schon. Damit ist der Input Byte in den CRC16 reingeflossen.

Die beiden „starken" Subroutinen sind nichts anderes als die Assembler-Implementierung der beiden gerade gezeigten Gleichungen.

Das neue obere CRC16-Byte wird mit Hilfe der Look-up-Tabelle in Assembler so festgestellt:

```
;----------------------------------------------------------------------
crc16_new_hi
   movlw    high ow_crc16_lthi
   movwf    TBLPTRH             ;(1) - put the MSB of the begin address
                                       of the CRC16-Hi Table to the
                                       TBLPTRH-pointer
;calculated offset for the look-up table
--------------------------------------
   movf     c_tmp,0             ;(2) - get the input byte
   xorwf    v_crc16L,0          ;(3) - XOR the input byte with the current
                                       CRC16-LSB - index to the look-up
                                       table
;that's it - offset is now calculated (it's just XOR between current value
and considered data byte)
;----------------------------------------------------------------------
;because of the lazy definition of the look-up table we need to multiply the
result by 2
   movwf    c_tmp
   rlncf    c_tmp,1             ;(4) we have to multiply the index by 2 - as
                                     only second byte of the PIC is used by
                                     the definition


   btfsc    c_tmp,D'000'
   incf     TBLPTRH,1           ;(5) - increment the MSB of the pointer, if
                                       LSB is zero

   bcf      c_tmp,D'000'        ;(6) - clear the LSb of LSB - we read always
                                       only LSB from the 16-bit data stored
                                       in programm memory
   movf     c_tmp,0
;----------------------------------------------------------------------
   movwf    TBLPTRL             ;(7) now we have the LSB of the pointer to
                                     the CRC16-H look-up table


   tblrd*
   movf     TABLAT,0            ;(8) - get the corresponding value from the
look-up table
   movwf    v_crc16H            ;(9) - the value from the look-up table is
                                       the new CRC16-MSB
   return
;----------------------------------------------------------------------
```

Diese Subroutine berechnet anhand der Look-up-Tabelle den neuen Wert des höhersignifikanten CRC16-Bytes. Am Anfang wird die Look-up-Tabelle für dieses Byte in den TBLPTRH-Pointer geladen (1). Dann (2) wird das Input Byte ins W-Register geladen und eine XOR-Operation mit dem aktuellen Wert des unteren CRC16-Bytes durchgeführt (3). Damit haben wir theoretisch den Offset vom Anfang der Look-up-Tabelle (der Index, der benötigt wird) berechnet. Nur theoretisch, weil wir noch betrachten müssen, wie die Tabelle in den Flash-Speicher des Mikrocontrollers abgelegt wird - es wird nämlich nur jedes zweite Byte verwendet. Deswegen müssen wir jetzt den Index mit zwei multiplizieren (4). Dann wird überprüft, ob die 256-Byte-Grenze überschritten wird und gegebenenfalls das MSB des Pointers auf die Look-up Tabelle inkrementiert (5). Danach (6) wird das MSB des Pointers auf null gesetzt und der Wert in das Register TBLPTRL geschrieben (7). Dann (8) wird der Wert aus der Look-up-Tabelle abgeholt und in der Variablen v_crc16H (9) gespeichert. Voiá, das neue obere Byte des CRC16 ist ermittelt, wir können uns dem unteren byte zuwenden.

Die Subroutine für die Berechnung der neuen unteren CRC16-Bytes ist ähnlich aufgebaut:

```
;---------------------------------------------------------------------------
crc16_new_lo
    movlw     high ow_crc16_ltlo
    movwf     TBLPTRH
;calculated offset for the look-up table
--------------------------------------
    movf      c_tmp,0
    xorwf     v_crc16L,0
;that's it - offset is now calculated (it's just XOR between current value
and considered data byte)
;---------------------------------------------------------------------------
;because of the lazy definition of the look-up table we need to multiply the
result by 2
    movwf     c_tmp
    rlncf     c_tmp,1         ;x2

    btfsc     c_tmp,D'000'
    incf      TBLPTRH,1       ;Address MSB

    bcf       c_tmp,D'000'    ;clear the LSb of LSB - we read always only LSB
                               from the 16-bit data stored in programm memory
    movf      c_tmp,0
;---------------------------------------------------------------------------
    movwf     TBLPTRL         ;Address LSB

    tblrd*
    movf      TABLAT,0        ;get the corresponding value from the table
    xorwf     v_temp,0
    movwf     v_crc16L
    return
;---------------------------------------------------------------------------
```

Ich glaube, dies muss nicht mehr detailliert beschrieben werden. Die Subroutine ist identisch mit der für die Berechnung des oberen Bytes aufgebaut, verfolgt aber die zweite Gleichung zur Berechnung des unteren CRC16-Bytes.

#### 7.3.1.5 Befehle

Wir wissen schon, wie der Befehl 4Bh (Write Data with Stop) aussieht und welche Daten zu welchem Zeitpunkt dabei gesendet werden. Schauen wir uns die Angelegenheit etwas genauer an.

**Write Data with Stop (4Bh)**

Dieser Befehl führt einen kompletten I$^2$C-Schreibzyklus durch. Innerhalb dieses Schreibzyklus können 1...255 Datenbytes verschickt werden. Die I$^2$C-Sequenz sieht so aus:

1. **DS28E17:** Start-Bedingung, generiert von Master DS28E17
2. **DS28E17:** I$^2$C-Adresse (7 Bit) des I$^2$C-Slave-Chips wird gesendet, mit Schreib-Indikator (das letzte Bit ist null).
3. **I$^2$C-Slave:** ACK vom I$^2$C-Slave wird erwartet
4. **DS28E17:** Erstes/nächstes Datenbyte wird gesendet und
5. **I$^2$C-Slave:** ACK wird vom I$^2$C-Slave erwartet
6. **DS28E17:** Wenn noch nicht alle Datenbytes abgeschickt worden sind, wiederholen sich Schritt 4 und Schritt 5 für das folgende Datenbyte
7. **DS28E17:** Stopp-Bedingung wird generiert

Dies I$^2$C-Kommunikationsschritte kann man tabellarisch so darstellen:

| S | AD, 0 | ACK | xxh$_{[1]}$ | ACK | ... | xxh$_{[255]}$ | ACK | P |
|---|---|---|---|---|---|---|---|---|

Die Kommunikation von OneWire-Master zum DS28E17 in seiner Rolle als OneWire-Slave umfasst folgende Schritte:

1. **OneWire-Master:** OneWire-Reset
2. **OneWire-Slave:** DS28E17 generiert den Presence Pulse
3. **OneWire-Master:** ROM-Befehl, zum Beispiel Skip ROM (CCh)
4. **OneWire-Master:** Funktionsbefehl - 4Bh
5. **OneWire-Master:** ein Byte: 7 Bit breite I$^2$C-Adresse des I$^2$C-Slave-Chips; wobei das LSB null ist
6. **OneWire-Master:** Datensatzlänge (Anzahl von Datenbytes, die an den I$^2$C-Slave geschickt werden sollen)
7. **OneWire-Master:** Erstes/nächstes Datenbyte wird abgeschickt
8. **OneWire-Master:** Wenn noch nicht alle Datenbytes verschickt worden sind, wird zu Schritt 7 zurückgekehrt, um das nächste Datenbyte zu senden.
9. **OneWire-Master:** CRC16 von Funktionsbefehl, I$^2$C-Adresse, Datenlänge und Datenbytes (Schritte 4...8)
10. **OneWire-Master:** Abwarten... Der OneWire-Master muss sich gedulden, bis die I$^2$C-Datenübertragung abgeschlossen ist

11. **OneWire-Slave:** DS28E17 schickt ein Bit (null). Eigentlich ist dies ein „Busy-Indikator". Wenn der Master ein „OneWire Read Bit Time Slot" schickt und erhält eine Eins zurück, bedeutet dies, dass der DS28E17 noch mit der I²C-Kommunikation beschäftigt ist. Erst wenn der DS28E17 eine Null zurückschickt, ist alles soweit erledigt. Diesen Schritt kann man mehrmals ausführen - bis eine Null zurückkommt.
12. **OneWire-Slave:** der DS28E17 schickt der Status des I²C-Kommunikation zurück. Dieser Schritt ist optional.

Das wäre alles zur Theorie - jetzt können wir endlich mit dem Thermometer aus dem Kit experimentieren.

### 7.3.2. Thermometer DS7505

Das Thermometer DS7505 ist ein I²C-Sensor, der Temperaturen von -55°C bis +125°C messen kann. Der Fehler beträgt im Bereich von 0°C bis +70°C lediglich ±0,5°C. Wie schon erwähnt, ist dieser Chip mit einer (beim Einschalten voreingestellten) Auflösung von 9 Bit kompatibel mit dem Industriestandard LM75. Die Auflösung kann aber zwischen 9 Bit (0,5°C) und 12 Bit (0,0625°C) eingestellt werden. Die Betriebsspannung beträgt 1,7...3,7 V.

Ich möchte nicht alle Eigenschaften dieses Sensors hier aufführen; wichtig für uns ist nur zu wissen, dass der Sensor acht verschiedenen I²C-Adressen unterstützt: 1001 A2 A1 A0, wobei A2, A1 und A0 Adresseingänge des Chips sind. Beim Sensor auf der Demoplatine sind alle drei Adresseneingänge an GND angeschlossen, die 7-Bit-I²C-Adresse des Chips also auf 1001 000b festgelegt.

Die gemessene Temperatur kann aus dem Temperaturregister ausgelesen werden, das sich ab Adresse 00h befindet und 16 Bit breit ist.

Die gemessene Temperatur wird in dem Register so kodiert:

| | Bit 15 | Bit 14 | Bit 13 | Bit 12 | Bit 11 | Bit 10 | Bit 9 | Bit 8 |
|---|---|---|---|---|---|---|---|---|
| **MS Byte** | S | $2^6$ | $2^5$ | $2^4$ | $2^3$ | $2^2$ | $2^1$ | $2^0$ |
| | Bit 7 | Bit 6 | Bit 5 | Bit 4 | Bit 3 | Bit 2 | Bit 1 | Bit 0 |
| **LS Byte** | $2^{-1}$ | $2^{-2}$ | $2^{-3}$ | $2^{-4}$ | 0 | 0 | 0 | 0 |

Das Temperaturregister liest als erstes das obere Byte und das untere Byte als zweites.

Bit 15 ist das Vorzeichenbit (+/-): wenn es null ist, handelt sich es um eine positive Temperatur, wenn es eins ist, haben wir eine Temperatur unter 0°C gemessen.

Die restlichen Bits stehen für den Betrag der gemessenen Temperatur, wobei die Bits 7...4 die Nachkommastellen darstellen und die Bits 3...0 immer null sind.

Wenn im Temperaturregister der Wert 0001 1000 0000 0000b steht, haben wir 24°C gemessen.

Bei einer negativen Temperatur hätte das Register das binäre Komplement.

Die einfachste Operation, die man durchführen kann, ist es, die Temperatur zu lesen. Weil beim Einschalten (Power-on-Reset) das Temperaturregister schon adressiert ist, können wir ohne weitere Vorbereitung direkt nach dem Einschalten auf das Temperaturregister zugreifen.

Um die aktuelle Temperatur vom Sensor zu lesen, kann man immer wieder folgende Sequenz wiederholen:

1. Die Startbedingung generieren.
2. Den Sensor adressieren - das Adressbyte mit Leseindikator schicken (letztes Bit gleich eins: 1001 0001b = 91h).
3. Das obere Byte des Temperaturregisters lesen
4. ACK (Acknowledge) generieren
5. Das untere Byte des Temperaturregisters lesen
6. NACK (Not Acknowledge) generieren - wir möchten anschließend die Kommunikation beenden
7. Die Kommunikation mit der Stoppbedingung beenden.

In Schritt 3 und Schritt 5 wurden die 16 Bits des Temperaturregisters gelesen. Jetzt müssen diese Bits nur noch interpretiert werden, wie es schon zu Beginn dieses Buches gezeigt wurde.

Das nächste Kapitel zeigt, wie man diese beiden Sequenzen mit einer Demosoftware generieren kann.

### 7.3.3. Demosoftware DS28E17 EV Kit

Mit der Software „DS28E17 EV Kit" (von der Internetseite des Herstellers herunterzuladen) kann man gut mit OneWire- und $I^2C$ Chips experimentieren.

Wenn das Kit angeschlossen und die Software gestartet ist, erhalten wir eine Liste der angeschlossenen OneWire-Chips. In diesem Fall ist es, wie man im Screenshot sehen kann, lediglich der DS28E17.

OneWire Device List:

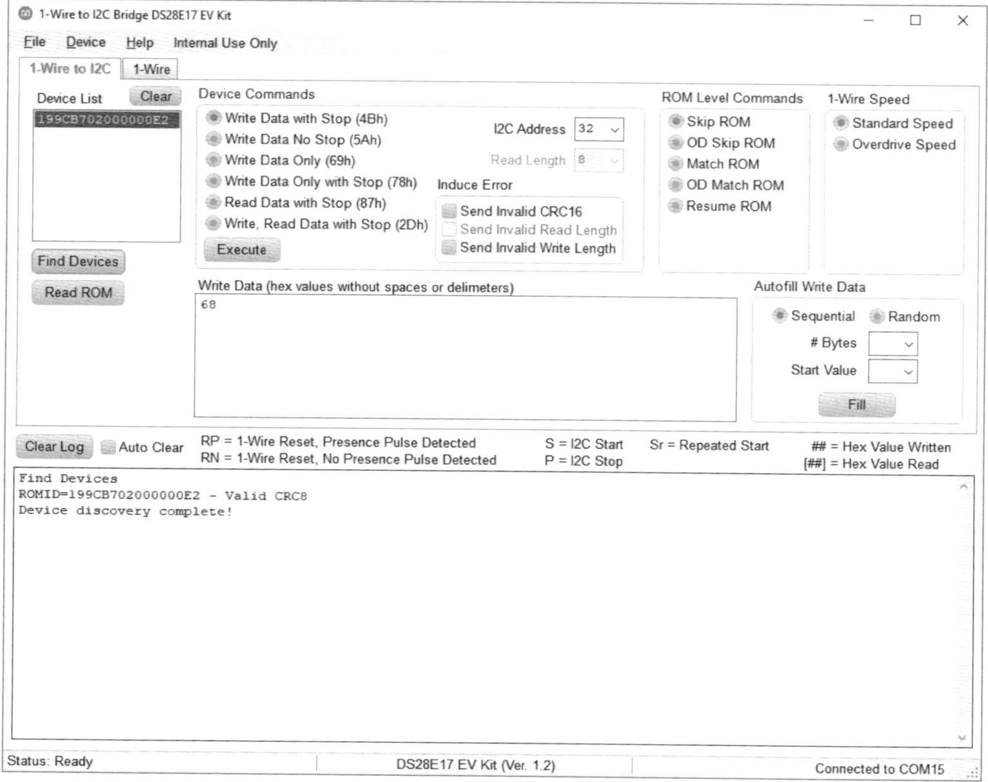


Aus der Device-List kann man dem Eintrag **19**9CB702000000E2, die ROM-ID des Chips entnehmen. Wichtig dabei ist das erste Byte 19h, der Familiencode des DS28E17-Chips. Es ist hier möglich, die einzelnen Funktionsbefehle des DS28E17 auszuwählen, die Zusatzinformationen einzutippen und den Befehl schließlich auszuführen.

### 7.3.3.1. Beispiel mit DS7505

Es ist beispielsweise sehr einfach, die gemessene Temperatur vom Sensor DS7505 auf der Platine zu lesen.

Wir wählen den Befehl „Read Data with Stop" (87h), definieren die I²C-Adresse des Temperatursensors (90h) und die gewünschte Länge der Daten, die gelesen werden sollen (2 Bytes). Danach drücken wir den Knopf „Execute" und die gewünschte Temperatur wird ausgelesen:

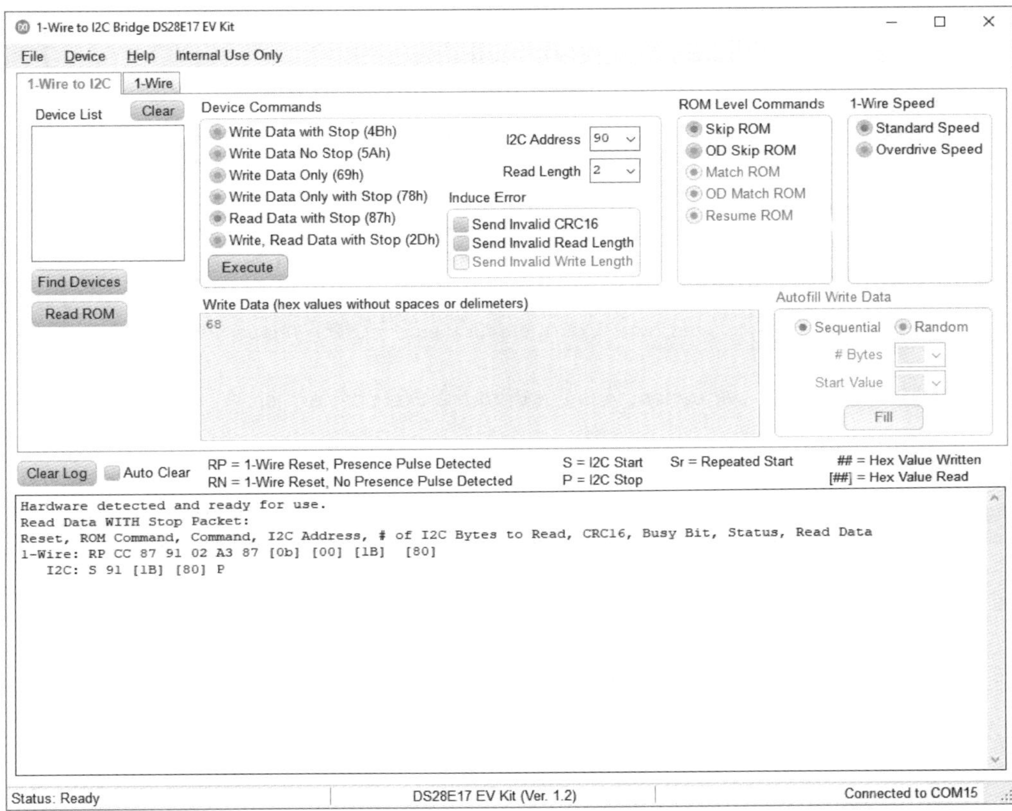

Der untere Teil des Fensters ist ein Logbuch, in dem wir alles verfolgen können, auch wie die Kommunikation auf der OneWire- und auf der I²C-Schnittstelle verlaufen ist.

Auf dem OneWire-Bus ist folgendes passiert:

```
1-Wire: RP CC 87 91 02 A3 87 [0b] [00] [1B] [80]
```

Wie ist es zu verstehen? Wir gehen es einfach in Reihe nach durch:

| Schritt | Bezeichnung | Bedeutung |
|---|---|---|
| 1 | -RP- | OneWire-Reset mit Presence Puls |
| 2 | CCh | Byte CCh: ROM-Befehl SKIP-ROM ist von Master geschickt worden |
| 3 | 87h | Byte 87h: Funktionsbefehl "Read Data with Stop" ist vom Master erteilt worden |
| 4 | 91h | Die I²C-Adresse des I²C-Slave-Chips ist kommuniziert worden - mit dem letzten Bit gleich eins, um eine Leseoperation zu melden |
| 5 | 02h | Anzahl der Bytes, die gelesen werden sollen |

| 6 | 87A3h | CRC16, berechnet aus dem Funktionsbefehl, der I²C-Adresse und der Anzahl der erwarteten Bytes<br>Nach dem Empfang des CRC16-Wertes wird die I²C-Kommunikation gestartet |
|---|---|---|
| 7 | 0b | Wartezeit des Hosts - Polling von Busy-Information. Host wartet, bis die I2C-Übertragung abgeschlossen ist. |
| 8 | 00h | Status-Information aus dem DS28E17 - 00h bedeutet, dass die I2C-Kommunikation fehlerfrei verlaufen ist. |
| 9 | 1B80h | Die beiden Bytes 1B80h aus dem Temperatursensor (mit dem oberen Byte voran), die für die gemessene Temperatur stehen. |

Zusätzlich dazu können wir sehen, was auf dem I²C-Bus passiert ist:

```
I2C: S 91 [1B] [80] P
```

| Schritt | Bezeichnung | Bedeutung |
|---|---|---|
| 1 | S | Startbedingung wird generiert. |
| 2 | 91h | Die I²C-Adresse des I²C-Slave-Chips wird geschickt mit dem letzten Bit gleich 1 (Leseoperation wird angekündigt) |
| 3 | 1B80h | Die zwei angeforderten Bytes werden vom DS28E17 empfangen (die Temperatur) |
| 4 | P | Die Stoppbedingung wird generiert und damit die I²C-Kommunikation abgeschlossen. |

Wir können im Logbuch sehr schön erkennen, was auf dem OneWire- und auf dem I²C-Bus abgelaufen ist.

Die gemessene Temperatur kann man aus dem Inhalt des Temperaturregisters ableiten. Der Wert aus dem Temperaturregister ist 1B80h - binär dargestellt: 0001 1011 1000 0000b.

Laut der Temperaturkodierung kann man die tatsächliche Temperatur sehr einfach berechnen:

| Bit | 15 | 14 | 13 | 12 | 11 | 10 | 9 | 8 | 7 | 6 | 5 | 4 | 3 | 2 | 1 | 0 | |
|---|---|---|---|---|---|---|---|---|---|---|---|---|---|---|---|---|---|
| Faktor | n/c | 26 | 25 | 24 | 23 | 22 | 21 | 20 | 2-1 | 2-2 | 2-3 | 2-4 | 0 | 0 | 0 | 0 | |
| Beispiel | 0 | 0 | 0 | 1 | 1 | 0 | 1 | 1 | 1 | 0 | 0 | 0 | 0 | 0 | 0 | 0 | |
| Dezimal | 0 | 0 | 0 | 16 | 8 | 0 | 2 | 1 | 0,5 | 0 | 0 | 0 | 0 | 0 | 0 | 0 | --> 16 + 8 + 2 + 1 + 0,5 = 27,5°C |

In unserem Beispiel beträgt die gemessene Temperatur 27,5°C.

### 7.3.3.2. Beispiel mit PCF8574

Mit der Demo-Software kann man selbstverständlich auch andere I²C-Chips bedienen, und zwar sehr einfach.

Zunächst müssen wir die Platine an das „DS28E17 EV Kit Board" anschließen, am einfachsten auf einem Steckboard mit vier Verbindungsleitungen:

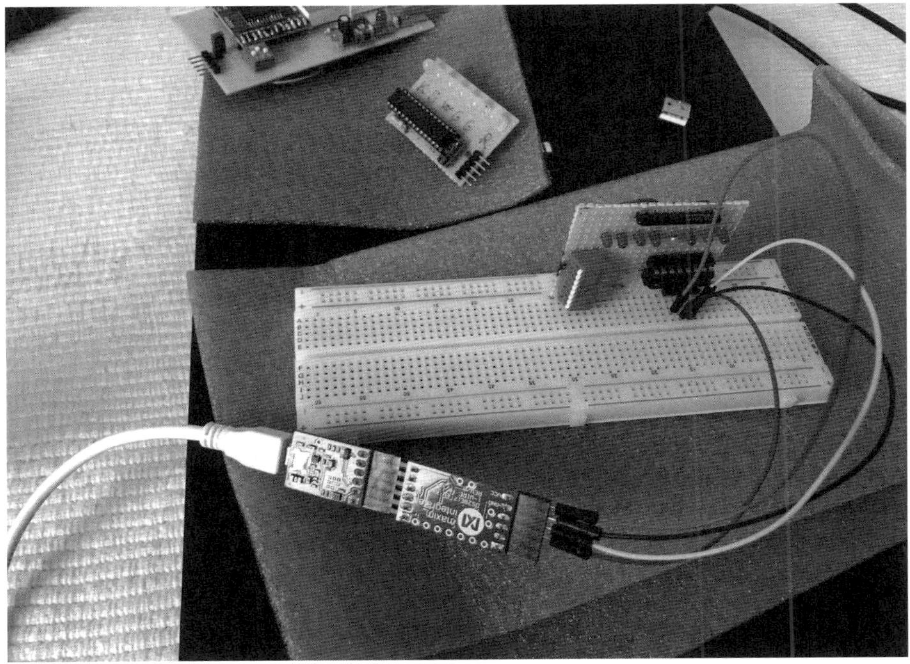

Angenommen, wir möchten alle LEDs auf dem LED-Board mit dem PCF8574 (siehe Kapitel 5.14.1.2.) einschalten, können wir den Befehl 4Bh (Write Data with Stop) erteilen. Die Daten, die dabei zum PCF8574 geschickt werden, bestehen nur aus einem einzigen Byte mit dem Wert 00h. Damit werden alle Ausgänge auf null gesetzt und somit alle LEDs angeschaltet.

Wichtig ist noch, sich an die I²C-Adresse des PCF8574 zu erinnern (oder nachzusehen). Sie lautet 0100 000b oder 40h.

In der Demosoftware sieht es so aus:

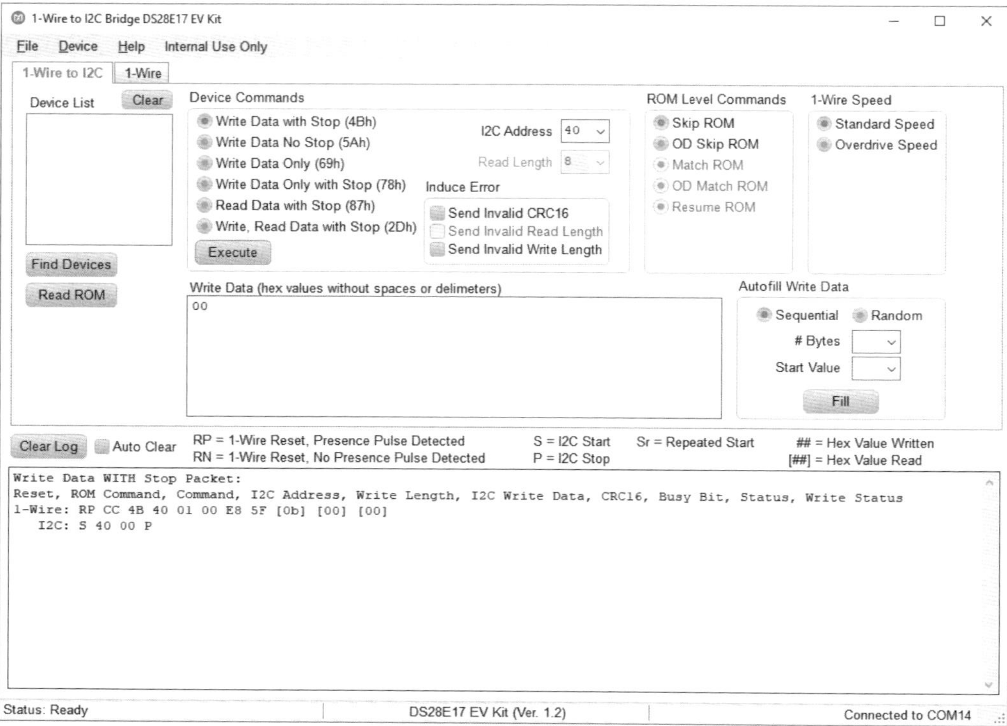


Wir haben aus den Funktionen in der Box „Device Commands" die erste Möglichkeit „Write Data with Stop (4Bh)" ausgewählt und in das Feld „I2C Address" den Wert 40h eingegeben. Außerdem haben wir der Wert 00h, der gesendet werden soll, ins Feld „Write Data" geschrieben.

Danach haben wir die Taste „Execute" gedrückt. Als Ergebnis sehen wir im Logbereich, was über die OneWire-Schnittstelle gelaufen ist:

```
1-Wire: RP CC 4B 40 01 00 E8 5F [0b] [00] [00]
```

Ähnlich wie bei dem Thermometer-Beispiel bedeuten die Einträge in der Zeile:

| Schritt | Bezeichnung | Bedeutung |
|---|---|---|
| 1 | -RP- | OneWire-Reset mit Presence Puls |
| 2 | CCh | Byte CCh: ROM-Befehl SKIP-ROM ist vom Master abgeschickt worden |
| 3 | 4Bh | Byte 4Bh: Funktionsbefehl "Write Data with Stop" ist von Master erteilt worden |
| 4 | 40h | Die I²C-Adresse des I²C-Slave-Chips ist kommuniziert worden - mit dem letzten Bit gleich 0, da eine Schreiboperation eingeleitet wird |
| 5 | 01h | Anzahl der Bytes, die geschickt werden sollen - in diesem Beispiel nur eines |
| 6 | 00h | Das gesendete Byte |
| 7 | 5FE8h | CRC16-Wert, berechnet aus Funktionsbefehl, I²C-Adresse, Anzahl der erwarteten Bytes und dem Byte selber.<br>Nach dem Empfang des CRC16-Wertes wird die I²C-Kommunikation gestartet |
| 8 | 0b | Wartezeit des Hosts - Polling von Busy-Information. Host wartet, bis die I²C-Übertragung abgeschlossen ist. |
| 9 | 00h | Status-Information aus dem DS28E17 - 00h bedeutet, dass die I²C-Kommunikation fehlerfrei abgelaufen ist. |
| 10 | 00h | Status-Information aus dem „Write Byte Status Register" - 00h bedeutet, dass alle abgeschickten Bytes (hier eines) vom I²C-Slave mit ACK (Acknowledge) bestätigt worden sind - fehlerfreie Kommunikation |

Wir sehen auch, was an der I²C-Schnittstelle los war:

```
I2C: S 40 00 P
```

| Schritt | Bezeichnung | Bedeutung |
|---|---|---|
| 1 | S | Startbedingung wird generiert. |
| 2 | 40h | Die I²C-Adresse des I²C-Slave-Chips wird gesendet mit dem letzten Bit gleich 0: Eine Schreibeoperation wird eingeletet. |
| 3 | 00h | Byte, das an den I²C-Slave-Chip gesendet worden ist |
| 4 | P | Die Stoppbedingung wird generiert und damit die I²C-Kommunikation abgeschlossen. |

Falls die PCF8574-Platine nicht reagiert, weil sie zum Beispiel nicht oder falsch angeschlossen war oder eine ungültige I²C-Adresse angegeben wurde, lag ein Fehler vor und wir werden nach Ausführung des Befehls im Log-Bereich höchstwahrscheinlich folgendes vorfinden:

```
Write Data WITH Stop Packet:
Reset, ROM Command, Command, I2C Address, Write Length, I2C Write Data, CRC16, Busy Bit, Status, Write Status
1-Wire: RP CC 4B 40 01 00 E8 5F [0b] [02] [FF]
```

Außerdem leuchtet die rote LED auf der DS28E17K-Platine - was eine Fehlersituation darstellt.

Im Log-Bereich erscheint also kein I²C-Kommunikationsprotokoll (die I²C-Zeile fehlt) und die OneWire-Zeile sieht ein wenig anders als im Erfolgsfall aus:

```
1-Wire: RP CC 4B 40 01 00 E8 5F [0b] [02] [FF]
```

Den Unterschied sieht man ganz am Ende in den Status-Informationen, die vom DS28E17 gelesen worden sind.

Byte 02h bedeutet, dass der I²C-Slave die Adresse nicht bestätigt hat, und FFh ganz rechts, dass kein Byte erfolgreich zum Slave gesendet wurde.

### 7.3.3.3. Beispiel mit PCF8574 - Assembler-Routinen

Zum Vergleich zeigen wir, wie die Bedienung des PCF8574 über den DS28E17 in Assembler aussehen könnte. Wie man ahnen kann, ist die Software Bestandteil der Firmware des OneWire-DemoBoard2020.

```
;-------------------------------------------------------------------------
owi2c_pcf8574
    call     crc16_init        ;(1) - initialization of the CRC16-variables

    call     ow_reset
    movlw    H'CC'             ;(2) - Skip ROM
    movwf    ow_buffer
    call     ow_write

    movlw    H'4B'             ;(3) - Function Command: Write Data with Stop
    movwf    ow_buffer
    call     crc16_calc        ;(4) - consider the function command code by
                                      CRC16
    call     ow_write

    movlw    B'01000000'       ;(5) - I2C Address of PCF8574
    movwf    ow_buffer
    call     crc16_calc        ;(6) - consider the I2C address by CRC16
    call     ow_write
```

```
        movlw     H'01'              ;(7) - Data Length (01)
        movwf     ow_buffer
        call      crc16_calc         ;(8) - consider the data length by CRC16
        call      ow_write

        movf      ow_m5,0            ;(9) - Data Byte to be written the PCF8574
        movwf     ow_buffer
        call      crc16_calc         ;(10) - consider the data byte by CRC16
        call      ow_write

        comf      v_crc16L,1         ;(11) - complement of CRC16-LSB
        comf      v_crc16H,1         ;(12) - complement of CRC16-MSB

        movf      v_crc16L,0
        movwf     ow_buffer
        call      ow_write           ;(13) - send complement of CRC16-LSB


        movf      v_crc16H,0
        movwf     ow_buffer
        call      ow_write           ;(14) - send complement of CRC16-MSB

        call      d2                 ;(15) - wait a while

        movlw     H'FF'
        movwf     ow_buffer
        call      ow_write_bit       ;(16) - pull the "busy bit"

        call      ow_reset         ;(17) - end of story
        return
;-----------------------------------------------------------------------------
```

Die Übertragung eines Byte über die Brücke DS28E17 ist relativ kompliziert. Man muss sich sowohl an die OneWire-Protokollkonvention halten und selbstverständlich auch an das I²C-Protokoll für den PCF8574.

Am Anfang (1) wird die CRC16-Berechnung initialisiert. Dann kann die OneWire-Kommunikation mit der Brücke beginnen, zum Beispiel mit dem Befehl Skip ROM (2). Jetzt kann der Funktionsbefehl, im Beispiel ist es Write Data with Stop (4Bh), erteilt werden (3). Das ist auch die erste Datenübertragung, die bei der CRC16-Berechnung zu beachten ist (4). Danach folgen die Daten, die für den Befehl 4Bh zu übertragen sind. Als erstes wird die I²C-Adresse des I²C-Chips geschickt (5). Auch diese Adresse muss in der CRC16-Bwerechnung berücksichtigt werden (6). Dann geben wir dem Bridge-Chip Bescheid, wie viele I²C-Datenbytes übertragen werden sollen. Im Beispiel mit dem PCF8574 ist es nur ein einziges Byte, also senden wir eine Eins (7). Diese Eins muss auch im CRC16 berücksichtigt werden (8).

Es folgt das eigentliche Datenbyte (9), das in die CRC16-Berechnung einfließt (10). Damit wurde alles gesendet, was für die I²C-Kommunikation von Bedeutung ist.

Jetzt müssen wir in weiteren zwei Bytes den CRC16-Wert senden, doch der DS28E17 erwartet nicht den CRC16-Wert, sondern sein Komplement. Deswegen wird in den Schritten (11) und (12) zuerst das Komplement erstellt und danach abgeschickt. Als erstes wird das untere (13), dann das obere Byte (14) des CRC erwartet.

Bis zum diesen Augenblick hat sich auf dem I²C-Bus noch gar nichts getan. Nur wenn der in den Schritten (13) und (14) gesendete CRC16 mit dem CRC16, den die Brücke berechnet hat, übereinstimmt, wird die I²C-Kommunikation durchgeführt, ansonsten der ED-Ausgang aktiviert, um einen Fehler anzuzeigen. Eine I²C-Kommunikation findet dann natürlich nicht statt.

Zum Schluss (15) wird noch kurz gewartet, bis die I²C-Kommunikation vollständig durchgeführt wird, und danach noch ein OneWire Read Time Slot generiert (16). Danach wird die OneWire-Kommunikation mit einem OneWire-Reset (17) beendet.

Die Kommunikation ist in diesem Fall ziemlich umfangreich, kann aber optimiert werden, indem man die Hauptelemente der I²C-Kommunikation in Subroutinen verpackt.

Sinnvollerweise gibt es drei Subroutinen:

- Initialisierung der Kommunikation - Subroutine **owi2c_init**
- Beendigung der Kommunikation - Subroutine **owi2c_finish**
- Byte abschicken - Subroutine **owi2c_send_byte**

Die Subroutine **owi2c_init** kümmert sich um die Anfangsschritte, die notwendig sind, um die Kommunikation mit dem Befehl 4Bh anzustoßen. Diese Subroutine umfasst unsere ursprünglichen Schritte (1) bis (4):

```
;---------------------------------------------------------------------------
owi2c_init
   call     crc16_init      ;(S1) - initialization of the CRC16-variables

   call     ow_resets
   movlw    H'CC'           ;(S2) - Skip ROM
   movwf    ow_buffer
   call     ow_write

   movlw    H'4B'           ;(S3) - Function Command: Write Data with Stop
   movwf    ow_buffer
   call     crc16_calc      ;(S4) - consider the function command code by
                                    CRC16
   call     ow_write
```

```
    return
;-----------------------------------------------------------------------------
```

Subroutine **owi2c_finish** enthält die ursprünglichen Schritte (11) bis (17) und dient ausschließlich der Beendigung der Kommunikation.

```
;-----------------------------------------------------------------------------
owi2c_finish
    comf     v_crc16L,1          ;(F1) - complement of CRC16-LSB
    comf     v_crc16H,1          ;(F2) - complement of CRC16-MSB

    movf     v_crc16L,0
    movwf    ow_buffer
    call     ow_write            ;(F3) - send complement of CRC16-LSB


    movf     v_crc16H,0
    movwf    ow_buffer
    call     ow_write            ;(F4) - send complement of CRC16-MSB

    call     d2                  ;(F5) - wait a while

    movlw    H'FF'
    movwf    ow_buffer
    call     ow_write_bit        ;(F6) - pull the "busy bit"

    call     ow_reset            ;(F7) - end of story
    return
;-----------------------------------------------------------------------------
```

Erst wenn die CRC16 erfolgreich geprüft ist, kann die I²C-Kommunikation des DS28E17 gestartet werden.

Die Subroutine **owi2c_send_byte** vereinfacht das Senden eines Bytes ein wenig:

```
;-----------------------------------------------------------------------------
owi2c_send_byte
    movwf    ow_buffer         ;(D1) - store W-register to ow_buffer
    call     crc16_calc        ;(D2) - include the value to CRC16 calculation
    call     ow_write          ;(D3) - send ow_buffer to OneWire Bus
    return
;-----------------------------------------------------------------------------
```

Unter Verwendung dieser drei Subroutinen kann die Bedienung des PCF8574 so aussehen:

```
;---------------------------------------------------------------------------
owi2c_pcf8574
    call      owi2c_init          ;(1) - communication init

    movlw     B'01000000'         ;(2) - I2C Address of PCF8574
    call      owi2c_send_byte

    movlw     H'01'               ;(3) - Data Length (01)
    call      owi2c_send_byte

    movf      ow_m5,0             ;(4) Data Byte
    call      owi2c_send_byte

    call      owi2c_finish        ;(5) - now the communication can be
                                         finalized
    return
;---------------------------------------------------------------------------
```

Am Anfang (1) wird die gesamte Kommunikation angestoßen, danach (2) der PCF8574 adressiert und die Anzahl der Datenbytes mitgeteilt (3). Dann (4) kommt das Byte selbst und anschließend die Beendigung der Kommunikation (5).

Man sieht, mit diesen Routinen wird die Bedienung deutlich übersichtlicher und einfacher. Wir müssen uns sogar überhaupt nicht mehr um die CRC16 kümmern!

Sei noch erwähnt, dass man auf genau dieselbe Art und Weise den PCF8575 steuern kann. Die entsprechenden Assemblerroutinen sind in der Firmware zum DemoBoard zu finden. Weil wir die Kommunikation mit dem PCF8574 „optimiert" haben, dürfte auch die Steuerung des PCF8575 nicht mehr sonderlich kompliziert sein. Mit den definierten Subroutinen könnte ein Steuerprogramm so aussehen:

```
;---------------------------------------------------------------------------
owi2c_pcf8575
    call      owi2c_init          ;(1) - communication init

    movlw     B'01000100'         ;(2) - I2C Address of PCF8575
    call      owi2c_send_byte

    movlw     H'02'               ;(3) - Data Length (02)
    call      owi2c_send_byte

    movf      v_p0,0              ;(4-1) - numeric value to be send to PCF8575
                                           - LSB (Port P0)
    call      s_seg_get_char    ;(4-2) - Translate the numeric data to
```

```
                                                  character
        movwf    ow_buffer
        comf     ow_buffer,1      ;(4-3) - for common Anode we need a complement
        movf     ow_buffer,0      ;(4-4) - Data to be send to P0 of PCF8575 (?X)
        call     owi2c_send_byte

        movf     v_p1,0           ;(5-1) - numeric value to be send to PCF8575 -
                                           MSB (Port P1)
        call     s_seg_get_char   ;(5-2) - Translate the numeric data to
                                           character
        movwf    ow_buffer
        comf     ow_buffer,1      ;(5-3) - for common Anode we need a complement
        movf     ow_buffer,0      ;(5-4) - Data to be send to P1 of PCF8575 (X?)
        call     owi2c_send_byte

        call     owi2c_finish     ;(6) - now the communication can be finalized
        return
;----------------------------------------------------------------------------
```

Es ist offensichtlich, dass die Schritte (1) bis (6) genau gleich wie die Kommunikation mit dem PCF8574 sind. Der PCF8575-spezifische Teil umfasst die Schritte (2) bis (5). In Schritt (2) wird die Datenlänge 02h übermittelt, und weil wir beide Kanäle P0 und P1 ansteuern, werden zwei weitere Datenbytes folgen. In den Schritten (4) und (5) werden die Daten für die beiden 7-Segment-Anzeigen mit der Subroutine owi2c_send_byte gesendet.

Der Schritt (6) beendet dann die Kommunikation.

Wenn wir schon bei der DemoBoard-Firmware sind - selbstverständlich gibt es auch eine Demoroutine für die Ansteuerung des MCP23017 über den DS28E17. Ich glaube aber nicht, dass es sinnvoll wäre, die Firmware an dieser Stelle aufzulisten und zu beschreiben. Die Prinzipien sind die gleichen wie in den beiden gezeigten Beispielen, nur sind die I²C-Befehle und Daten auf den MCP23017 ausgerichtet.

# Index

**S**



**T**